普通高等教育"十一五"国家级规划教材

基础化学实验(Ⅲ)
——物理化学实验
第三版

山东大学、山东师范大学、中国海洋大学、中国石油大学(华东)、
曲阜师范大学、聊城大学、烟台大学、青岛农业大学、济南大学、
青岛大学、山东理工大学、潍坊学院、山东科技大学、临沂大学、
齐鲁师范学院、枣庄学院、山东农业大学合编

宋淑娥·主编　　　顾月姝·主审

化学工业出版社

·北京·

《基础化学实验(Ⅲ)——物理化学实验》(第三版)为普通高等教育"十一五"国家级规划教材。全书共五个部分,绪论主要介绍了物理化学实验的基本知识及数据处理等内容;基础知识与技术篇共包括六章,详细介绍了物理化学实验常用仪器的原理和使用方法,可作为学生和其他化学工作者涉足这些技术领域的入门;基础实验部分共 36 个实验,涉及热力学、动力学、电化学、胶体和表面化学及结构化学等内容。为提高操作性,对同一实验原理尽可能给出不同的实验方法,方便高校直接选做;设计型实验共有 20 个,用英文编写,以培养学生的独立工作能力和科技英语水平;最后的附录部分,内容丰富且注明资料来源,便于学生查阅。

《基础化学实验(Ⅲ)——物理化学实验》(第三版)内容丰富,叙述简练,可供综合性大学、师范院校及工科院校的化学类、化工类、材料类、环境类、生物类、食品类等相关专业学生和教师使用。

图书在版编目(CIP)数据

基础化学实验. Ⅲ, ——物理化学实验/宋淑娥主编. —3版. —北京: 化学工业出版社, 2019.7 (2024.6 重印)
普通高等教育"十一五"国家级规划教材
ISBN 978-7-122-34179-2

Ⅰ.①基…　Ⅱ.①宋…　Ⅲ.①化学实验-高等学校-教材②物理化学-化学实验-高等学校-教材　Ⅳ.①O6-3

中国版本图书馆 CIP 数据核字(2019)第 054974 号

责任编辑: 宋林青　　　　　　　　文字编辑: 刘志茹
责任校对: 张雨彤　　　　　　　　装帧设计: 关　飞

出版发行: 化学工业出版社(北京市东城区青年湖南街 13 号　邮政编码 100011)
印　　装: 三河市双峰印刷装订有限公司
787mm×1092mm　1/16　印张 17½　彩插 1　字数 419 千字　2024 年 6 月北京第 3 版第 7 次印刷

购书咨询: 010-64518888　　　　　　售后服务: 010-64518899
网　　址: http://www.cip.com.cn
凡购买本书,如有缺损质量问题,本社销售中心负责调换。

定　　价: 35.00 元

《基础化学实验（Ⅲ）——物理化学实验》（第三版）编写组

主　编：宋淑娥

主　审：顾月姝

副主编：张洪林　李　苓　陈鲁生　张　颖
　　　　周爱秋　魏西莲　曲宝涵　夏其英

编　者：迟颜辉　赵　倩　毛宏志　李宝惠
　　　　李　涛　赵景胜　秦　梅　刘海波
　　　　杜　敏　曹晓燕　苑世领　魏培海
　　　　李　硕　徐金光　陈丽慧　颜世海
　　　　蒋海燕　孙传智　李国宝　张庆富
　　　　徐庆彩　张军红　田　充　李丽芳
　　　　陈　悦　王　文　孙效正　王成云

前言

　　本书在第二版基础上，结合近年来的使用情况，进行了修订。本版保留了第二版的基本布局，对全书内容进行了充实、更新和个别勘误。

　　绪论部分增加了常用灭火器的特点及使用方法、易制毒易制爆化学品的使用要求和废弃物的处理等内容。基础实验部分增加了"Diels-Alder 反应速率常数的计算"和"中和热的测定"两个新实验。"差热-热重分析"实验改为"差热-热重分析及应用"，增加了"TG/DSC-MS 联用技术测定 $CaC_2O_4 \cdot H_2O$ 热分解过程及动力学计算"内容。"溶液偏摩尔体积的测定"增加了"氯化钠溶液偏摩尔体积的测定"内容。重新编写了"粒度测定"实验，修订了"差热分析""差热-热重分析""活度系数的测定""极化曲线的测定""磁化率的测定""HCl 气体红外光谱的测定"等实验。设计实验部分增加了"Investigation on Photocatalytic Properties of Noble Metal Nanoparticles Modified TiO_2"和"The Aggregation of Sodium Dodecyl Sulfate Studied by Molecular Simulation"两个实验。对大部分设计实验增加了近期的参考文献。附录部分对一些数据表进行了更新和充实，便于查阅。

　　由于编者水平有限，书中难免有不当之处，敬请读者批评指正。

编　者
于 2019 年 1 月

第二版编写说明

高等学校化学实验新体系立体化系列教材，是由文本教材、以文本教材为主线的网络教材和 CAI 课件三部分构成的，是在大学化学实验课程体系、课程内容和教学模式系统改革的基础上编写出版的。该套系列教材包括《基础化学实验(Ⅰ)》《基础化学实验(Ⅱ)》《基础化学实验(Ⅲ)》《仪器分析实验》《综合化学实验》五部，全部列入普通高等教育"十一五"国家级规划教材。

按照以学生为本的教育理念和以综合能力培养为核心的教育观念，在化学一级学科层面上，从基本操作——二级学科层面的多层次综合——跨两个以上二级学科与科研衔接、内容交叉、技术综合的大综合，内容由浅入深、循序渐进、逐步提高地分层次进行，实现了实验教学内容的连贯一致。这样的编排体系，符合大学生实验技能和创新能力的形成规律，同时又将科学研究渗透到实验教学的各个环节，体现了教学促进科研，科研带动教学的辩证关系。

在主线的文本教材中较好地做到了"夯实基础、注重综合、强化设计、旨在创新"的编写要求。对实验内容的选择，做到既优选、强化原有大学化学实验教材中经典、优秀的实验项目，又大量吸收了当代教学、科研的新成果，同时在注重强化学生实验技能训练的基础上，按照绿色化学的思维方式，尽量从源头上消除污染。使教材既满足实验教学对基础知识、基本技能的要求，又实现了实验内容的趣味性、先进性和环境友好性，整套教材完整协调、内容丰富充实、新颖有趣，适应人才培养总体目标的要求，推动了各使用高校化学实验教学的改革。

与之配套的辅助教材将各种相互联系的媒体和资源有机地整合，形成立体化教材，实现了化学实验教学模式的多元化和教学内容的创新。为高等学校的教师和学生提供规范、优化、共享的教学资源，为学习者提供个性化学习条件，以提高大学化学实验的教学质量。

该套教材通过多所高校几年来在使用中不断地修改完善，集中了各高校之所长，逐步构建成化学实验教学资源优化共享的"化学实验教学资源库"，它必将为培养更多的富有时代气息的复合型创新人才发挥作用！

南京大学孙尔康教授对本立体化系列教材颇为肯定，并为本系列教材作序，在此表示衷心感谢！

高等学校化学实验新体系立体化系列教材编写指导委员会
2007 年 3 月

第二版序言

山东大学等十五所高等学校长期从事化学实验教学的教师共同编写了化学实验立体化系列教材。该教材打破了传统的按无机化学实验、有机化学实验、化学分析及仪器分析实验、物理化学实验四大块的编写形式，在长期化学实验教学改革和实践的基础上按化学一级学科建立独立的化学实验教学新体系，形成了基础化学实验、仪器分析实验和综合化学实验三个彼此联系、逐层递进的平台，编写了文本教材《基础化学实验(Ⅰ)》《基础化学实验(Ⅱ)》《基础化学实验(Ⅲ)》《仪器分析实验》和《综合化学实验》五部，均列入普通高等教育"十一五"国家级规划教材。同时配套辅助教学课件、网络教材、基本操作录像等，形成立体化的化学实验教材。该教材的出版充分反映了山东大学等高校在化学实验教学体系、教学内容改革以及教学方法现代化、教学实验开放等诸方面取得的丰硕成果。

该教材有如下特色：

1. 建立了独立的新化学实验教学体系：一体化三层次，即在化学一级学科层面上建立了基础化学实验——综合化学实验——设计型、研究型、创新型化学实验，符合学生的认知规律，由浅入深、由简单到综合、由综合到设计、由设计到创新。

2. 实验内容：及时引入教学实验改革成果，不断更新实验教学内容和提高实验教学的效果，对基础实验进行了综合化和设计性改革，体现了基础实验与现代化大型仪器实验的结合；经典实验与学科前沿实验的结合。

3. 仪器设备的选型：充分考虑常规仪器与近代大型仪器的结合，可操作性强，可视性仪器与智能化仪器相结合。

4. 教学方法：学生通过课件、网络教材和基本操作录像等，自主学习与实验课堂教学相结合，课内必做实验与课外开放实验相结合。

5. 实验项目的选择：既考虑到趣味性、先进性，又考虑减少对环境的污染，树立绿色化学实验的理念。

6. 实验项目和仪器设备的选型：充分体现实验教学促科研，科研提升教学内容，实现优质资源共享，形成良好互动。

该立体化教材的编写思路清晰，编写方式新颖，内容丰富，始终贯彻以人为本即以学生实验为主体，教师为主导，以培养学生综合实验能力和创新能力为核心的教学理念。

该系列教材的出版，有利于学生的自主实验，有利于学生个性的发展，有利于学生综合能力和创新能力的培养。

该系列教材既可作为化学专业和应用化学专业的教学用书，又可作为化学相关专业和从事化学工作者的参考书。

该系列教材的出版，为今后有关化学实验教材的编写提供了有益的借鉴。

孙尔康

2007.5.8于南京大学

第二版前言

根据教育部对普通高等教育"十一五"国家级规划教材的编写指导思想，结合各高校近三年的使用情况，对本教材内容进行了修订。

本次修订以山东省高校化学实验新体系立体化系列教材之基础化学实验（Ⅲ）——物理化学实验为基础，保留了该版的基本布局，对全书的内容进行了充实、更新和勘误。绪论部分进行了内容的补充与完善；基础实验方面删掉了部分陈旧的内容，对仪器方面的内容进行了部分更新，增加了部分实验示意图；附录部分补充了部分数据，便于同学查找。

为了配合实验教学，建立了物理化学实验网站，便于学生预习、了解实验重点和模拟实验操作。网址为：http://202.194.4.238/chem/whshy/wlhx%201/.

由于编者水平有限，书中难免有疏漏或不当之处，敬请读者批评指正。

编 者
2007 年 4 月

第一版编写说明

化学是一门以实验为基础的中心学科，在化学教学中，实验教学占有相当重要的地位。

但多年来在我国的大学化学教学中，实验教学大都是依附于课堂教学而开设的。由于传统的大学化学课堂教学是按无机化学、分析化学、有机化学和物理化学的条块分割进行的，所以实验教学的系统性和连贯性在一定程度上受到了破坏。这给学生综合素质和能力的培养以及实验教学课程的实施带来许多不利影响。随着教育改革的深入，"高等教育需要从以单纯的知识传授为中心，转向以创新能力培养为中心"，因此，在进行化学教育培养观念转变的同时，对实验课程体系、教学内容和教学模式的改革也势在必行。高等学校化学实验新体系立体化系列教材（以下简称"系列教材"）就是这一改革的产物。

"系列教材"是由系列文本教材以及与之配套的教学课件、网络教程三大部分构成，由高等学校化学实验新体系立体化系列教材编写指导委员会组织山东大学、山东师范大学、中国海洋大学、中国石油大学（华东）、曲阜师范大学、聊城大学、烟台大学、青岛农业大学、济南大学、青岛大学、山东理工大学、潍坊学院、临沂师范学院、山东教育学院等高校多年从事化学实验教学的教师，结合各高校多年积累的化学实验教学经验，参考国内外化学实验教材及相关论著共同编写而成。

系列文本教材是根据教育部"国家级实验教学示范中心建设标准"和"厚基础、宽专业、大综合"教育理念的要求编写而成的。系列文本教材着眼于化学一级学科层面，以建立独立的化学实验教学新体系为宗旨，形成了基础化学实验、仪器分析实验和综合化学实验三个彼此联系、逐层递进的实验教学新平台。各平台既采用了原有大学化学实验教材中的经典和优秀实验项目，又吸收了当代教学、科研中成熟的代表性成果，从总体上反映了当代化学教育所必需的基础实验和先进的时代性教育内容。系列文本教材由《基础化学实验（Ⅰ）——无机及分析化学实验》《基础化学实验（Ⅱ）——有机化学实验》《基础化学实验（Ⅲ）——物理化学实验》《仪器分析实验》和《综合化学实验》五部教材构成。其中，基础化学实验的教学目的是向学生传授化学实验基本知识，训练学生进行独立规范操作的基本技能，使学生初步掌握从事化学研究的方法和规律；仪器分析实验的教学目的是使学生熟悉现代分析仪器的操作和使用，掌握化学物质的现代分析手段，深刻理解物质组成、结构和性能的内在关系；综合化学实验是建立在化学一级学科层面上，内容交叉、技术综合的实验项目，其目的在于培养学生的创新意识及分析问题、解决问题的综合素质和能力。该套系列文本教材的实验内容安排由浅入深，由简单到综合，由理论到应用，由综合到设计，由设计到创新。使用该套教材进行实验教学，符合学生的认识规律和实际水平，兼顾到课堂教学与实验教学的协调一致，而且具有较强的可操作性。此外，在教材中引入了微型化学实验和绿色化学实验，旨在培养学生的环保意识，建立从事绿色化学研究的理念。

新教材是实验教学内容与时俱进的产物，它具有以下特点：

1. 独立性，实验教学是化学教学中一门独立的课程，课程设置与教学进度不依赖于理论课而独立进行，同时各部实验教材也有其相对独立性；

2. 系统性和连贯性，将化学实验分成基础化学实验（Ⅰ）、基础化学实验（Ⅱ）、基础化学实验（Ⅲ）、仪器分析实验和综合化学实验，构成一个彼此相连、逐层提高的完整的实验课教学新体系；

3. 经典性和现代性，教材精选了历年来化学教学中若干典型的实验内容，并构成了教学内容的基础，选取了一些成熟的、有代表性的现代教学科研成果，使教材的知识既经典又新颖；

4. 适应性，本教材既可作为化学及相关专业的教学用书，又可作为从事化学及其他相关专业工作者的参考书。

五部系列文本教材将从 2003 年 8 月陆续出版，与之配套的教学课件和网络教程也将相继制作完成。

清华大学宋心琦教授欣然为本系列教材作序，我们对宋先生的支持和帮助表示诚挚的谢意！

化学工业出版社为系列文本教材的出版做了大量细致的工作，在此表示衷心的感谢！

高等学校化学实验新体系立体化系列教材编写指导委员会
2003 年 8 月

第一版序言

在人类历史上，20 世纪是科学技术和社会发展最迅速的时期。近 50 年来，新的科学发现和技术发明的出现，更是令人眼花缭乱、目不暇接。与此同时，科学技术和社会的发展，对人才的基本素质提出了新的更高的要求，因而高等教育和中等教育的改革，也日益得到社会各界的重视。处于中心学科地位的化学，其教育改革的迫切性在所有学科中尤为明显。我们只要把 20 世纪 70～80 年代的化学教材（包括化学实验）的主要内容和思维方式与近 20 年来高等学校化学研究室或分析中心所承担的课题以及所用的手段做一番对比，不难发现其中的差距竟然是如此之大，化学教育的基本内容和人才培养模式的改革都已迫在眉睫！

我国的化学教育改革已经有了较长时间的实践，在培养目标、培养计划和课程体系等方面都有过许多很有见地的设想，先后进行过多种不同的试验。在此基础上，最近出版的多种颇有新意的化学教材和经过挑选的国外教材一起进入了我国大学的课堂。这些措施对化学教育内容的现代化起到了很好的促进作用。

但是应当看到，对于像化学这样一门典型的实验科学的改革来说，仅仅依靠教材的更新是远远不够的，必须着力于化学实验教学的改革。可是由于资源、传统观念、投入研究力量不足等原因，化学实验改革的严重滞后是一个带有普遍性的问题。由于改革的成败直接影响到新世纪化学人才的基本素质，而且改革过程中将要经受的阻力又是如此的繁复，所以这是高等化学教育改革中最富有挑战性的任务之一。

山东省集中山东大学等高校长期从事化学实验教学和改革的教师组成高校化学实验新体系立体化系列教材编写指导委员会，以便集中力量完成化学实验改革目标的做法，应当认为是迎接这一挑战的有效方式之一。这些以百倍的热情投身于实验改革的所有教授和其他教辅人员，都应当得到社会和学校领导的尊重和支持，更应当得到整个化学界的支持和帮助。这也是我敢于以化学界普通一员的身份同意为该教材作序的重要原因。

这套教材是根据教育部"高等学校基础课实验教学示范中心建设标准"和"厚基础、宽专业、大综合"的教育理念进行组织编写的，因而使得新的化学实验课既有相对的独立性，又能够做到与化学课堂教学过程适当配合。在实验内容的组合上，删除了一部分"过分经典"、同时教育价值不大的传统实验，增加了有利于培养学生综合能力的实验课题。应当认为，这套教材的编写指导思想是符合时代要求的。

化学教育改革，尤其是化学实验改革是一项十分艰巨的任务，不可能要求一蹴而就，为此对于新教材和新的教学方法，应当允许有一个逐步成长、逐步完善的过程。

根据编写计划，这套教材和与之配套的教学课件和网络教程，将在 2003 年至 2004 年间陆续出版。它的问世将为兄弟院校的化学实验教学改革提供新的教学资源和经验，进一步推动高等化学教育的发展。

由于人类已经进入信息社会，互联网技术得到普及与应用，相对于原来的查找化学信息的方式而言，已有化学信息的获得与利用方式已经发生了革命性的变化，这是我们在研究化学教育改革方案时必须认真考虑的一个方面。其次，由于物理方法与技术已经成为现代化学实验的基础，因此化学实验在体现学科交叉方面更有自己的特色，在考虑教育改革的方案时，如何强化这个特点，而不仅仅局限于使用现成的"先进仪器"，也是一个值得重视的问题。

和广大的化学系师生一样，我迫切地期望着高等学校化学实验新体系立体化系列教材的早日问世。

2003 年 6 月于清华园

第一版前言

本教材是高等学校化学实验新体系立体化学系列教材之一，它是在原山东大学等校合编的《物理化学实验》一书的基础上经过修改、充实后重新编写而成的。近年来，随着教学改革的深入和发展，物理化学实验在教学内容、教学方法及教学设备等方面均有了很大的发展和变化。故我们重新编写此书，无论在实验体系或是在内容上，均做了很大的修改和补充，使之适应物理化学实验教学改革的方向，充分反映近年来实验教学改革的成果。该教材可供综合性大学、师范院校及工科院校的化学、生物类等相关专业的学生和教师使用。全书在内容安排上由浅入深、由易到难，既有传统的实验，也有反映现代物理化学新进展、新技术及与应用密切结合的实验。体现了基础性、应用性和综合性等特点，具体表现在以下几个方面。

一、在全书总体内容安排上，适应了当前教学改革的需要。全书包括四大部分内容：在绪论和基础知识与技术两部分中，系统介绍了物理化学实验基本知识，基本测试方法和技术，以及数据处理等内容，使学生对物理化学实验的特点、测试原理和方法有较全面、系统的了解；在实验部分，我们编写了34个基础实验和18个设计型实验，这些实验内容丰富、实验技术先进，并尽可能不使用有毒性的化学试剂；另外，为了使学生便于查阅有关实验的资料，书末编写了内容丰富的附录，收集了大量的物理化学基本数据。

二、在教材的具体内容上，充分反映了当代科学技术的发展。如信息采集和信息处理技术，近年来获得飞速发展，许多非电量（如温度、压力、湿度等）数据采集系统，已在物理化学实验中获得广泛应用。因此在实验技术篇，我们编写了非电量数据采集技术一章，详细介绍这方面的新知识、新技术；又如，计算机技术目前已渗透到各个科学研究领域，为此我们安排了多个利用计算机控制的实验，使计算机技术在物理化学实验中获得充分的应用，以便学生尽可能多地掌握现代实验方法和技术。

三、改革教学方法，培养学生的独立思考及动手能力。我们在实验内容中编写了18个设计型实验，在编写这部分内容时，只列出题目、设计要求、设计思路和参考文献，具体的实施方案由学生在查阅文献的基础上写出开题报告，然后在教师指导下完成。

四、开展双语教学，提高学生的外语水平。当前，许多高校已开展中、英双语教学，因此在物化实验教学中我们尝试使用双语教学，该教材的设计型实验全部用英语编写，并要求学生在准备过程中查阅英文文献及用英语书写开题报告及实验报告。

本教材由长期从事物理化学实验教学的教师结合自己的教学经验，并参考国内外相关的教材编写而成。由于作者水平有限，书中错误和不当之处敬请读者批评指正。

本教材获山东大学出版基金委员会资助。

编　者

2004 年 3 月

目录

第一篇　基础知识与技术

第二篇　基础实验

Part Three　Design Experiment（第三篇　设计型实验）

绪 论

一、物理化学实验目的、要求和注意事项

1. 实验目的

（1）掌握物理化学实验的基本实验方法和实验技术，学会常用仪器的操作；了解近代先进的大中型仪器在物理化学实验中的应用，培养学生的动手能力。

（2）通过实验操作、现象观察和数据处理，锻炼学生分析问题、解决问题的能力。

（3）加深对物理化学课程中基本理论和概念的理解。

（4）培养学生实事求是的科学态度，严肃认真、一丝不苟的科学作风。

（5）激发学生的研究兴趣，培养学生坚韧不拔的意志和勇于探索的创新理念。

2. 基础实验

（1）实验预习

● 进实验室之前必须仔细阅读实验内容及基础知识与技术部分的相关资料，明确本次实验中采用的实验方法及仪器、实验条件和测定的物理量等，在此基础上写出预习报告，包括实验目的、简明原理、简单的实验操作步骤、实验时注意事项、需测定的数据及相应的记录表格等。

● 进入实验室后首先要核对仪器与药品，看是否完好，发现问题及时向指导教师提出，然后对照仪器进一步预习，并接受教师的提问、讲解，在教师指导下做好实验准备工作。

（2）实验操作

经指导教师同意后方可进行实验。仪器的使用要严格按照操作规程进行，不可盲动；对于实验操作步骤，通过预习应心中有数，严禁"边看书边动手"式的操作方式。实验过程中要仔细观察实验现象，发现异常现象应仔细查明原因，或请指导教师帮助分析处理。实验结果必须经教师检查，数据不合格的应重做，直至获得满意结果。要养成良好的记录习惯，完整地记录实验条件，包括室温、大气压、实验温度、实验仪器（名称、规格、型号）等。根据仪器的精度，把原始数据详细、准确、实事求是地记录在预习报告上。数据记录尽量采用表格形式，做到整洁、清楚，不随意涂改。如某个数据确有问题，可用笔将其画一横线，在其上方写出正确数据，并注明更改原因。不可使用涂改液等对数据进行修改。实验完毕后，应清洗、核对仪器，打扫实验室，经指导教师签字同意后，方可离开实验室。

（3）实验报告

学生应在规定时间内独立完成实验报告，及时送指导教师批阅。实验报告的内容包括实验目的、简明原理、简单操作步骤及流程图、原始数据、数据处理、结果讨论和思考题。数据处理应有处理步骤，而不是只列出处理结果；结果讨论应包括对实验现象的分析解释，查阅文献的情况，对实验结果误差的定性分析或定量计算，实验的心得体会及对实验的改进意见等。结果讨论是实验报告中的重要一项，可以锻炼学生分析问题的能力。

3．设计型实验

设计型实验不是基础实验的重复，而是基础实验的提高与深化。它是在教师的指导下，学生选择实验课题，应用已经学过的物理化学实验原理、方法和技术，查阅文献资料，独立设计实验方案，经老师审核后，选择合理的仪器设备，组装实验装置，进行独立的实验操作，并用英语以科学论文的形式写出实验报告。由于物理化学实验与科学研究之间在设计思路、测量原理和方法上有许多相似性，因而对学生进行设计型实验的训练，可以较全面地提高他们的实验技能和综合素质，对于初步培养科学研究的能力是非常重要的。

设计实验的形式灵活多变，可以根据需要分为基础型设计实验和研究型设计实验两个层次，以满足不同学生的需求。基础型设计实验可以结合基础实验对其影响因素进行研究，或对同一个物理量用不同实验方法进行测量，对比分析其优缺点等。研究型设计实验可结合老师的前沿研究课题进行探索和较深入的研究。

（1）设计实验的程序

●选题　在教材提供的设计型实验题目中选择自己感兴趣的题目，或者自己确定实验题目。

●查阅文献　查阅包括实验原理、实验方法、仪器装置等方面的文献，对不同方法进行对比、综合、归纳等。

●设计方案　设计方案应包括实验装置示意图、详细的实验步骤、所需的仪器、药品清单等。

●可行性论证　在实验开始前一周进行实验可行性论证，请老师和同学提出存在的问题，优化实验方案。

●实验准备　提前一周到实验室进行实验仪器、药品等的准备工作。

●实验实施　实验过程中注意随时观察实验现象，考察影响因素等，反复进行实验直到成功。

●数据处理　综合处理实验数据，进行误差分析，按论文的形式写出有一定见解的实验报告并进行交流答辩。

（2）设计实验的要求

●所查文献至少要包括1篇外文文献，同时有关设计型实验的预习报告和实验报告要求用英文书写，以培养学生的专业英语阅读和写作能力。

●学生必须自己设计实验、组合仪器并完成实验，以培养学生灵活运用所学的基础知识和掌握的实验技能解决实际问题的能力。

●设计实验一般3～4人为一个研究小组，以培养学生的团结协作精神。

4．注意事项及安全要求

（1）进入实验室之前认真学习安全知识，了解安全用电常识，掌握气体钢瓶等压力容器的使用方法及注意事项，了解防毒、防爆、防火等安全防护措施。

（2）熟悉实验室中的紧急处理装置，如急救箱、灭火毯、灭火器等用品的放置地点及使用方法，洗眼器和紧急冲淋设备的位置和使用方法，逃生通道的位置等。

（3）禁止在实验室内喝水进食。

（4）禁止穿拖鞋进入实验室。

（5）实验过程中需要穿实验服，并根据需要佩戴防护眼镜和橡胶手套。

（6）遵守实验废弃物处理规则，分别将其放在指定容器中，不得随意倾倒处理。

二、物理化学实验室安全知识

在化学实验室里，安全是非常重要的，它常常潜藏着诸如发生爆炸、着火、中毒、灼伤、割伤、触电等事故的危险性。如何来防止这些事故的发生以及万一发生如何来急救，都是每一个化学实验工作者必须具备的素质。这些内容在先行的化学实验课中均已反复地作了介绍。本节主要结合物理化学实验的特点介绍安全用电常识及使用化学药品的安全防护等知识。

1. 安全用电常识

物理化学实验使用电器较多，特别要注意安全用电。表绪-1 给出了 50Hz 交流电在不同电流强度时通过人体产生的反应情况。

表绪-1　不同电流强度时的人体反应

电流强度/mA	1～10	10～25	25～100	100 以上
人体反应	麻木感	肌肉强烈收缩	呼吸困难,甚至停止呼吸	心脏心室纤维性颤动,死亡

违章用电可能造成仪器设备损坏、火灾、甚至人身伤亡等严重事故。为了保障人身安全，一定要遵守安全用电规则：

（1）**防止触电**

●不可用潮湿的手接触电器。

●一切电源裸露部分应有绝缘装置，所有电器的金属外壳都应接上地线。

●实验时，应先连接好电路再接通电源；修理或安装电器时，应先切断电源；实验结束时，先切断电源再拆线路。

●不能用试电笔去试高压电。使用高压电源应有专门的防护措施。

●如遇人触电，首先应迅速切断电源，然后进行抢救。

（2）**防止发生火灾及短路**

●电线的安全通电量应大于用电功率；使用的保险丝要与实验室允许的用电量相符。

●室内若有氢气、煤气等易燃易爆气体，应避免产生电火花。继电器工作时、电器接触点接触不良时及开关电闸时易产生电火花，需特别小心。

●如遇电线起火，应立即切断电源，用沙或二氧化碳、四氯化碳灭火器灭火，切勿用水或泡沫灭火器等灭火。

●电线、电器不要被水淋湿或浸在导电液体中；线路中各接点应牢固，电路元件两端接头不要互相接触，以防短路。

（3）**电器仪表的安全使用**

●使用前先了解电器仪表要求使用的电源是交流电还是直流电；是三相电还是单相电以及电压的大小（如 380V、220V、6V）。须弄清电器功率是否符合要求及直流电器仪表的正、负极。

●仪表量程应大于待测量范围。待测量大小不明时，应从最大量程开始测量。

●实验前要检查线路连接是否正确，经教师检查同意后方可接通电源。

●在使用过程中如发现异常，如不正常声响、局部温度升高或闻到焦味，应立即切断电源，并报告教师进行检查。

2. 使用化学药品的安全防护

（1）**防毒**

实验前，应了解所用药品的毒性及防护措施。操作有毒性化学药品应在通风橱内进行，避免与皮肤接触；剧毒药品应妥善保管并小心使用。不要在实验室内喝水、吃东西；离开实验室时要洗净双手。

（2）防爆

可燃气体与空气的混合物在比例处于爆炸极限时，受到热源（如电火花、静电摩擦等）诱发将会引起爆炸。一些气体的爆炸极限见表绪-2。

表绪-2　与空气相混合的某些气体的爆炸极限（20℃，10^5 Pa）

气体	爆炸高限/%（体积）	爆炸低限/%（体积）	气体	爆炸高限/%（体积）	爆炸低限/%（体积）
氢气	74.2	4.0	甲醇	36.5	6.7
乙烯	28.6	2.8	乙酸乙酯	11.4	2.2
乙炔	80.0	2.5	一氧化碳	74.2	12.5
苯	6.8	1.4	水煤气	72	7.0
乙醇	19.0	3.3	煤气	32	5.3
乙醚	36.5	1.9	氨	27.0	15.5
丙酮	12.8	2.6			

因此使用时要尽量防止可燃性气体逸出，保持室内通风良好；操作大量可燃性气体时，严禁使用明火和可能产生电火花的电器，并防止其他物品撞击产生火花。

另外，有些药品如乙炔银、过氧化物等受震或受热易引起爆炸，使用时要特别小心；严禁将强氧化剂和强还原剂放在一起；久藏的乙醚使用前应除去其中可能产生的过氧化物；进行易发生爆炸的实验，应有防爆措施。

（3）防火

许多有机溶剂如乙醚、丙酮等非常容易燃烧，使用时室内不能有明火、电火花等。用后要及时回收处理，不可倒入下水道，以免聚集引起火灾。实验室内不可存放过多此类药品。

另外，有些物质如磷、金属钠及比表面积很大的金属粉末（如铁、铝等）易氧化自燃，在保存和使用时要特别小心。

实验室一旦着火不要惊慌，应根据情况选择不同的灭火剂进行灭火。以下几种情况不能用水灭火：

① 有金属钠、钾、镁、铝粉、电石、过氧化钠等时，应用干沙等灭火。

② 密度比水小的易燃液体着火，采用泡沫灭火器。

③ 有灼烧的金属或熔融物的地方着火时，应用干沙或干粉灭火器。

④ 电器设备或带电系统着火，用二氧化碳或四氯化碳灭火器。

常用灭火器的特点及使用方法如下：

① 干粉灭火器适用于扑救各种易燃液体、气体及电器设备火灾。使用方法是打开保险销，一手握住喷管，对准火源，另一手拉动拉环，即可扑灭火源。

② 二氧化碳灭火器适用于扑救各种易燃液体、气体、贵重仪器设备、档案资料等火灾。鸭嘴式灭火器使用方法：一手握住喷筒把手，另一手拔去保险销，将扶把上的鸭嘴压下，即可灭火。轮式灭火器使用方法：一手握住喷筒把手，另一手撕掉铅封，将手轮按逆时针方向旋转，打开开关，二氧化碳气体即会喷出。使用二氧化碳灭火器时，注意右手不要抓住喷射铁杆，以免被干冰冻伤。

③ 1211灭火器适用于扑救精密仪器、电子设备、文物档案资料及油类火灾。使用时首先拔掉保险销，然后握紧压把开关，即有药剂喷出。使用时筒身要垂直，不可平放和颠倒。

④ 泡沫灭火器适用于扑救液体火灾，但不能扑救水溶性易燃液体（如醇、酯、醚、酮

等物质）和电器火灾。使用时先用手指堵住喷嘴将筒体上下颠倒两次，即有泡沫喷出。使用时不可将筒底筒盖对着人体，以防发生危险。

（4）防灼伤

强酸、强碱、强氧化剂、溴、磷、钠、钾、苯酚、冰醋酸等都会腐蚀皮肤，特别要防止溅入眼内。液氧、液氮等低温也会严重灼伤皮肤，使用时要小心。如有灼伤应及时治疗。

3. 汞的安全使用

汞中毒分急性和慢性两种。急性中毒多为高汞盐（如 $HgCl_2$）入口所致，$0.1 \sim 0.3g$ 即可致死。吸入汞蒸气会引起慢性中毒，症状为食欲不振、恶心、便秘、贫血、骨骼和关节疼痛、精神衰弱等。汞蒸气的最大安全浓度为 $0.1mg \cdot m^{-3}$，而 20℃时汞的饱和蒸气压约为 $0.16Pa$，超过安全浓度 130 倍。所以使用汞必须严格遵守下列操作规定：

（1）储汞的容器要用厚壁玻璃器皿或瓷器，在汞面上加盖一层水，避免直接暴露于空气中，同时应放置在远离热源的地方。一切转移汞的操作，应在装有水的浅瓷盘内进行。

（2）装汞的仪器下面一律放置浅瓷盘，防止汞滴散落到桌面或地面上。万一有汞掉落，要先用吸汞管尽可能将汞珠收集起来，然后把硫黄粉撒在汞溅落的地方，并摩擦使之生成 HgS，也可用 $KMnO_4$ 溶液使其氧化。擦过汞的滤纸等必须放在有水的瓷缸内。

（3）使用汞的实验室应有良好的通风设备；手上若有伤口，切勿接触汞。

4. X 射线的防护

X 射线被人体组织吸收后，对健康是有害的。一般晶体 X 射线衍射分析用的软 X 射线（波长较长、穿透能力较低）比医院透视用的硬 X 射线（波长较短、穿透能力较强）对人体组织伤害更大。轻则造成局部组织灼伤，重则造成白血球下降，毛发脱落，发生严重的射线病。但若采取适当的防护措施，上述危害是可以防止的。

最基本的一条是防止身体各部位（特别是头部）受到 X 射线照射，尤其是直接照射。因此 X 光管窗口附近一定要用铅皮或铅玻璃（厚度在 1mm 以上）挡好，使 X 射线尽量限制在一个局部小范围内；在进行操作（尤其是对光）时，应戴上防护用具（特别是铅玻璃眼镜）；暂时不工作时，应关好铅玻璃窗口；非必要时，人员应尽量离开 X 光实验室，实验时，操作者必须熟练掌握并严格执行操作规程。室内应保持良好通风，以减少由于高电压和 X 射线电离作用产生的有害气体对人体的影响。并在实验室外贴上电离辐射标识。

5. 易制毒、易制爆化学品的使用要求

易制毒、易制爆化学品存放在专用柜中，由双人双锁进行管理。实验中使用易制毒、易制爆化学品，要到管理人员处签字领用，并在教师指导监督下使用。实验完毕，未使用完的易制毒、易制爆化学品应及时全数交回至管理员处，并进行登记。反应后的废液集中存放于专用废液桶内，严格按照国家相关规定进行处置，不得随意抛弃。

6. 废弃物的处理

为防止实验室废弃物对环境造成污染，必须对其进行妥善处理。试剂用完后的包装瓶、实验过程中用过的吸水纸、滤纸等固体废弃物放置在纸箱等容器中；废弃的药品等单独放置在纸箱中；损坏的玻璃器皿、注射器等尖锐物单独存放；实验中产生的废液倒入专用废液桶中并贴好标签，注明主要成分、废弃物名称等信息，便于统一进行分类处理，并置于安全地点进行保存。

三、物理化学实验中的误差及数据的表达

由于实验方法的可靠程度、所用仪器的精密度和实验者感官的限度等各方面条件的限

制,使得一切测量均带有误差——测量值与真值之差。因此,必须对误差产生的原因及其规律进行研究,了解测量结果的可靠程度,从而提出合理的实验改进,选择适当的精密仪器。同时,通过实验数据的列表、作图、建立数学关系式等处理步骤,使实验结果变为有参考价值的资料,这在科学研究中是必不可少的。

1. 误差的分类

误差按其性质可分为如下三种:

(1) 系统误差(恒定误差)

系统误差是指在相同条件下,多次测量同一物理量时,误差的绝对值和符号保持恒定,或在条件改变时,按某一确定规律变化的误差,产生的原因有:

- 实验方法本身的缺陷。如反应进行不完全、指示剂选择不当、使用了近似公式等。
- 仪器药品的不良选择。如电表零点偏差、温度计刻度不准、药品纯度不高等。
- 操作者的不良习惯。如观察视线偏高或偏低。

系统误差在相同条件下重复实验无法消除,但是可以通过对仪器的校正、选择合适的实验方法、修正计算公式等来减少系统误差。只有当不同的实验者采用不同的校正方法、不同的仪器所得实验数据相符合,才可以认为系统误差基本消除。

(2) 过失误差(或粗差)

这是一种明显歪曲实验结果的误差。它无规律可循,是由实验者粗心大意、操作不当所致。只要加强责任心,细心操作此类误差可以避免。发现有此种误差产生,所得数据应予以剔除。

(3) 偶然误差(随机误差)

在相同条件下多次测量同一量时,误差的绝对值时大时小,符号时正时负,但随测量次数的增加,其平均值趋近于零,即具有抵偿性,此类误差称为偶然误差。它产生的原因并不确定,一般是由环境条件的改变(如大气压、温度的波动)、操作者感官分辨能力的限制(例如对仪器最小分度以内的读数难以读准确)等所致。

2. 测量的准确度与测量的精密度

准确度是指测量结果的准确性,即测量结果偏离真值的程度。而真值是指用已消除系统误差的实验手段和方法进行足够多次的测量所得的算术平均值或者文献手册中的公认值。

精密度是指测量结果的可重复性及测量值有效数字的位数。因此测量的准确度和精密度是有区别的,高精密度不一定能保证有高准确度,但高准确度必须有高精密度来保证。

3. 误差的表达方法

(1) 误差一般用以下三种方法表达:

① 平均误差 $\delta = \dfrac{\sum |d_i|}{n}$

式中,d_i 为测量值 x_i 与算术平均值 $\bar{x}$ 之差;n 为测量次数,且 $\bar{x} = \dfrac{\sum x_i}{n}$ ($i = 1, 2, \cdots, n$)。

② 标准误差(或称均方根误差) $\sigma = \sqrt{\dfrac{\sum d_i^2}{n-1}}$

③ 或然误差 $P = 0.675\sigma$

平均误差的优点是计算简便,但用这种误差表示时,可能会把质量不高的测量掩盖住。

标准误差对一组测量中的较大误差或较小误差感觉比较灵敏，因此它是表示清度的较好方法，在近代科学中多采用标准误差。

（2）为了表达测量的精度，又分为绝对误差、相对误差两种表达方法。

① 绝对误差　它表示了测量值与真值的接近程度，即测量的准确度。其表示法为 $\bar{x}\pm\delta$ 或 $\bar{x}\pm\sigma$，其中 δ 和 σ 分别为平均误差和标准误差，一般以一位数字（最多两位）表示。

② 相对误差　它表示测量值的精密度，即各次测量值相互靠近的程度。其表示法为：

- 平均相对误差 $=\pm\dfrac{\delta}{\bar{x}}\times100\%$

- 标准相对误差 $=\pm\dfrac{\sigma}{\bar{x}}\times100\%$

4. 偶然误差的统计规律和可疑值的舍弃

偶然误差符合正态分布规律，即正、负误差具有对称性。所以，只要测量次数足够多，在消除了系统误差和粗差的前提下，测量值的算术平均值趋近于真值

$$\lim_{n\to\infty}\bar{x}=x_{真}$$

但是，一般测量次数不可能有无限多次，所以一般测量值的算术平均值也不等于真值。于是人们又常把测量值与算术平均值之差称为偏差，常与误差混用。

如果以误差出现次数 N 对标准误差的数值 σ 作图，得一对称曲线（图绪-1）。统计结果表明，测量结果的偏差大于 3σ 的概率不大于 0.3%。因此根据小概率定理，凡误差大于 3σ 的点，均可以作为粗差剔除。严格地说，这是指测量达到 100 次以上时方可如此处理，粗略地用于 15 次以上的测量。对于 $10\sim15$ 次时可用 2σ，若测量次数再少，应酌情递减。

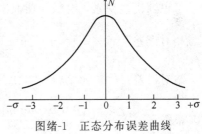

图绪-1　正态分布误差曲线

5. 误差传递——间接测量结果的误差计算

测量分为直接测量和间接测量两种，一切简单易得的量均可直接测量出，如用米尺量物体的长度，用温度计测量体系的温度等。对于较复杂不易直接测得的量，可通过直接测定简单量，而后按照一定的函数关系将它们计算出来。例如在溶解热实验中，测得温度变化 ΔT 和样品质量 m，代入公式 $Q_V=C\Delta T\dfrac{M}{m}$ 就可求出溶解热 Q_V，从而使直接测量值 T、m 的误差传递给 Q_V。

误差传递符合一定的基本公式。通过间接测量结果误差的求算，可以知道哪个直接测量值的误差对间接测量结果影响最大，从而可以有针对性地提高测量仪器的精度，以获得较好的结果。

（1）间接测量结果的平均误差和相对平均误差的计算

设有函数 $u=F(x,y)$，其中 x，y 为可以直接测量的量。则

$$\mathrm{d}u=\left(\frac{\partial F}{\partial x}\right)_y\mathrm{d}x+\left(\frac{\partial F}{\partial y}\right)_x\mathrm{d}y$$

此为误差传递的基本公式。若 Δu、Δx、Δy 为 u、x、y 的测量误差，且设它们足够小，可以代替 $\mathrm{d}u$、$\mathrm{d}x$、$\mathrm{d}y$，则得到具体的简单函数及其误差的计算公式，列入表绪-3。

表绪-3　部分函数的平均误差

函数关系	绝对误差	相对误差
$y = x_1 + x_2$	$\pm(|\Delta x_1| + |\Delta x_2|)$	$\pm\left(\dfrac{|\Delta x_1| + |\Delta x_2|}{x_1 + x_2}\right)$
$y = x_1 - x_2$	$\pm(|\Delta x_1| + |\Delta x_2|)$	$\pm\left(\dfrac{|\Delta x_1| + |\Delta x_2|}{x_1 - x_2}\right)$
$y = x_1 x_2$	$\pm(x_1|\Delta x_2| + x_2|\Delta x_1|)$	$\pm\left(\dfrac{|\Delta x_1|}{x_1} + \dfrac{|\Delta x_2|}{x_2}\right)$
$y = x_1/x_2$	$\pm\left(\dfrac{x_1|\Delta x_2| + x_2|\Delta x_1|}{x_2^2}\right)$	$\pm\left(\dfrac{|\Delta x_1|}{x_1} + \dfrac{|\Delta x_2|}{x_2}\right)$
$y = x^n$	$\pm(nx^{n-1}\Delta x)$	$\pm\left(n\dfrac{|\Delta x|}{x}\right)$
$y = \ln x$	$\pm\left(\dfrac{\Delta x}{x}\right)$	$\pm\left(\dfrac{|\Delta x|}{x\ln x}\right)$

例如：计算函数 $x = \dfrac{8LRP}{\pi(m - m_0)rd^2}$ 的误差，其中 L、R、P、m、r、d 为直接测量值。

对上式取对数：$\ln x = \ln 8 + \ln L + \ln R + \ln P - \ln \pi - \ln(m - m_0) - \ln r - 2\ln d$

微分得：
$$\frac{\mathrm{d}x}{x} = \frac{\mathrm{d}L}{L} + \frac{\mathrm{d}R}{R} + \frac{\mathrm{d}P}{P} - \frac{\mathrm{d}(m - m_0)}{m - m_0} - \frac{\mathrm{d}r}{r} - \frac{2\mathrm{d}d}{d}$$

考虑到误差积累，对每一项取绝对值得

相对误差：
$$\frac{\Delta x}{x} = \pm\left[\frac{\Delta L}{L} + \frac{\Delta R}{R} + \frac{\Delta P}{P} + \frac{\Delta(m - m_0)}{m - m_0} + \frac{\Delta r}{r} + \frac{2\Delta d}{d}\right]$$

绝对误差：
$$\Delta x = \left(\frac{\Delta x}{x}\right)\frac{8LRP}{\pi(m - m_0)rd^2}$$

根据 $\dfrac{\Delta L}{L}$、$\dfrac{\Delta R}{R}$、$\dfrac{\Delta P}{P}$、$\dfrac{\Delta(m - m_0)}{m - m_0}$、$\dfrac{\Delta r}{r}$、$\dfrac{2\Delta d}{d}$ 各项的大小，可以判断间接测量值 x 的最大误差来源。

（2）间接测量结果的标准误差计算

若 $u = F(x, y)$，则函数 u 的标准误差为

$$\sigma_u = \sqrt{\left(\frac{\partial u}{\partial x}\right)^2\sigma_x^2 + \left(\frac{\partial u}{\partial y}\right)^2\sigma_y^2}$$

部分函数的标准误差列入表绪-4。

表绪-4　部分函数的标准误差

函数关系	绝对误差	相对误差
$u = x \pm y$	$\pm\sqrt{\sigma_x^2 + \sigma_y^2}$	$\pm\dfrac{1}{|x \pm y|}\sqrt{\sigma_x^2 + \sigma_y^2}$
$u = xy$	$\pm\sqrt{y^2\sigma_x^2 + x^2\sigma_y^2}$	$\pm\sqrt{\dfrac{\sigma_x^2}{x^2} + \dfrac{\sigma_y^2}{y^2}}$
$u = \dfrac{x}{y}$	$\pm\dfrac{1}{y}\sqrt{\sigma_x^2 + \dfrac{x^2}{y^2}\sigma_y^2}$	$\pm\sqrt{\dfrac{\sigma_x^2}{x^2} + \dfrac{\sigma_y^2}{y^2}}$
$u = x^n$	$\pm nx^{n-1}\sigma_y^2$	$\pm\dfrac{n}{x}\sigma_x$
$u = \ln x$	$\pm\dfrac{\sigma_x}{x}$	$\pm\dfrac{\sigma_x}{x\ln x}$

6. 有效数字

当对一个测量的量进行记录时，所记数字的位数应与仪器的精密度相符合，即所记数字

的最后一位为仪器最小刻度以内的估计值，称为可疑值，其他几位为准确值，这样一个数字称为有效数字，它的位数不可随意增减。在间接测量中，须通过一定公式将直接测量值进行运算，运算中对有效数字位数的取舍应遵循如下规则：

(1) 误差一般只取一位有效数字，最多两位；

(2) 有效数字的位数越多，数值的精确度也越大，相对误差越小；

(3) 若第一位的数值等于或大于8，则有效数字的总位数可多算一位，如9.23虽然只有三位，但在运算时，可以看作四位；

(4) 运算中舍弃过多不定数字时，应用"4舍6入，逢5尾留双"的法则；

(5) 在加减运算中，各数值小数点后所取的位数，以其中小数点后位数最少者为准；

(6) 在乘除运算中，各数保留的有效数字，应以其中有效数字最少者为准；

(7) 在乘方或开方运算中，结果可多保留一位；

(8) 对数运算时，对数中的首数不是有效数字，对数的尾数的位数，应与各数值的有效数字相当；

(9) 算式中，常数 π、e 及乘子 $\sqrt{2}$ 和某些取自手册的常数，如阿伏伽德罗常数、普朗克常数等，不受上述规则限制，其位数按实际需要取舍。

7. 数据处理

物理化学实验数据的表示法主要有如下三种方法：列表法、作图法和数学方程式法。

(1) 列表法

将实验数据列成表格，排列整齐，使人一目了然。这是数据处理中最简单的方法，列表时应注意以下几点：

① 表格要有名称。

② 每行（或列）的开头一栏都要列出物理量的名称和单位，并把二者表示为相除的形式。因为物理量的符号本身是带有单位的，除以它的单位，即等于表中的纯数字。

③ 数字要排列整齐，小数点要对齐，公共的乘方因子应写在开头一栏与物理量符号相乘的形式，并为异号。

④ 表格中表达的数据顺序为：由左到右，由自变量到因变量，可以将原始数据和处理结果列在同一表中，但应以一组数据为例，在表格下面列出算式，写出计算过程。

(2) 作图法

作图法可更形象地表达出数据的特点，如极大值、极小值、拐点等，并可进一步用图解求积分、微分、外推、内插值。作图应注意如下几点：

① 图要有图名。例如"$\ln K_p$-$1/T$ 图""V-t 图"等。

② 要用市售的正规坐标纸，并根据需要选用坐标纸种类：直角坐标纸、三角坐标纸、半对数坐标纸、对数坐标纸等。物理化学实验中一般较多用到直角坐标纸，只有三组分相图使用三角坐标纸。

③ 在直角坐标中，一般以横轴代表自变量，纵轴代表因变量，在轴旁须注明变量的名称和单位（二者表示为相除的形式），10 的幂次以相乘的形式写在变量旁，并为异号。

④ 适当选择坐标比例，以表达出全部有效数字为准，即最小的毫米格内表示有效数字的最后一位。每厘米格代表 1、2、5 为宜，切忌 3、7、9。如果作直线，应正确选择比例，使直线呈 45° 倾斜为好。

⑤ 坐标原点不一定选在零，应使所作直线与曲线匀称地分布于图面中。在两条坐标轴

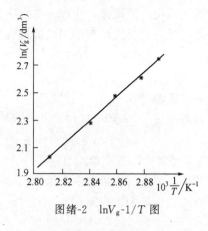

图绪-2 $\ln V_g$-1/T 图

上每隔 1cm 或 2cm 均匀地标上所代表的数值，而图中所描各点的具体坐标值不必标出。

⑥ 描点时，应用细铅笔将所描的点准确而清晰地标在其位置上，可用○、△、□、×等符号表示，符号总面积表示了实验数据误差的大小，所以不应超过 1mm 格。同一图中表示不同曲线时，要用不同的符号描点，以示区别。

⑦ 作曲线要用曲线板，描出的曲线应平滑均匀；应使曲线尽量多地通过所描的点，但不要强行通过每一个点，对于不能通过的点，应使其等量地分布于曲线两边，且两边各点到曲线的距离的平方和要尽可能相等。

作图示例如图绪-2 所示。

⑧ 若有条件，可把数据代入微机中的 Origin 软件进行处理。

⑨ 图解微分

图解微分的关键是作曲线的切线，而后求出切线的斜率值，即图解微分值。作曲线的切线可用如下两种方法：

镜像法

取一平面镜，使其垂直于图面，并通过曲线上待作切线的点 P（图绪-3），然后让镜子绕 P 点转动，注意观察镜中曲线的影像，当镜子转到某一位置，使得曲线与其影像刚好平滑地连为一条曲线时，过 P 点沿镜子作一直线即为 P 点的法线，过 P 点再作法线的垂线，就是曲线上 P 点的切线。若无镜子，可用玻璃棒代替，方法相同。

平行线段法

如图绪-4，在选择的曲线段上作两条平行线 AB 及 CD，然后连接 AB 和 CD 的中点 PQ 并延长相交曲线于 O 点，过 O 点作 AB、CD 的平行线 EF，则 EF 就是曲线上 O 点的切线。

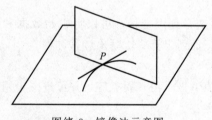

图绪-3 镜像法示意图

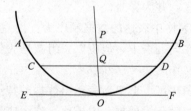

图绪-4 平行线段法示意图

（3）数学方程式法

将一组实验数据用数学方程式表达出来是最为精练的一种方法。它不但方式简单而且便于进一步求解，如积分、微分、内插等。此法首先要找出变量之间的函数关系，然后将其线性化，进一步求出直线方程的系数——斜率 m 和截距 b，即可写出方程式。也可将变量之间的关系直接写成多项式，通过计算机曲线拟合求出方程系数。

求直线方程系数一般有三种方法：

① 图解法

将实验数据在直角坐标纸上作图，得一直线，此直线在 y 轴上的截距即为 b 值（横坐标原点为零时）；直线与轴夹角的正切值即为斜率 m。或在直线上选取两点（此两点应远离）

(x_1, y_1) 和 (x_2, y_2)，则

$$m = \frac{\Delta y}{\Delta x} = \frac{y_2 - y_1}{x_2 - x_1}$$

$$b = \frac{y_1 x_2 - y_2 x_1}{x_2 - x_1}$$

② 平均法

若将测得的 n 组数据分别代入直线方程式，则得 n 个直线方程

$$y_1 = mx_1 + b$$

$$y_2 = mx_2 + b$$

$$\cdots$$

$$y_n = mx_n + b$$

将这些方程分成两组，分别将各组的 x，y 值累加起来，得到两个方程

$$\sum_{i=1}^{k} y_i = m \sum_{i=1}^{k} x_i + kb$$

$$\sum_{i=k+1}^{n} y_i = m \sum_{i=k+1}^{n} x_i + (n-k)b$$

解此联立方程，可得 m，b 值。

③ 最小二乘法

这是最为精确的一种方法，它的根据是使误差平方和最小，以得到直线方程。如果 n 组数据在一直线上，可以认为变量之间遵循关系式为 $y = mx + b$。但一般说来，这些点不可能在同一直线上。此时记 $\varepsilon_i = y_i - (mx_i + b)$，它反映了用直线 $y = mx + b$ 来描述 $x = x_i$ 和 $y = y_i$ 时，计算的 y 与实际值 y_i 之间的偏差。当然这种偏差越小越表明遵循线性关系。由于 ε_i 可正可负，因此不能认为总偏差 $\sum_{i=1}^{n} \varepsilon_i = 0$ 时，函数 $y = mx + b$ 反映的变量关系就会很好，而此时每个偏差的绝对值可能会很大。为了改进这一缺陷，数学上用 $\sum_{i=1}^{n} |\varepsilon_i|$ 来代替 $\sum_{i=1}^{n} \varepsilon_i$，但是由于其绝对值不易作解析运算，因此，进一步用 $\sum_{i=1}^{n} \varepsilon_i^2$ 来度量总偏差。因为总偏差的平方和最小可以保证每个偏差都不会很大，于是问题就归结为确定 $y = mx + b$ 中的常数 m 和 b，使 $F(m, b) = \sum_{i=1}^{n} \varepsilon_i^2 = \sum_{i=1}^{n} (y_i - mx_i - b)^2$ 为最小。用这种方法确定系数 m，b 的方法称为最小二乘法。

由极值原理得 $\frac{\partial F}{\partial m} = \frac{\partial F}{\partial b} = 0$，即

$$\frac{\partial F}{\partial m} = -2 \sum_{i=1}^{n} x_i (y_i - mx_i - b) = 0$$

$$\frac{\partial F}{\partial b} = -2 \sum_{i=1}^{n} (y_i - mx_i - b) = 0$$

解此联立方程得

$$m = \frac{n\sum_{i=1}^{n}x_iy_i - \sum_{i=1}^{n}x_i\sum_{i=1}^{n}y_i}{n\sum_{i=1}^{n}x_i^2 - \left(\sum_{i=1}^{n}x_i\right)^2}$$

$$b = \frac{1}{n}\sum_{i=1}^{n}y_i - \frac{m}{n}\sum_{i=1}^{n}x_i$$

得到的方程即为线性拟合或线性回归。由此得出的 y 值称为最佳值。

8. 数据处理软件在物理化学实验中的应用

在物理化学实验中经常会遇到各种类型不同的实验数据，要从这些数据中找到有用的化学信息，得到可靠的结论，就必须对实验数据进行认真的整理和必要的分析和检验。除上一节中提到的分析方法以外，化学、数学分析软件的应用大大减少了处理数据的麻烦，提高了分析数据的可靠程度。经验告诉我们，数据信息的处理与图形表示在物理化学实验中有着非常重要的地位。用于图形处理的软件非常多，部分已经商业化，如微软公司的 Excel，Origin Lab 公司的 Origin 等。下面以 Origin 软件为例，简单介绍该软件在数据处理中的应用。

Origin 软件从它诞生以来，由于强大的数据处理和图形化功能，已被化学工作者广泛应用。它的主要功能和用途包括：对实验数据进行常规处理和一般的统计分析，如计数、排序、求平均值和标准偏差、t 检验、快速傅里叶变换、比较两列均值的差异、进行回归分析等。此外还可用数据作图，用图形显示不同数据之间的关系，用多种函数拟合曲线等。

（1）数据的统计处理

当把实验的数据输入之后，打开 Origin 数据（data）栏，可以做如下的工作：

● 数据按照某列进行升序（Asending）或降序（Decending）排列；

● 按照列求和（Sum）、平均值（Mean）、标准偏差（sd）等；

● 按照行求平均值、标准偏差；

● 对一组数据（如一列）进行统计分析，进行 t-检验，可以得到如下的检验结果：平均值、方差 s^2（variance）、数据量（N）、t 的计算值、t 分布和检验的结论等信息；

● 比较两组数据（如两列）的相关性；

● 进行多元线性回归（Multiple Regression）得到回归方程，得到定量结构性质关系（Quantitative Structure-Properties Relationship，QSPR），同时可以得到该组数据的偏差、相关系数等数据。

（2）数据关系的图形表示

数据准备完之后，除了可以进行上面的统计处理以外，还可以进行二维图形的绘制。Origin 5.0 以上的版本还可以绘制三维图形，以及各种不同图形的排列等可视化操作。用图形方法显示数据的关系比较直观，容易理解，因而在科技论文、实验报告中经常用到。Origin 软件提供了数据分析中常用的绘图、曲线拟合和分辨功能，其中包括：

● 二维数据点分布图（Scatter）、线图（Line）、点线图（Line-Symbol）；

● 可以绘制带有数据点误差、数据列标准差的二维图；

● 用于生产统计、市场分析等的条形图（Tar）、柱状图（Column）、扇形图（Pie chart）；

● 表示积分面积的面积图（Area）、填充面积图（Fill area）、三组分图（Ternary）等；

● 在同一张图中表示两套 X 或 Y 轴、在已有的图形页中加入函数图形、在空白图形页中显示函数图形等。

另外 Origin 软件还可以提供强大的三维图形，方便而且直观地表示固定某一变量下系列组分变化的程度，如：

● 三维格子点图（3D Scatter plot）、三维轨迹图（3D Trajectory）、三维直方图（3D Bars）、三维飘带图（3D Ribbons）、三维墙面图（3D Wall）、三维瀑布图（3D Waterfall）；

● 用不同颜色表示的三维颜色填充图（3D Color fill surface）、固定基色的三维图（3D X or Y constant with base）、三维彩色地图（3D Color map）等。

(3) 曲线拟合与谱峰分辩

虽然原始数据包含了所有有价值的信息，但是，信息质量往往不高。通过上一部分介绍得到的数据图形，仅仅能够通过肉眼来判断不同数据之间的内在逻辑联系，大量的相关信息还需要借助不同的数学方法得以实现。Origin 软件可以进一步对数据图形进行处理，提取有价值的信息，特别是对物理化学实验中经常用到的谱图和曲线的处理具有独到之处。

● 数据曲线的平滑（去噪声）、谱图基线的校正或去数据背景

使用数据平滑可以去除数据集合中的随机噪声，保留有用的信息。最小二乘法平滑就是用一条曲线模拟一个数据子集，在最小误差平方和准则下估计模型参数。平滑后的数据可以进一步进行多次平滑或者多通道平滑。

● 数据谱图的微分和积分

物理化学实验中得到的许多谱图中常常"隐藏"着谱 y 对 x 的响应。例如两个难分辨的组分，其组合色谱响应图往往不能明显看出两个组分的共同存在，谱图显示的可能是单峰而不是"肩峰"。微分谱（$\mathrm{d}y/\mathrm{d}x$-x）比原谱图（y-x）对谱特征的细微变化反应要灵敏得多，因此常常采用微分谱对被隐藏的谱的特征加以区分。在光谱和色谱中，对原信号的微分可以检验出能够指示重叠谱带存在的弱肩峰；在电化学中，对原信号的微分处理可以帮助确定滴定曲线的终点。

对谱图的积分可以得到特征峰的峰面积，从而可以确定化学成分的含量比。因此，在将重叠谱峰分解后，对各个谱峰进行积分，就可以得到化学成分的含量比。在 Origin 软件中提供了三种积分方法：梯形公式、Simpson 公式和 Cotes 公式。

● 对曲线进行拟合、求回归一元或多元函数

对曲线进行拟合，可以从拟合的曲线中得到许多的谱参数，如谱峰的位置、半峰宽、峰高、峰面积等。但是需要注意的是所用函数数目超过谱线拐点数的两倍就有可能产生较大的误差，采用的非线性最小二乘法也不能进行全局优化，所得到的解与设定的初始值有关。因此，在拟合曲线时，设定谱峰的初始参数要尽可能接近真实解，这就要求需要采用不同的初始值反复试算。在有些情况下，可以把复杂的曲线模型通过变量变换的方法简化为线性模型进行处理。Origin 软件中能够提供许多的拟合函数，如线性拟合（Linear regression）、多项式拟合（Polynomial regression）、单个或多个 e 指数方式衰减（Exponential decay）、e 指数方式递增（Exponential growth）、S 型函数（Sigmoidal）、单个或多个 Gauss 函数和 Lorentz 函数等，此外用户还可以自定义拟合函数。

习　　题

1. 已知每分钟内测得气体流量（V/L）如下：

0.44，0.50，0.51，0.50，0.49，0.52，0.49，0.50，0.52，0.51

（1）求气体的平均流量及其标准误差；

（2）通过计算说明，第一个值 0.44 可否舍弃（作为粗差别除）？

2. 按下式用比重瓶测 35℃时氯仿的密度

$$d = \frac{m_2 - m_0}{m_1 - m_0} d_1$$

其中，$m_0 = (15.1232 \pm 0.0002)g$，为干燥的比重瓶的质量；

$m_1 = (18.5513 \pm 0.0002)g$，装满水后瓶加水的质量；

$m_2 = (18.3090 \pm 0.0002)g$，装满氯仿后瓶加氯仿的质量；

35℃时水的密度 $d_1 = 0.9941 g \cdot mL^{-1}$，按误差传递公式求氯仿密度的绝对误差和相对误差。

3. 水在不同温度下的蒸气压如下：

T/K	323.2	328.4	333.6	338.2	343.8	348.2	353.5	358.8	363.4	369.0
$10^{-3}p/Pa$	12.33	15.88	20.28	25.00	31.96	38.54	47.54	59.19	70.63	87.04

作 $\ln p\text{-}1/T$ 图，并求出直线斜率和截距，写出 p、T 的关系式。

4. 25℃时，不同浓度的正丁醇水溶液的表面张力（σ）测定数据如下：

$c/mol \cdot L^{-1}$	0.00	0.02	0.07	0.11	0.15	0.26	0.37	0.59	0.81	1.03
$10^3\sigma/N \cdot m^{-1}$	71.18	66.17	55.93	53.15	49.63	42.91	37.68	31.44	25.20	24.90

绘出 $\sigma\text{-}c$ 等温线，并在 $c = 0.05$，0.10，0.15 时分别作曲线的切线并求出切线斜率。

5. 利用 Origin 软件对 3，4 题表格中的数据进行相关处理。

参考文献

[1] 叶卫平，方安平，于本方编著. Origin 7.0 科技绘图及数据分析. 北京：机械工业出版社，2003.

[2] 周秀银编著. 误差理论与实验数据处理. 北京：北京航空学院出版社，1986.

[3] 孟尔熹，曹尔茅编著. 实验误差与数据处理. 上海：上海科技出版社，1988.

[4] 肖明耀编著. 实验误差估计与数据处理. 北京：科学出版社，1980.

第一篇

基础知识与技术

第一章　温度的测量与控制

第一节　温　标

温度是表征体系中物质内部大量分子、原子平均动能的一个宏观物理量。物体内部分子、原子平均动能的增加或减少，表现为物体温度的升高或降低。物质的物理化学特性都与温度有密切的关系，温度是确定物体状态的一个基本参量，因此准确测量和控制温度，在科学实验中十分重要。

温度是一个特殊的物理量，两个物体的温度不能像质量那样互相叠加，两个温度间只有相等或不等的关系。为了表示温度的数值，需要建立温标，即温度间隔的划分与刻度的表示，这样才会有温度计的读数。所以温标是测量温度时必须遵循的带有"法律"性质的规定。国际温标是规定一些固定点，这些固定点用特定的温度计精确测量，在规定的固定点之间的温度的测量是以约定的内插方法及指定的测量仪器以及相应物理量的函数关系来定义的。确立一种温标，需要有以下三条：

（1）选择测温物质：作为测温物质，它的某种物理性质，如体积、电阻、温差电势以及辐射电磁波的波长等与温度有依赖关系，而又有良好的重现性。

（2）确定基准点：测温物质的某种物理特性，只能显示温度变化的相对值，必须确定其相当的温度值，才能实际使用。通常是以某些高纯物质的相变温度，如凝固点、沸点等，作为温标的基准点。

（3）划分温度值：基准点确定以后，还需要确定基准点之间的分隔，如摄氏温标是以1个标准大气压下水的凝固点（0℃）和沸点（100℃）为两个定点，定点间分为100等份，每一份为1℃。用外推法或内插法求得其他温度。

实际上，一般所用物质的某种特性，与温度之间并非严格地呈线性关系，因此用不同物质做的温度计测量同一物体时，所显示的温度往往不完全相同。

1848年，开尔文（Kelvin）提出热力学温标，它是建立在卡诺循环基础上的，与测温物质性质无关。

$$T_2 = \frac{Q_1}{Q_2} T_1 \qquad\qquad (1\text{-}1\text{-}1)$$

开尔文建议用此原理定义温标，称为热力学温标，通常也叫作绝对温标，以开（K）表示。理想气体在定容下的压力（或定压下的体积）与热力学温度呈严格的线性函数关系。因此，国际上选定气体温度计，用它来实现热力学温标。氦、氢、氮等气体在温度较高、压力不太大的条件下，其行为接近理想气体。所以，这种气体温度计的读数可以校正成为热力学温标。热力学温标用单一固定点定义，规定"热力学温度单位开尔文（K）是水三相点热力学温度的 1/273.16"。水的三相点热力学温度为 273.16K。热力学温标与通常习惯使用的摄氏温度分度值相同，只是差一个常数

$$T = 273.15 + t\,℃$$

由于气体温度计的装置复杂，使用很不方便，为了统一国际间的温度量值，1927 年拟定了"国际温标"，建立了若干可靠而又能高度重现的固定点。随着科学技术的发展，又经多次修订，现在采用的是 1990 国际温标（ITS-90），其固定点见表 1-1-1。

表 1-1-1 ITS-90 的固定点定义

物质①	平衡态②	温度 T_{90}/K	物质①	平衡态②	温度 T_{90}/K
He	VP	3～5	Ga*	MP	302.9146
e-H_2	TP	13.8033	In*	FP	429.7485
e-H_2	VP(CVGT)	约 17	Sn	FP	505.078
e-H_2	VP(CVGT)	约 20	Zn	FP	692.677
Ne*	TP	24.5561	Al*	FP	933.473
O_2	TP	54.3358	Ag	FP	1234.94
Ar	TP	83.8058	Au	FP	1337.33
Hg	TP	234.3156	Cu*	FP	1357.77
H_2O	TP	273.16			

① e-H_2 指平衡氢，即正氢和仲氢的平衡分布，在室温下正常氢含 75% 正氢、25% 仲氢；* 第二类固定点。

② VP——蒸气压点；CVGT——等容气体温度计点；TP——三相点（固、液和蒸气三相共存的平衡度）；FP——凝固点；MP——熔点（在一个标准大气压 101325Pa 下，固、液两相共存的平衡温度），同位素组成为自然组成状态。

第二节 温 度 计

国际温标规定，从低温到高温划分为四个温区，在各温区分别选用一个高度稳定的标准温度计来度量各固定点之间的温度值。这四个温区的划分及相应的标准温度计见表 1-1-2。

表 1-1-2 四个温区的划分及相应的标准温度计

温度范围/K	13.81～273.15	273.15～903.89	903.89～1337.58	1337.58 以上
标准温度计	铂电阻温度计	铂电阻温度计	铂铑(10%)-铂热电偶	光学高温计

下面介绍几种常见的温度计。

一、水银温度计

水银温度计是实验室常用的温度计。它的结构简单，价格低廉，具有较高的精确度，可直接读数，使用方便；但是易损坏，损坏后无法修理。水银温度计适用范围为 238.15～633.15K（水银的熔点为 234.45K，沸点为 629.85K），如果用石英玻璃做管壁，充入氮气或

氩气，最高使用温度可达到 1073.15K。常用的水银温度计刻度间隔有：2℃、1℃、0.5℃、0.2℃、0.1℃等，与温度计的量程范围有关，可根据测定精度选用。

水银温度计使用时应注意以下几点。

（1）读数校正

① 以纯物质的熔点或沸点作为标准进行校正。

② 以标准水银温度计为标准，与待校正的温度计同时测定某一体系的温度，将对应值一一记录，做出校正曲线。

标准水银温度计由多支温度计组成，各支温度计的测量范围不同，交叉组成 −10～360℃范围，每支都经过计量部门的鉴定，读数准确。

（2）露茎校正　水银温度计有"全浸"和"非全浸"两种。非全浸式水银温度计常刻有校正时浸入量的刻度，在使用时若室温和浸入量均与校正时一致，所示温度是正确的。

全浸式水银温度计使用时应当将水银全部浸入被测体系中，如图 1-1-1 所示，达到热平衡后才能读数。全浸式水银温度计中的水银如不能全部浸没在被测体系中，则因露出部分与体系温度不同，必然存在读数误差，因此必须进行校正。这种校正称为露茎校正。如图 1-1-2所示。

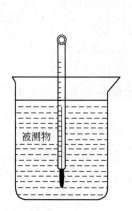

图 1-1-1　全浸式水银温度计的使用

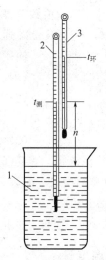

图 1-1-2　温度计露茎校正

1—被测体系；2—测量温度计；3—辅助温度计

其校正公式为：

$$\Delta t = \frac{kn}{1-kn}(t_{测} - t_{环})\qquad(1\text{-}1\text{-}2)$$

式中，$\Delta t = t_{实} - t_{测}$ 为读数校正值；$t_{实}$ 为温度的正确值；$t_{测}$ 为温度计的读数值；$t_{环}$ 为露出待测体系外水银柱的有效温度（从放置在露出一半位置处的另一支辅助温度计读出）；n 为露出待测体系外部的水银柱长度，称为露茎高度，以温度差值表示；k 为水银相对于玻璃的膨胀系数，使用摄氏度时，$k = 0.00016$，上式中 $kn \ll 1$，所以 $\Delta t \approx kn(t_{测} - t_{环})$。

二、温差温度计

1. 贝克曼温度计

贝克曼温度计是一种移液式的内标温度计，测量范围 −20～150℃，专用于测量温差。

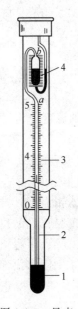

图 1-1-3 贝克
曼温度计

1—水银球；

2—毛细管；

3—温度标尺；

4—水银储管；

a—最高刻度；

b—毛细管末端

它的最小刻度为 0.01℃，用放大镜可以读准到 0.002℃，测量精度较高；还有一种最小刻度为 0.002℃，可以估计读准到 0.0004℃。一般只有 5℃ 量程，其结构（图 1-1-3）与普通温度计不同，在它的毛细管 2 上端，加装了一个水银储管 4，用来调节水银球 1 中的水银量。因此虽然量程只有 5℃，却可以在不同范围内使用。一般可以在 −6～120℃ 使用。

由于水银球 1 中的水银量是可变的，因此水银柱的刻度值不是温度的绝对值，只是在量程范围内的温度变化值。其使用方法参见相关参考书。

2. 精密温差测量仪

目前，代替贝克曼温度计用来测量微小温度差的仪器是精密温差测量仪。常见型号的主要技术指标为：准确度 ±0.02～±0.001℃，测量温差的范围 −20～+80℃。

测量原理为：温度传感器将温度信号转换成电压信号，经过多级放大器组成测量放大电路后变成为对应的模拟电压量。单片机将采样值数字滤波和线性校正，将结果实时输送四位半的数码管显示和 RS232 通信口输出。

使用方法如下：

（1）将温度传感器探头插入待测介质中；

（2）插上电源插头，打开电源开关，显示器亮。预热 5min，此时显示数值为一任意值；

（3）待显示数值稳定后（即达到操作者拟设定的数值时），按下"设定"按键并保持 2s，参考值 T_0 即自动设定为 0.000℃；

（4）当介质温度改变时，显示器显示的温度值为 T_1，便得 $\Delta T = T_1 - T_0$。因为 $T_0 = 0.000℃$，则 $\Delta T = T_1$。

（5）每隔 30s，面板上的指示灯闪烁一次，同时蜂鸣器鸣叫 1s，以便使用者读数。

三、热电阻温度计

大多数金属导体的电阻值都随着温度的增高而增大，一般是当温度每升高 1℃，电阻值增加 0.4%～0.6%。半导体材料则具有负的温度系数，其值为温度每升高 1℃（以 20℃ 为参考点），电阻值降低 2%～6%。利用金属导体和半导体电阻的温度函数关系制成的传感器，称为电阻温度计。

1. 电阻丝式热电阻温度计

电阻丝式热电阻温度计具有许多优点：性能稳定，测量范围宽且精度高。电阻丝式热电阻温度计与热电偶不同，它不需要设置温度参考点，这使它在航空工业及一些工业设备中得到广泛的应用，其缺点是需要给桥路加辅助电源，尤其是热电阻温度计的热容量较大，因而热惯性较大，限制了它在动态测量中的应用。但是目前已研制出小型箔式的铂电阻，动态性能明显改善，同时也降低了成本。为避免工作电流的热效应，流过热电阻的电流应尽量小（一般应小于 5mA）。

电阻丝式热电阻温度计材料选择基本要求：

- 在使用温度范围内，物理化学稳定性好；
- 电阻温度系数要尽量大，即要求有较高的灵敏度；
- 电阻率要尽量大，以便在同样灵敏度的情况下，尺寸尽可能小；
- 电阻与温度之间的函数关系尽可能是线性的；
- 材料容易提纯，复制性要好；
- 价格便宜。

按照上述要求，比较适用的材料为：铂、铜、铁和镍。

铂是一种可以提得很纯的金属，而且铂电阻性能非常稳定，因此在 1968 年国际温标（IPTS—68）中规定，在 $-259.34(13.81K) \sim 630.74℃$ 温度范围内以铂电阻温度计作为标准仪器，它对低温的测量更为精确。除此而外，铂也用来做标准热电阻及工业用热电阻，是实验室最常用的温度传感器。

铜丝可用来制成 $-50 \sim 150℃$ 范围内的工业电阻温度计，其特点为价格便宜，易于提纯，因而复制性好。在上述温度范围内线性度极好，其电阻温度系数 α 比铂高，但电阻率较铂小。缺点是易于氧化，只能用于 $150℃$ 以下的较低温度，体积也较大。所以一般只可用于对敏感元件尺寸要求不高之处。

铁和镍的电阻温度系数较高，电阻率也较大，因此，可以制成体积较小而灵敏度高的热电阻。但它们容易氧化，化学稳定性差，不易提纯，复制性差，线性较差。

图 1-1-4 中示出一个典型的电阻温度计的电桥线路。热电阻 R_t 作为一个臂接入测量电桥，R_{ref} 与 R_{FS} 为锰铜电阻，分别代表电阻温度计的起始温度（如取为 $0℃$）及满度温度（如取为 $100℃$）时的电阻值。首先，将开关 K 接在位置"1"上，调整调零电位器 R_0 使仪表 G 指示为零。然后将开关接在位置"3"上，调整满度电位器 R_F 使仪表 G 满度偏转，如显示 $100.0℃$。再把开关接在测量位置"2"上，即可进行温度测量。

2. 半导体热敏电阻温度计

半导体热敏电阻有很高的负电阻温度系数，其灵敏度比电阻丝式热电阻高得多，而且体积可以做得很小，故动态特性好，特别适于在 $-100 \sim 300℃$ 之间测温。它在自动控制及电子线路的补偿电路中都有广泛的应用。图 1-1-5 是珠形热敏电阻器示意图。

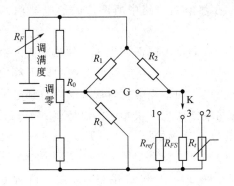

图 1-1-4　典型的电阻温度计的电桥线路

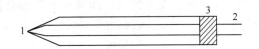

图 1-1-5　珠形热敏电阻器示意图

1—用热敏材料作的热敏元件；2—引线；3—壳体

制造热敏电阻的材料为各种金属氧化物的混合物，如采用锰、镍、钴、铜或铁的氧化物按一定比例混合后压制而成。其形状是多样的，有球状、圆片状、圆筒状等。

热敏电阻是非线性电阻，它的非线性特性表现在其电阻值与温度间呈指数关系和电流随电压变化不服从欧姆定律。负温度系数热敏电阻的温度系数一般为 $-0.02 \sim -0.06℃$。缓变型正温度系数热敏电阻的温度系数为 $0.01 \sim 0.1℃$。热敏电阻的 $U\text{-}I$ 特性在电流小时近似线性。

随着生产工艺不断改进，国内热敏电阻的线性度、稳定性、一致性都达到一定水平，有的厂家已经能够大量生产线性度、长期稳定性都优于 $\pm3\%$ 的热敏电阻，使得元件小型、廉价和快速测温成为可能。

半导体热敏电阻的测温电路，一般也是桥路。其具体电路和图 1-1-4 所示的热电阻测温电路是相同的，一般半导体温度计就是采用这种测量电路。

四、热电偶温度计

自 1821 年塞贝克（Seebeck）发现热电效应起，热电偶的发展已经历了一个多世纪。据统计，在此期间曾有 300 余种热电偶问世，但应用较广的热电偶仅有 40 ~ 50 种。国际电工委员会（IEC）对其中被国际公认、性能优良和产量最大的七种制定标准，即 IEC 584-1 和 IEC 584-2 中所规定的：S 分度号（铂铑 10-铂）；B 分度号（铂铑 30-铂铑 6）；K 分度号（镍铬-镍硅）；T 分度号（铜-康铜）；E 分度号（镍铬-康铜）；J 分度号（铁-康铜）；R 分度号（铂铑 13-铂）等热电偶。

热电偶是目前工业测温中最常用的传感器，这是由于它具有以下优点：

- 测温点小，准确度高，反应速度快；
- 品种规格多，测温范围广，在 $-270 \sim 2800℃$ 范围内有相应产品可供选用；
- 结构简单，使用维修方便，可作为自动控温检测器等。

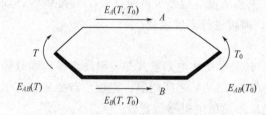

图 1-1-6　热电偶回路热电势分布

1. 工作原理

把两种不同的导体或半导体接成图 1-1-6 所示的闭合回路，如果将它的两个接点分别置于温度各为 T 及 T_0（假定 $T > T_0$）的热源中，则在其回路内就会产生热电动势（简称热电势），这个现象称作热电效应。

在热电偶回路中所产生的热电势由两部分组成：温差电势和接触电势。

（1）温差电势　温差电势是在同一导体的两端因其温度不同而产生的一种热电势。由于高温端（T）的电子能量比低温端的电子能量大，因而从高温端移动到低温端的电子数比从低温端移动到高温端的电子数多，结果高温端因失去电子而带正电荷，低温端因得到电子而带负电荷，从而形成一个静电场。此时，在导体的两端便产生一个相应的电势差 $E_T - E_{T_0}$，即为温差电势。图中的 A、B 导体分别都有温差电势，分别用 $E_A(T，T_0)$、$E_B(T，T_0)$ 表示。

（2）接触电势　接触电势产生的原因是当两种不同导体 A 和 B 接触时，由于两者电子密度不同（如 $N_A > N_B$），电子在两个方向上扩散的速率就不同，从 A 到 B 的电子数要比从 B 到 A 的多，结果 A 因失去电子而带正电荷，B 因得到电子而带负电荷，在 A、B 的接触面上便形成一个从 A 到 B 的静电场 E，这样在 A、B 之间也形成一个电势差 $E_A - E_B$，即为接触电势，其数值取决于两种不同导体的性质和接触点的温度，分别用 $E_{AB}(T)$、$E_{AB}(T_0)$ 表示。这样在热电偶回路中产生的总电势 $E_{AB}(T，T_0)$ 由四部分组成。

$$E_{AB}(T,T_0)=E_{AB}(T)+E_B(T,T_0)-E_{AB}(T_0)-E_A(T,T_0) \tag{1-1-3}$$

由于热电偶的接触电势远远大于温差电势，且 $T>T_0$，所以在总电势 $E_{AB}(T,T_0)$ 中，以导体 A、B 在 T 端的接触电势 $E_{AB}(T)$ 为最大，故总电势 $E_{AB}(T,T_0)$ 的方向取决于 $E_{AB}(T)$ 的方向。因 $N_A>N_B$，故 A 为正极，B 为负极。

热电偶总电势与电子密度及两接点温度有关。电子密度不仅取决于热电偶材料的特性，而且随温度变化而变化，它并非常数，所以当热电偶材料一定时，热电偶的总电势成为温度 T 和 T_0 的函数差。又由于冷端温度 T_0 固定，则对一定材料的热电偶，其总电势 $E_{AB}(T,T_0)$ 就只与温度 T 成单值函数关系。

$$E_{AB}(T,T_0)=f(T)-C \tag{1-1-4}$$

每种热电偶都有它的分度表（参考端温度为 0℃），分度值一般取温度每变化 1℃ 所对应的热电势之电压值。

2. 热电偶基本定律

（1）中间导体定律　将 A、B 构成的热电偶的 T_0 端断开，接入第三种导体，只要保持第三种导体 C 两端温度相同，则接入导体 C 后对回路总电势无影响。这就是中间导体定律。

根据这个定律，可以把第三导体换上毫伏表（一般用铜导线连接），只要保证两个接点温度一样就可以对热电偶的热电势进行测量，而不影响热电偶的热电势数值。同时，也不必担心采用任意的焊接方法来焊接热电偶。同样，应用这一定律可以采用开路热电偶对液态金属和金属壁面进行温度测量。

（2）标准电极定律　如果两种导体（A 和 B）分别与第三种导体（C）组成热电偶产生的热电势已知，则由这两导体（AB）组成的热电偶产生的热电势，可以由式(1-1-5)计算：

$$E_{AB}(T,T_0)=E_{AC}(T,T_0)-E_{BC}(T,T_0) \tag{1-1-5}$$

这里采用的电极 C 称为标准电极，在实际应用中，标准电极材料为铂。这是因为铂易得到纯态，物理化学性能稳定，熔点极高。由于采用了参考电极，大大地方便了热电偶的选配工作，只要知道一些材料与标准电极相配的热电势，就可以用上述定律求出任何两种材料配成热电偶的热电势。

3. 热电偶电极材料

为了保证在工程技术中应用可靠，并有足够的精确度，对热电偶电极材料有以下要求：
- 在测温范围内，热电性质稳定，不随时间变化；
- 在测温范围内，电极材料要有足够的物理化学稳定性，不易氧化或腐蚀；
- 电阻温度系数要小，导电率要高；
- 它们组成的热电偶，在测温中产生的电势要大，并希望这个热电势与温度成单值的线性或接近线性关系；
- 材料复制性好，可制成标准分度，机械强度高，制造工艺简单，价格便宜。

最后还应强调一点，热电偶的热电特性仅决定于选用的热电极材料的特性，而与热电极的直径、长度无关。

4. 热电偶的结构和制备

在制备热电偶时，热电极的材料，直径的选择，应根据测量范围、测定对象的特点，以及电极材料的价格、机械强度、热电偶的电阻值而定。热电偶的长度应由它的安装条件及需要插入被测介质的深度决定。

热电偶接点常见的结构形式如图 1-1-7 所示。

热电偶热接点可以是对焊，也可以预先把两端线绕在一起再焊。应注意绞焊圈不宜超过2～3圈，否则工作端将不是焊点，而向上移动，测量时有可能带来误差。

普通热电偶的热接点可以用电弧、乙炔焰、氢气吹管的火焰来焊接。当没有这些设备时，也可以用简单的点熔装置来代替。用一只可调变压器把市用220V电压调至所需电压，以内装石墨粉的铜杯为一极，热电偶作为另一极，把已经绞合的热电偶接点处，沾上一点硼砂，熔成硼砂小珠，插入石墨粉中（不要接触铜杯），通电后，使接点处发生熔融，成一光滑圆珠即成。

5. 热电偶的校正、使用

图 1-1-8 示出热电偶的校正、使用装置。使用时一般是将热电偶的一个接点放在待测物体中（热端），而将另一端放在储有冰水混合物的保温瓶中（冷端），这样可以保持冷端的温度恒定。校正一般是通过用一系列温度恒定的标准体系，测得热电势和温度的对应值来得到热电偶的工作曲线。

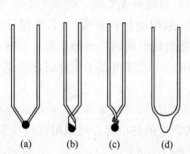

图 1-1-7　热电偶接点常见的结构形式

（a）直径一般为 0.5mm；（b）直径一般为 1.5～3mm；（c）直径一般为 3～3.5mm；（d）直径大于 3.5mm 才使用

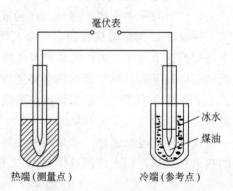

图 1-1-8　热电偶的校正、使用装置

表 1-1-3 列出热电偶基本参数。热电偶经过一个多世纪的发展，品种繁多，而国际公认，性能优良、产量最大的共有七种，目前在我国常用的有以下几种热电偶。

表 1-1-3　热电偶基本参数

热电偶类别	材质及组成	新分度号	旧分度号	使用范围/℃	热电势系数/mV·K^{-1}
廉价金属	铁-康铜(CuNi40)		FK	0～+800	0.0540
	铜-康铜	T	CK	−200～+300	0.0428
	镍铬 10-考铜(CuNi43)		EA-2	0～+800	0.0695
	镍铬-考铜		NK	0～+800	
	镍铬-镍硅	K	EU-2	0～+1300	0.0410
	镍铬-镍铝(NiAl2Si1Mg2)			0～+1100	0.0410
贵金属	铂铑 10-铂	S	LB-3	0～+1600	0.0064
	铂铑 30-铂铑 6	B	LL-2	0～+1800	0.00034
难熔金属	钨铼 5-钨铼 20		WR	0～+2800	

（1）铂铑 10-铂热电偶　它由纯铂丝和铂铑丝（铂90%，铑10%）制成。由于铂和铂铑能得到高纯度材料，故其复制精度和测量的准确性较高，可用于精密温度测量和作基准热电偶，有较高的物理化学稳定性。可在1300℃以下温度范围内长期使用。主要缺点是热电势较弱，在长期使用后，铂铑丝中的铑分子产生扩散现象，使铂丝受到污染而变质，从而引起

热电特性失去准确性，成本高。

（2）镍铬-镍硅（镍铬-镍铝）热电偶　它由镍铬与镍硅（或镍铝）制成，化学稳定性较高，可用于 900℃ 以下温度范围。复制性好，热电势大，线性好，价格便宜。虽然测量精度偏低，但基本上能满足工业测量的要求，是目前工业生产中最常见的一种热电偶。镍铬-镍铝和镍铬-镍硅两种热电偶的热电性质几乎完全一致。由于后者在抗氧化及热电势稳定性方面都有很大提高，因而逐渐代替前者。

（3）铂铑 30-铂铑 6 热电偶　这种热电偶可以测 1600℃ 以下的高温，其性能稳定，精确度高，但它产生的热电势小，价格高。由于其热电势在低温时极小，因而冷端在 40℃ 以下范围时，对热电势值可以不必修正。

（4）镍铬-考铜热电偶　这种热电偶灵敏度高，价廉。测温范围在 800℃ 以下。

（5）铜-康铜热电偶　铜-康铜热电偶的两种材料易于加工成漆包线，而且可以拉成细丝，因而可以做成极小的热电偶，时间常数很小为 ms 级。其测量低温性极好，可达 −270℃。测温范围为 −270～400℃，而且热电灵敏度也高，是标准型热电偶中准确度最高的一种，在 0～100℃ 范围可以达到 0.05℃（对应热电势为 $2\mu V$ 左右），在医疗方面得到广泛的应用。

如前所述，各种热电偶都具有不同的优缺点。因此，在选用热电偶时应根据测温范围、测温状态和介质情况综合考虑。

五、集成温度计

随着集成技术和传感技术的飞速发展，人们已能在一块极小的半导体芯片上集成包括敏感器件、信号放大电路、温度补偿电路、基准电源电路等在内的各个单元。这就是所谓的敏感集成温度计，它使传感器和集成电路成功地融为一体，并且极大地提高了测量温度的准确性。它是目前温度测量的发展方向，是实现测温智能化、小型化（微型化）、多功能化的重要途径，同时也提高了灵敏度。它跟传统的热电阻、热电偶、半导体 PN 结等温度传感器相比，具有体积小、热容量小、线性度好、重复性好、稳定性好、输出信号大且规范化等优点，其中尤其以线性度好及输出信号大且规范化、标准化是其他温度计无法比拟的。

集成温度计的输出形式可分为电压型和电流型两大类。其中电压型的温度系数几乎都是 $10 mV \cdot K^{-1}$，电流型的温度系数则为 $1\mu A \cdot K^{-1}$，它还具有相当于绝对零度时输出电量为零的特性，因而可以利用这个特性从它的输出电量的大小直接换算，从而得到绝对温度值。

集成温度计的测温范围通常为 −50～150℃，而这个温度范围恰恰是最常见的，最有用的。因此，它广泛应用于仪器仪表、航天航空、农业、科研、医疗监护、工业、交通、通信、化工、环保、气象等领域。

第三节　温度控制

物质的物理化学性质，如黏度、密度、蒸气压、表面张力、折射率等都随温度而改变，要测定这些性质必须在恒温条件下进行。一些物理化学常数如平衡常数、化学反应速率常数等也与温度有关，这些常数的测定也需恒温，因此，掌握恒温技术非常必要。

恒温控制可分为两类，一类是利用物质的相变点温度来获得恒温，但温度的选择受到很大限制；另外一类是利用电子调节系统进行温度控制，此方法控温范围宽、可以任意调节设定温度。

一、电接点温度计温度控制

1. 恒温槽装置原理

恒温槽是实验工作中常用的一种以液体为介质的恒温装置，根据温度控制范围，可用以下液体介质：−60～30℃用乙醇或乙醇水溶液；0～90℃用水；80～160℃用甘油或甘油水溶液；70～300℃用液体石蜡、汽缸润滑油、硅油。

恒温槽是由浴槽、电接点温度计、继电器、加热器、搅拌器和温度计组成，具体装置示意图见图 1-1-9。继电器必须和电接点温度计、加热器配套使用。电接点温度计是一支可以导电的特殊温度计，又称为导电表，图 1-1-10 是它的结构示意图。它有两个电极，一个固定与底部的水银球相连，另一个可调电极 5 是金属丝，由上部伸入毛细管内。顶端有一磁铁，可以旋转螺旋丝杆，用以调节金属丝的高低位置，从而调节设定温度。当温度升高时，毛细管中水银柱上升与金属丝接触，两电极导通，使继电器线圈中电流断开，加热器停止加热；当温度降低时，水银柱与金属丝断开，继电器线圈通过电流，使加热器线路接通，温度又回升。如此，不断反复，使恒温槽控制在一个微小的温度区间内波动，被测体系的温度也就限制在一个相应的微小区间内，从而达到恒温的目的。

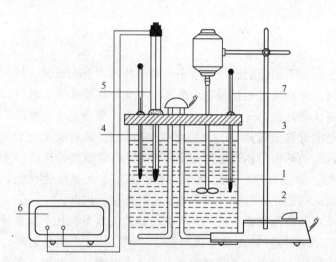

图 1-1-9 恒温槽装置示意图

1—浴槽；2—加热器；3—搅拌器；4—温度计；
5—电接点温度计；6—继电器；7—贝克曼温度计

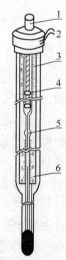

图 1-1-10 电接点温度计

1—磁性螺旋调节器；2—电极引出线；3—上标尺；4—指示螺母；5—可调电极；6—下标尺

2. 恒温槽灵敏度控制

恒温槽的温度控制装置属于"通"-"断"类型，当加热器接通后，恒温介质温度上升，热量的传递使水银温度计中的水银柱上升。但热量的传递需要时间，因此常出现温度传递的滞后，往往是加热器附近介质的温度超过设定温度，所以恒温槽的温度超过设定温度。同理，降温时也会出现滞后现象。由此可知，恒温槽控制的温度有一个波动范围，并不是控制在某一固定不变的温度。控温效果可以用灵敏度 Δt 表示：

$$\Delta t = \pm \frac{t_1 - t_2}{2} \tag{1-1-6}$$

式中，t_1 为恒温过程中水浴的最高温度；t_2 为恒温过程中水浴的最低温度。

从图 1-1-11 可以看出：曲线（a）表示恒温槽灵敏度较高；（b）表示恒温槽灵敏度较差；(c) 表示加热器功率太大；(d) 表示加热器功率太小或散热太快。影响恒温槽灵敏度的因素很多，大体有以下几点。

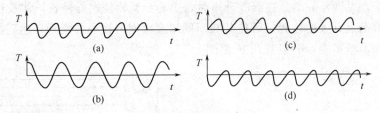

图 1-1-11　控温灵敏度曲线

- 恒温介质流动性好，传热性能好，控温灵敏度就高；
- 加热器功率适宜，热容量小，控温灵敏度就高；
- 搅拌器搅拌速度要足够大，才能保证恒温槽内温度均匀；
- 继电器电磁吸引电键，后者发生机械作用的时间愈短，断电时线圈中的铁芯剩磁愈小，控温灵敏度就高；
- 电接点温度计热容小，对温度的变化敏感，则灵敏度高；
- 环境温度与设定温度的差值越小，控温效果越好。

3. 控温灵敏度测定

（1）接好线路　按图 1-1-9 连接，经过教师检查无误，接通电源，使加热器加热，观察温度计读数，到达设定温度时，旋转电接点温度计调节器上端的磁铁，使得金属丝刚好与水银面接触（此时继电器应当跳动，绿灯亮，停止加热），然后再观察几分钟，如果温度不符合要求，则需继续调节。

（2）作灵敏度曲线　将温差测量仪的探头放入恒温槽中，稳定后，按温差测量仪的"设定"，使其显示值为 0，然后每隔 30s 记录一次，读数即为实际温度与设定温度之差，连续观察 15min，如有时间可改变设定温度，重复上述步骤。

（3）结果处理

- 将时间、温差读数列表；
- 用坐标纸绘出温度-时间曲线；
- 求出该套设备的控温灵敏度并加以讨论。

二、自动控温简介

实验室内都有自动控温设备，如电冰箱、恒温水浴、高温电炉等。现在多数采用电子调节系统进行温度控制，具有控温范围广、可任意设定温度、控温精度高等优点。

电子调节系统种类很多，但从原理上讲，它必须包括三个基本部件：变换器、电子调节器和执行机构。变换器的功能是将被控对象的温度信号变换成电信号；电子调节器的功能是对来自变换器的信号进行测量、比较、放大和运算，最后发出某种形式的指令，使执行机构进行加热或制冷（见图 1-1-12）。电子调节系统按其自动调节规律可以分为断续式二位置控制和比例-积分-微分控制两种，简介如下。

1. 断续式二位置控制

实验室常用的电烘箱、电冰箱、高温电炉和恒温水浴等，大多采用这种控制方法。变换

器的形式分为:

(1) 双金属膨胀式　利用不同金属的线膨胀系数不同,选择线膨胀系数差别较大的两种金属,线膨胀系数大的金属棒在中心,另外一个套在外面,两种金属内端焊接在一起,外套管的另一端固定,见图 1-1-13。在温度升高时,中心金属棒便向外伸长,伸长长度与温度成正比。通过调节触点开关的位置,可使其在不同温度区间内接通或断开,达到控制温度的目的。其缺点是控温精度差,一般有几 K 范围。

图 1-1-12　电子调节系统的控温原理

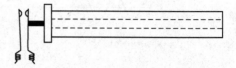

图 1-1-13　双金属膨胀式温度控制器示意

(2) 电接点温度计控制　若控温精度要求在 1K 以内,实验室多用导电表或温度控制表(电接点温度计)作变换器(见图 1-1-10)。

2. 继电器

(1) 电子管继电器　电子管继电器由继电器和控制电路两部分组成,其工作原理如下:可以把电子管的工作看成一个半波整流器(图 1-1-14),R_e-C_1 并联电路的负载,负载两端的交流分量用来作为栅极的控制电压。当电接点温度计的触点为断路时,栅极与阴极之间由于 R_1 的耦合而处于同位,即栅极偏压为零。这时板流较大,约有 18mA 通过继电器,能使衔铁吸下,加热器通电加热;当电接点温度计为通路,板极是正半周,这时 R_e-C_1 的负端通过 C_2 和电接点温度计加在栅极上,栅极出现负偏压,使板极电流减少到 2.5mA,衔铁弹开,电加热器断路。

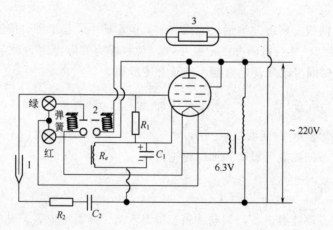

图 1-1-14　电子管继电器线路示意
1—电接点温度计;2—衔铁;3—电热器

因控制电压是利用整流后的交流分量,R_e 的旁路电流 C_1 不能过大,以免交流电压值过小,引起栅极偏压不足,衔铁吸下不能断开;C_1 太小,则继电器衔铁会颤动,这是因为板流在负半周时无电流通过,继电器会停止工作,并联电容后依靠电容的充放电而维持其连续工作,如果 C_1 太小就不能满足这一要求。C_2 用来调整板极的电压相位,使其与栅压有相同的峰值。R_2 用来防止触电。

电子管继电器控制温度的灵敏度很高。通过电接点温度计的电流最大为 $30\mu A$,因而电接点温度计使用寿命很长，获得普遍使用。

（2）晶体管继电器　随着科技的发展，电子管继电器中电子管逐渐被晶体管代替，典型线路见图 1-1-15。当温度控制表呈断开时，E 通过电阻 R_b 给 PNP 型三极管的基极 b 通入正向电流 I_b，使三极管导通，电极电流 I_c 使继电器 J 吸下衔铁，K 闭合，加热器加热。当温度控制表接通时，三极管发射极 e 与基极 b 被短路，三极管截止，J 中无电流，K 被断开，加热器停止加热。当 J 中线圈电流突然减少时会产生反电动势，二极管 D 的作用是将它短路，以保护三极管避免被击穿。

（3）动圈式温度控制器　由于温度控制表、双金属膨胀类变换器不能用于高温，因而产生了可用于高温控制的动圈式温度控制器。采用能工作于高温的热电偶作为变换器，其原理见图 1-1-16。热电偶将温度信号变换成电压信号，加于动圈式毫伏计的线圈上，当线圈中因为电流通过而产生的磁场与外磁场相作用时，线圈就偏转一个角度，故称为"动圈"。偏转的角度与热电偶的热电势成正比，并通过指针在刻度板上直接将被测温度指示出来，指针上有一片"铝旗"，它随指针左右偏转。另一个调节设定温度的检测线圈，它分成前后两半，安装在刻度的后面，并且可以通过机械调节机构沿刻度板左右移动。检测线圈的中心位置，通过设定针在刻度板上显示出来。当高温设备的温度未达到设定温度时，铝旗在检测线圈之外，电热器在加热；当温度达到设定温度时，铝旗全部进入检测线圈，改变了电感量，电子系统使加热器停止加热。为防止当被控对象的温度超过设定温度时，铝旗冲出检测线圈而产生加热的错误信号，在温度控制器内设有挡针。

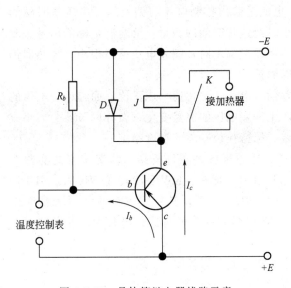

图 1-1-15　晶体管继电器线路示意

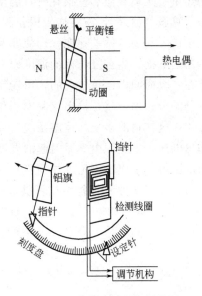

图 1-1-16　动圈式温度控制器原理

3. 比例-积分-微分控制（简称 PID）

随着科学技术的发展，要求控制恒温和程序升温或降温的范围日益广泛，要求的控温精度也大大提高，在通常温度下，使用上述的断续式二位置控制器比较方便，但是由于只存在通-断两个状态，电流大小无法自动调节，控制精度较低，特别在高温时精度更低。20 世纪 60 年代以来，控温手段和控温精度有了新的进展，广泛采用 PID 调节器，使用可控硅控制加热电流随偏差信号大小而作相应变化，提高了控温精度。

PID 温度调节系统原理见图 1-1-17：

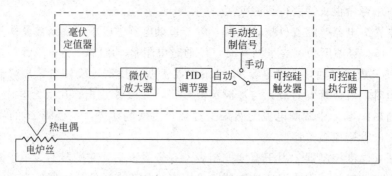

图 1-1-17　PID 温度调节系统方框图

炉温用热电偶测量，由毫伏定值器给出与设定温度相应的毫伏值，热电偶的热电势与定值器给出的毫伏值进行比较，如有偏差，说明炉温偏离设定温度。此偏差经过放大后送入 PID 调节器，再经可控硅触发器推动可控硅执行器，以相应调整炉丝加热功率，从而使偏差消除，炉温保持在所要求的温度控制精度范围内。

比例调节作用，就是要求输出电压能随偏差（炉温与设定温度之差）电压的变化而自动按比例增加或减少，但在比例调节时会产生"静差"，要使被控对象的温度能在设定温度处稳定下来，必须使加热器继续给出一定热量，以补偿炉体与环境热交换产生的热量损耗。但由于在单纯的比例调节中，加热器发出的热量会随温度回升时偏差的减小而减少，当加热器发出的热量不足以补偿热量损耗时，温度就不能达到设定值，这被称为"静差"。

为了克服"静差"，需要加入积分调节，也就是输出控制电压与偏差信号电压与时间的积分成正比，只要有偏差存在，即使非常微小，经过长时间的积累，就会有足够的信号去改变加热器的电流，当被控对象的温度回升到接近设定温度时，偏差电压虽然很小，加热器仍然能够在一段时间内维持较大的输出功率，因而消除"静差"。

微分调节作用，就是输出控制电压与偏差信号电压的变化速率成正比，而与偏差电压的大小无关。这在情况多变的控温系统，如果产生偏差电压的突然变化，微分调节器会减小或增大输出电压，以克服由此而引起的温度偏差，保持被控对象的温度稳定。

PID 控制是一种比较先进的模拟控制方式，适用于各种条件复杂、情况多变的实验系统。目前，已有多种 PID 控温仪可供选用，常用型号一般有：DWK-720、DWK-703、DDZ-Ⅰ、DDZ-Ⅱ、DTL-121、DTL-161、DTL-152、DTL-154 等，其中 DWK 系列属于精密温度自动控制仪，其他是 PID 的调节单元，DDZ-Ⅲ型调节单元可与计算机联用，使模拟调节更加完善。

PID 控制的原理及线路分析比较复杂，请参阅有关专门著作。

参考文献

［1］ 沈维善，张孙元编. 热电偶热电阻分度手册. 北京：机械工业部仪表工业局，1985.

［2］ 李永敏主编. 数字化测试技术. 北京：北京航空工业出版社，1987.

［3］ 沙占友主编. 智能化集成温度传感器原理与应用. 北京：机械工业出版社，2002.

第二章 压力及流量的测量

压力是用来描述体系状态的一个重要参数。许多物理、化学性质，例如熔点、沸点、蒸气压等几乎都与压力有关。在化学热力学和化学动力学研究中，压力也是一个很重要的因素。因此，压力的测量具有重要的意义。

物理化学实验中，涉及到高压（钢瓶）、常压以及真空系统（负压）。对于不同压力范围，测量方法也不同，所用仪器的精确度也不同。

第一节 压力的测量及仪器

压力是指均匀垂直作用于单位面积上的力，也可把它叫作压力强度，或简称压强。国际单位制（SI）用帕斯卡作为通用的压力单位，以 Pa 或帕表示。当作用于 $1m^2$（平方米）面积上的力为 1N（牛顿）时就是 1Pa（帕斯卡）。但是，原来的许多压力单位，例如，标准大气压（或称物理大气压，简称大气压）、工程大气压（即 $kg \cdot cm^{-2}$）、巴（bar）等现在仍然在使用。物理化学实验中还常选用一些标准液体（例如汞）制成液体压力计，压力大小就直接以液体的高度来表示。它的意义是作用在液柱单位底面积上的液体重量与气体的压力相平衡或相等。例如，1atm 可以定义为：在 0℃、重力加速度等于 $9.80665m \cdot s^{-2}$ 时，760mm 高的汞柱垂直作用于底面积上的压力。此时汞的密度为 $13.5951g \cdot mL^{-1}$。因此，1atm 又等于 $1.03323kg \cdot cm^{-2}$。上述压力单位之间的换算关系见表 1-2-1。

表 1-2-1 常用压力单位换算

压力单位	Pa	$kg \cdot cm^{-2}$	atm	bar	mmHg
Pa	1	1.019716×10^{-2}	0.9869236×10^{-5}	1×10^{-5}	7.5006×10^{-3}
$kg \cdot cm^{-2}$	9.800665×10^{-4}	1	0.967841	0.980665	753.559
atm	1.01325×10^5	1.03323	1	1.01325	760.0
bar	1×10^5	1.019716	6.986923	1	750.062
mmHg	133.3224	1.35951×10^{-3}	1.3157895×10^{-3}	1.33322×10^{-3}	1

除了所用单位不同之外，压力还可用绝对压力、表压和真空度来表示。图 1-2-1 说明三者的关系。显然，当压力高于大气压的时候：

绝对压＝大气压＋表压　　　或　　　表压＝绝对压－大气压

当压力低于大气压的时候：

绝对压＝大气压－真空度　　　或　　　真空度＝大气压－绝对压

当然，上述式子等号两端各项都必须采用相同的压力单位。

一、测压仪表

1. 液柱式压力计

液柱式压力计是物理化学实验中用得最多的压力计。它构造简单、使用方便，能测量微小压力差，测量准确度比较高，且制作容易，价格低廉，但是测量范围不大，示值与工作液体密度有关。它的结构不牢固，耐压程度较差。现简单介绍一下 U 形压力计。

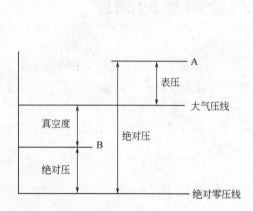

图 1-2-1　绝对压、表压与真空度的关系

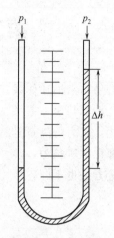

图 1-2-2　U 形压力计

液柱式 U 形压力计由两端开口的垂直 U 形玻璃管及垂直放置的刻度标尺所构成。管内下部盛有适量工作液体作为指示液。图1-2-2中 U 形管的两支管分别连接于两个测压口。因为气体的密度远小于工作液的密度，因此，由液面差 Δh 及工作液的密度 ρ、重力加速度 g 可以得到下式：

$$p_1 = p_2 + \Delta h \cdot \rho g \quad \text{或} \quad \Delta h = \frac{p_1 - p_2}{\rho g}$$

U 形压力计可用来测量：

- 两气体压力差；
- 气体的表压（p_1 为测量气压，p_2 为大气压）；
- 气体的绝对压力（令 p_2 为真空，p_1 所示即为绝对压力）；
- 气体的真空度（p_1 通大气，p_2 为负压，可测其真空度）。

2. 弹性式压力计

利用弹性元件的弹性力来测量压力，是测压仪表中相当重要的一种形式。由于弹性元件的结构和材料不同，它们具有各不相同的弹性位移与被测压力的关系。物化实验室中接触较多的为单管弹簧管式压力计。这种压力计的压力由弹簧管固定端进入，通过弹簧管自由端的位移带动指针运动，指示压力值。如图 1-2-3 所示。

使用弹性式压力计时应注意以下几点：

- 合理选择压力表量程。为了保证足够的测量精度，选择的量程应在仪表分度标尺的 1/2～3/4 范围内；
- 使用时环境温度不得超过 35℃，如超过应给予温度修正；
- 测量压力时，压力表指针不应有跳动和停滞现象；
- 对压力表应定期进行校验。

3. 福廷式气压计

福廷式气压计的构造如图 1-2-4 所示。它的外部是一黄铜管，管的顶端有悬环，用以悬挂在实验室的适当位置。气压计内部是一根一端封闭的装有水银的长玻璃管。玻璃管封闭的一端向上，管中汞面的上部为真空，管下端插在水银槽内。水银槽底部是一鞣性羚羊皮袋，下端由螺旋支撑，转动此螺旋可调节槽内水银面的高低。水银槽的顶盖上有一倒置的象牙针，其针尖是黄铜标尺刻度的零点。此黄铜标尺上附有游标尺，转动游标调节螺旋，可使游标尺上下游动。

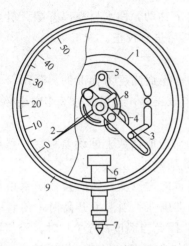

图 1-2-3　弹簧管式压力计

1—金属弹簧管；2—指针；3—连杆；4—扇形
齿轮；5—弹簧；6—底座；7—测压接头；
8—小齿轮；9—外壳

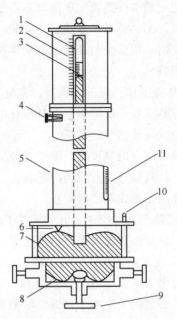

图 1-2-4　福廷式气压计

1—玻璃管；2—黄铜标尺；3—游标尺；4—调节螺栓；
5—黄铜管；6—象牙针；7—汞槽；8—羚羊皮袋；
9—调节汞面的螺栓；10—气孔；11—温度计

福廷式气压计是一种真空压力计，其原理如图 1-2-5 所示：它以汞柱所产生的静压力来平衡大气压力 p，汞柱的高度就可以度量大气压力的大小。在实验室，通常用毫米汞柱（mmHg）作为大气压力的单位。毫米汞柱作为压力单位时，它的定义是：当汞的密度为 $13.5951\mathrm{g\cdot cm^{-3}}$（即 0℃ 时汞的密度，通常作为标准密度，用符号 ρ_0 表示），重力加速度为 $980.555\mathrm{cm\cdot s^{-2}}$（即纬度 $45°$ 的海平面上的重力加速度，通常作为标准重力加速度，用符号 g_0 表示）时，1mm 高的汞柱所产生的静压力为 1mmHg。mmHg 与 Pa 单位之间的换算关系为：

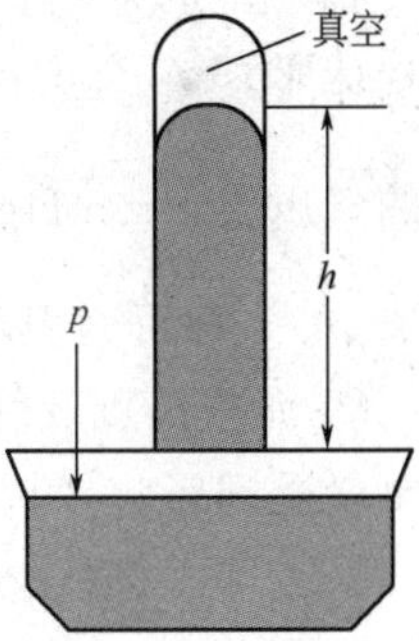

图 1-2-5　福廷式
气压计原理示意图

$$1\mathrm{mmHg} = 10^{-3}\mathrm{m} \times \frac{13.5915 \times 10^{-3}}{10^{-6}}\mathrm{kg\cdot m^{-3}} \times 980.665 \times 10^{-2}\mathrm{m\cdot s^{-2}}$$

$$= 133.322\mathrm{Pa}$$

（1）福廷式气压计的使用方法

① 慢慢旋转螺旋，调节水银槽内水银面的高度，使槽内水银面升高。利用水银槽后面磁板的反光，注视水银面与象牙尖的空隙，直至水银面与象牙尖刚刚接触，然后用手轻轻扣一下铜管上面，使玻璃管上部水银面凸面正常。稍等几秒钟，待象牙针尖与水银面的接触无变动为止。

② 调节游标尺。转动气压计旁的螺旋，使游标尺升起，并使下沿略高于水银面。然后

慢慢调节游标，直到游标尺底边及其后边金属片的底边同时与水银面凸面顶端相切。这时观察者眼睛的位置应和游标尺前后两个底边的边缘在同一水平线上。

③ 读取汞柱高度。当游标尺的零线与黄铜标尺中某一刻度线恰好重合时，则黄铜标尺上该刻度的数值便是大气压值，不需使用游标尺。当游标尺的零线不与黄铜标尺上任何一刻度重合时，那么游标尺零线所对标尺上的刻度，则是大气压值的整数部分（mm）。再从游标尺上找出一根恰好与标尺上的刻度相重合的刻度线，则游标尺上刻度线的数值便是气压值的小数部分。

④ 整理工作。记下读数后，将气压计底部螺旋向下移动，使水银面离开象牙针尖。记下气压计的温度及所附卡片上气压计的仪器误差值，然后进行校正。

（2）气压计读数的校正

水银气压计的刻度是以温度为 0℃，纬度为 45°的海平面高度为标准的。若不符合上述规定时，从气压计上直接读出的数值，除进行仪器误差校正外，在精密的工作中还必须进行温度、纬度及海拔高度的校正。

① 仪器误差的校正。由于仪器本身制造的不精确而造成读数上的误差称"仪器误差"。仪器出厂时都附有仪器误差的校正卡片，应首先加上此项校正。

② 温度影响的校正。由于温度的改变，水银密度也随之改变，因而会影响水银柱的高度。同时由于铜管本身的热胀冷缩，也会影响刻度的准确性。当温度升高时，前者引起偏高，后者引起偏低。由于水银的膨胀系数较铜管的大，因此当温度高于 0℃时，经仪器校正后的气压值应减去温度校正值；当温度低于 0℃时，要加上温度校正值。气压计的温度校正公式如下：

$$p_0 = \frac{1+\beta t}{1+\alpha t} p = p - p\frac{\alpha-\beta}{1+\alpha t}t \tag{1-2-1}$$

式中，p 为气压计读数，mmHg；t 为气压计的温度，℃；α 为水银柱在 0～35℃之间的平均体胀系数，$\alpha = 0.0001818$；β 为黄铜的线胀系数，$\beta = 0.0000184$；p_0 为读数校正到 0℃时的气压值，mmHg。显然，温度校正值即为 $p\frac{\alpha-\beta}{1+\alpha t}$。其数值列有数据表，实际校正时，读取 p、t 后可查表求得。

③ 海拔高度及纬度的校正。重力加速度（g）随海拔高度及纬度不同而不同，致使水银的重量受到影响，从而导致气压计读数的误差。其校正办法是：经温度校正后的气压值再乘以 $(1-2.6\times10^{-3}\cos(2L)-3.14\times10^{-7}H)$。式中，$L$ 为气压计所在地纬度（度）；H 为气压计所在地海拔高度（m）。此项校正值很小，在一般实验中可不必考虑。

④ 其他如水银蒸气压的校正、毛细管效应的校正等，因校正值极小，一般都不考虑。

（3）使用时注意事项

① 调节螺旋时动作要缓慢，不可旋转过急；

② 在调节游标尺与汞柱凸面相切时，应使眼睛的位置与游标尺前后下沿在同一水平线上，然后再调到与水银柱凸面相切；

③ 发现槽内水银不清洁时，要及时更换水银。

4. 空盒气压表

空盒气压表是由随大气压变化而产生轴向移动的空盒组作为感应元件，通过拉杆和传动机构带动指针，指示出大气压值的。

空盒气压表体积小、重量轻，不需要固定，只要求仪器工作时水平放置。但其精确度不如福廷式气压计。

5. 数字式气压计

可取代水银气压计，测定室内大气压，采用三位或四位数字显示，使用环境温度 $-10\sim40℃$，量程（101.3 ± 20）kPa，分辨率在 $0.1\sim0.01$ kPa。

二、真空技术

真空是指压力小于一个大气压的气态空间。真空状态下气体的稀薄程度，常以压力值表示。习惯上称作真空度。不同的真空状态，意味着该空间具有不同的分子密度。在现行的国际单位制（SI）中，真空度的单位与压强的单位均为帕斯卡（Pasca），简称帕，符号为 Pa。

在物理化学实验中，通常按真空度的获得和测量方法的不同，将真空区域划分为以下几个等级：

① 粗真空（$10^2\sim1$kPa）   分子相互碰撞为主，分子自由程 $\lambda\ll$ 容器尺寸 d；

② 低真空（$10^3\sim10^{-1}$Pa）   分子相互碰撞和分子与器壁碰撞不相上下，$\lambda\approx d$；

③ 高真空（$10^{-1}\sim10^{-6}$Pa）   分子与器壁碰撞为主，$\lambda\gg d$；

④ 超高真空（$10^{-6}\sim10^{-10}$Pa）   分子与器壁碰撞次数亦减少，形成一个单分子层的时间以分钟或小时计；

⑤ 极高真空（10^{-10}Pa）   分子数目极为稀少，以致统计涨落现象较严重，与经典的统计理论产生偏离。

1. 真空的获得

为了获得真空，就必须设法将气体分子从容器中抽出。凡是能从容器中抽出气体，使气体压力降低的装置，均可称为真空泵。主要有水冲泵、机械泵、扩散泵、分子泵、钛泵、低温泵等。

实验室常用的真空泵为旋片式真空泵，如图1-2-6所示。一般只能产生 $1.333\sim0.1333$Pa 的真空，其极限真空为 $0.1333\sim(1.333\times10^{-2})$Pa。它主要由泵体和偏心转子组成。经过精密加工的偏心转子下面安装有带弹簧的滑片，由电动机带动，偏心转子紧贴泵腔壁旋转。滑片靠弹簧的压力也紧贴泵腔壁。滑片在泵腔中连续运转，使泵腔被滑片分成的两个不同的容积呈周期性的扩大和缩小。气体从进气嘴进入，被压缩后经过排气阀排出泵体外。如此循环往复，将系统内的压力减小。

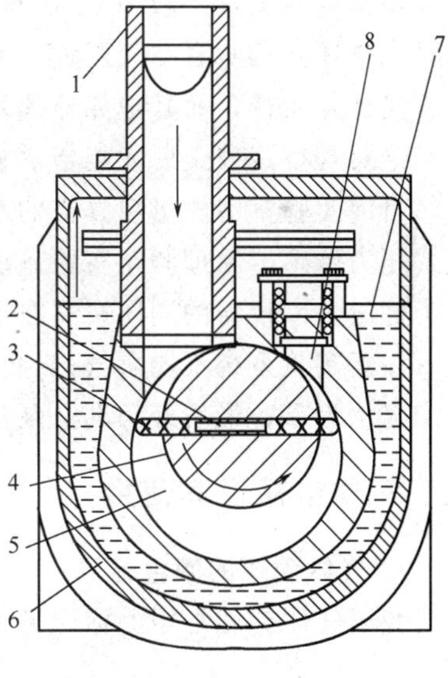

图 1-2-6　旋片式真空泵

1—进气嘴；2—旋片弹簧；3—旋片；
4—转子；5—泵体；6—油箱；
7—真空泵油；8—排气嘴

旋片式机械泵的整个机件浸在真空油中，这种油的蒸气压很低，既可起润滑作用，又可起封闭微小的漏气和冷却机件的作用。

在使用机械泵时应注意以下几点。

● 机械泵不能直接抽含可凝性气体的蒸气、挥发性液体等。因为这些气体进入泵后会破坏泵油的品质，降低油在泵内的密封和润滑作用，甚至会导致泵的机件生锈。因而必须在可凝气体进泵前先通过纯化装置。例如，用无水氯化钙、五氧化二磷、分子筛等吸收水分；用石蜡吸收有机蒸气；用活性炭或硅胶吸收其他蒸气等。

- 机械泵不能用来抽含腐蚀性成分的气体。如含氯化氢、氯气、二氧化氮等的气体。因这类气体能迅速侵蚀泵中精密加工的机件表面，使泵漏气，不能达到所要求的真空度。遇到这种情况时，应当使气体在进泵前先通过装有氢氧化钠固体的吸收瓶，以除去有害气体。

- 机械泵由电动机带动。使用时应注意电动机的电压。若是三相电动机带动的泵，第一次使用时特别要注意三相电动机旋转方向是否正确。正常运转时不应有摩擦、金属碰击等异声。运转时电动机温度不能超过 $50\sim60℃$。

- 机械泵的进气口前应安装一个三通活塞。停止抽气时应使机械泵与抽空系统隔开而与大气相通，然后再关闭电源。这样既可保持系统的真空度，又避免泵油倒吸。

扩散泵是利用工作物质高速从喷口处喷出，在喷口处形成低压，对周围气体产生抽吸作用而将气体带走，其极限真空度可达 10^{-7} Pa。

分子泵是一种纯机械的高速旋转的真空泵，一般可获得小于 10^{-8} Pa 的无油真空。

钛泵的抽气机理通常认为是化学吸附和物理吸附的综合，一般以化学吸附为主，极限真空度在 10^{-8} Pa。

低温泵是能达到极限真空的泵，其原理是靠深冷的表面抽气，它可获 $10^{-9}\sim10^{-10}$ Pa 的超高真空或极高真空。

2. 真空的测量

真空的测量实际上就是测量低压下气体的压力，常用的测压仪器有 U 形水银压力计、麦氏真空规、热偶真空规、电离真空规和数字式低真空压力测试仪等。

粗真空的测量一般用 U 形水银压力计，对于较高真空度的系统使用真空规。真空规有绝对真空规和相对真空规两种。麦氏真空规称为绝对真空规，即真空度可以用测量到的物理量直接计算而得，而其他如热偶真空规、电离真空规等均称为相对真空规，测得的物理量只能经绝对真空规校正后才能指示相应的真空度。

目前实验室中测量粗真空的水银压力计已被数字式低真空测压仪取代，该仪器是运用压阻式压力传感器原理测定实验系统与大气压之间压差，消除了汞的污染，有利于环境保护和人类健康。该仪器的测压接口在仪器后的面板上。使用时，先将仪器按要求连接在实验系统上（注意实验系统不能漏气），再打开电源预热 10min；然后选择测量单位，调节旋钮，使数字显示为零；最后开动真空泵，仪器上显示的数字即为实验系统与大气压之间的压差值。

三、气体钢瓶及其使用

1. 气体钢瓶的颜色标记

我国气体钢瓶常用的标记见表 1-2-2。

表 1-2-2　我国气体钢瓶常用的标记

气体类别	瓶身颜色	标字颜色	字样	气体类别	瓶身颜色	标字颜色	字样
氮气	黑	黄	氮	氯	草绿	白	氯
氧气	天蓝	黑	氧	乙炔	白	红	乙炔
氢气	深蓝	红	氢	氟氯烷	铝白	黑	氟氯烷
压缩空气	黑	白	压缩空气	石油气体	灰	红	石油气
二氧化碳	黑	黄	二氧化碳	粗氩气体	黑	白	粗氩
氨	棕	白	氨	纯氩气体	灰	绿	纯氩
液氨	黄	黑	氨				

2. 气体钢瓶的使用

（1）在钢瓶上装上配套的减压阀。检查减压阀是否关紧，方法是逆时针旋转调压手柄至螺杆松动为止。

（2）打开钢瓶总阀门，此时高压表显示出瓶内储气总压力。

（3）慢慢地顺时针转动调压手柄，至低压表显示出实验所需压力为止。

（4）停止使用时，先关闭总阀门，待减压阀中余气逸尽后，再关闭减压阀。

3. 注意事项

• 钢瓶应存放在阴凉、干燥、远离热源的地方。可燃性气瓶应与氧气瓶分开存放。

• 搬运钢瓶要小心轻放，钢瓶帽要旋上。

• 使用时应装减压阀和压力表。可燃性气瓶（如 H_2、C_2H_2）气门螺丝为反丝；不燃性或助燃性气瓶（如 N_2、O_2）气门螺丝为正丝。各种钢瓶和压力表一般不可混用。

• 不要让油或易燃有机物沾染到气瓶上（特别是气瓶出口和压力表上）。

• 开启总阀门时，不要将头或身体正对总阀门，以防阀门或压力表万一松动而冲出伤人。

• 不可把气瓶内气体用尽，一般要保留 0.05MPa 以上的残留压力，对可燃性气体应保留 0.2~0.3MPa 的压力，而氢气则要保留更高压力，以防重新充气时发生危险。

• 使用中的气瓶每 3 年应检查 1 次，装腐蚀性气体的钢瓶每 2 年检查 1 次，不合格的气瓶不可继续使用。

• 氢气瓶应放在远离实验室的专用小屋内，用紫铜管引入实验室，并安装防止回火装置。

• 原则上有毒气体（如氯气等）钢瓶应单独存放，严禁有毒气体逸出，注意室内通风。最好在存放有毒气体钢瓶的室内设置毒气检测装置。

4. 氧气减压阀的工作原理

氧气减压阀的外观及工作原理见图 1-2-7 和图 1-2-8。

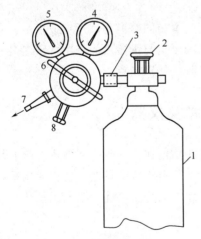

图 1-2-7　安装在气体钢瓶上的氧气减压阀示意图

1—钢瓶；2—钢瓶开关；3—钢瓶与减压表连接螺母；4—高压表；5—低压表；6—低压表压力调节螺杆；7—出口；8—安全阀

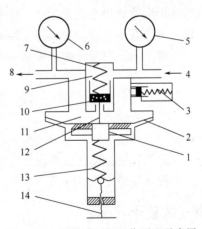

图 1-2-8　氧气减压阀工作原理示意图

1—弹簧垫块；2—传动薄膜；3—安全阀；4—进口（接气体钢瓶）；5—高压表；6—低压表；7—压缩弹簧；8—出口（接使用系统）；9—高压气室；10—活门；11—低压气室；12—顶杆；13—主弹簧；14—低压表压力调节螺杆

氧气减压阀的高压腔与钢瓶连接，低压腔为气体出口，并通往使用系统。高压表的示值为钢瓶内储存气体的压力。低压表的出口压力可由调节螺杆控制。

使用时先打开钢瓶总开关，然后顺时针转动低压表压力调节螺杆，使其压缩主弹簧并传动薄膜、弹簧垫块和顶杆而将活门打开。这样进口的高压气体由高压室经节流减压后进入低压室，并经出口通往工作系统。转动调节螺杆，改变活门开启的高度，从而调节高压气体的通过量并达到所需的压力值。

减压阀都装有安全阀。它是保护减压阀并使之安全使用的装置，也是减压阀出现故障的信号装置。如果由于活门垫、活门损坏或由于其他原因，导致出口压力自行上升并超过一定许可值时，安全阀会自动打开排气。

5. 氧气减压阀的使用方法

（1）按使用要求的不同，氧气减压阀有许多规格。最高进口压力大多为 $150\text{kg}\cdot\text{cm}^{-2}$（约 $150\times10^5\text{Pa}$），最低进口压力不小于出口压力的 2.5 倍。出口压力规格较多，一般为 $0\sim1\text{kg}\cdot\text{cm}^{-2}$（$1\times10^5\text{Pa}$），最高出口压力为 $40\text{kg}\cdot\text{cm}^{-2}$（约 $40\times10^5\text{Pa}$）。

（2）安装减压阀时应确定其连接规格是否与钢瓶和使用系统的接头相一致。减压阀与钢瓶采用半球面连接，靠旋紧螺母使二者完全吻合。因此，在使用时应保持两个半球面的光洁，以确保良好的气密效果。安装前可用高压气体吹除灰尘。必要时也可用聚四氟乙烯等材料作垫圈。

（3）氧气减压阀应严禁接触油脂，以免发生火警事故。

（4）停止工作时，应将减压阀中余气放净，然后拧松调节螺杆以免弹性元件长久受压变形。

（5）减压阀应避免撞击振动，不可与腐蚀性物质相接触。

6. 其他气体减压阀

有些气体，例如氮气、空气、氩气等气体，可以采用氧气减压阀。但还有一些气体，如氨等腐蚀性气体，则需要专用减压阀。市面上常见的有氮气、空气、氢气、氨、乙炔、丙烷、水蒸气等专用减压阀。

这些减压阀的使用方法及注意事项与氧气减压阀基本相同。但是，还应该指出：专用减压阀一般不用于其他气体。为了防止误用，有些专用减压阀与钢瓶之间采用特殊连接口。例如氢气和丙烷均采用左牙螺纹，也称反向螺纹，安装时应特别注意。

第二节　流量的测量及仪器

流体分为可压缩流体和不可压缩流体两类。流量的测定在科学研究和工业生产上都有广泛应用。在此仅就实验室的几种流量计作简单的介绍。测定流体流量的装置称为流量计或流速计。实验室常用的主要有转子流量计、毛细管流量计、皂膜流量计、湿式流量计。

一、转子流量计

转子流量计又称浮子流量计，是目前工业上或实验室常用的一种流量计。其结构如图 1-2-9 所示。它是由一根锥形的玻璃管和一个能上下移动的浮子所组成。当气体自下而上流经锥形管时，被浮子节流，在浮子上下端之间产生一个压差。浮子在压差作用下上升，当浮子上、下压差与其所受的黏性力之和等于浮子所受的重力时，浮子就处于某一高度的平衡位置，当流量增大时，浮子上升，浮子与锥形管间的环隙面积也随之增大，则浮子在更高位置上重新达到受力平衡。因此流体的流量可用浮子升起的高度表示。

这种流量计很少自制，市售的标准系列产品，规格型号很多，测量范围也很广，流量每分钟几毫升至几十毫升。这些流量计用于测量哪一种流体，如气体或液体，是氮气或氢气，市售产品均有说明，并附有某流体的浮子高度与流量的关系曲线。若改变所测流体的种类，可用皂膜流量计或湿式流量计另行标定。

使用转子流量计需注意以下几点：①流量计应垂直安装；②要缓慢开启控制阀；③待浮子稳定后再读取流量；④避免被测流体的温度、压力突然急剧变化；⑤为确保计量的准确、可靠，使用前均需进行校正。

图 1-2-9 转子流量计

二、毛细管流量计

毛细管流量计的外表形式很多，图 1-2-10 所示是其中的一种。它是根据流体力学原理制成的。当气体通过毛细管时，阻力增大，线速度（即动能）增大，而压力降低（即位能减小），这样气体在毛细管前后就产生压差，借流量计中两液面高度差（Δh）显示出来。当毛细管长度 L 与其半径 r 之比等于或大于 100 时，气体流量 V 与毛细管两端压差存在线性关系：

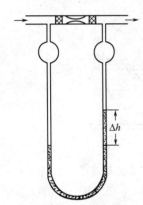

$$V = \frac{\pi r^4 \rho}{8L\eta}\Delta h = f\frac{\rho}{\eta}\Delta h \qquad (1\text{-}2\text{-}2)$$

式中，$f = \dfrac{\pi r^4}{8L}$ 为毛细管特征系数；r 为毛细管半径；ρ 为流量计所盛液体的密度；η 为气体黏度系数。

图 1-2-10　毛细管流量计

当流量计的毛细管和所盛液体一定时，气体流量 V 和压差 Δh 成直线关系。对不同的气体，V 和 Δh 有不同的直线关系；对同一气体，更换毛细管后，V 和 Δh 的直线关系也与原来不同。流量与压差这一直线关系不是由计算得来的，而是通过实验标定，绘制出 V-Δh 的关系曲线。因此，绘制出的这一关系曲线，必须说明使用的气体种类和对应的毛细管规格。

这种流量计多为自行装配，根据测量流速的范围，选用不同孔径的毛细管。流量计所盛的液体可以是水、液体石蜡或水银等。在选择液体时，要考虑被测气体与该液体不互溶，也不起化学反应，同时对速度小的气体采用相对密度小的液体，对流速大的采用相对密度大的液体，在使用和标定过程中要保持流量计的清洁与干燥。

三、皂膜流量计

这是实验室常用的构造十分简单的一种流量计，它可用滴定管改制而成。如图 1-2-11 所示。橡皮头内装有肥皂水，当待测气体经侧管流入后，用手将橡皮头一捏，气体就把肥皂水吹成一圈圈的薄膜，并沿管上升，用秒表记录某一皂膜移动一定体积所需的时间，即可求出流量（$V\cdot t^{-1}$）。这种流量计的测量是间断式的，宜用于尾气流量的测定，标定测量范围较小的流量计（约 100mL·min^{-1} 以下），而且只限于对气体流量的测定。

四、湿式流量计

湿式流量计也是实验室常用的一种流量计。它的构造主要由圆鼓形壳体、转鼓及传动计数装置所组成。如图 1-2-12 所示。转动鼓由圆筒及四个变曲形状的叶片构成。四个叶片构成 A、B、C、D 四个体积相等的小室。鼓的下半部浸在水中，水位高低由水位器指示。气体从背部中间的进气管依次进入各室，并不断地由顶部排出，迫使转鼓不停地转动。气体流经流量计的体积由盘上的计数装置和指针显示，用秒表记录流经某一体积所需的时间，便可求得气体流量。图 1-2-12 中所示位置，表示 A 室开始进气，B 室正在进气，C 室正在排气，D 室排气将完毕。湿式流量计的测量是累积式的，它用于测量气体流量和标定流量计。湿式流量计事先应经标准容量瓶进行校准。

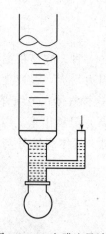

图 1-2-11　皂膜流量计

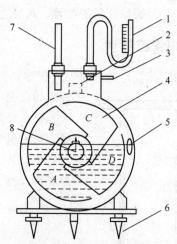

图 1-2-12　湿式流量计

1—压差计；2—水平仪；3—排气管；4—转鼓；
5—水位器；6—支脚；7—温度计；8—进气管

使用湿式流量计时要注意以下几点：①先调整湿式流量计的水平，使水平仪内气泡居中；②流量计内注入蒸馏水，其水位高低应使水位器中液面与针尖接触；③被测气体应不溶于水且不腐蚀流量计；④使用时，应记录流量计的温度。

参考文献

［1］ A. 罗恩著. 真空技术. 真空技术翻译组. 北京：机械工业出版社，1980.
［2］ 真空设计手册编写组. 真空设计手册（上册）. 北京：国防工业出版社，1979.
［3］ 戴浩. 真空技术. 北京：人民教育出版社，1961.
［4］ 王欲知. 真空技术. 成都：四川人民出版社，1981.
［5］ 孙企达，陈建中. 真空测量与仪表. 北京：机械工业出版社，1986.

第三章 热分析测量技术及仪器

热分析技术是研究物质的物理、化学性质与温度之间的关系，或者说研究物质的热态随温度进行的变化。温度本身是一种量度，它几乎影响物质的所有物理常数和化学常数。概括地说，整个热分析内容应包括热转变机理和物理化学变化的热动力学过程的研究。

国际热分析联合会（International Conference on Thermal Analysis，ICTA）规定的热分析定义为：热分析法是在控制温度下测定一种物质及其加热反应产物的物理性质随温度变化的一组技术。根据所测定物理性质种类的不同，热分析技术分类如表 1-3-1 所示。

表 1-3-1 热分析技术分类

物理性质	技术名称	简称	物理性质	技术名称	简称
质量	热重分析法	TG	机械特性	机械热分析	TMA
	导热系数法	DTG		动态热	
	逸出气检测法	EGD		机械热	
	逸出气分析法	EGA	声学特性	热发声法	
温度	差热分析法	DTA		热传声法	
焓	差示扫描量热法①	DSC	光学特性	热光学法	
尺寸	热膨胀法	TD	电学特性	热电学法	
			磁学特性	热磁学法	

① DSC 分类：功率补偿 DSC 和热流 DSC。

热分析是一类多学科的通用技术，应用范围极广。本章只简单介绍 DTA、DSC 和 TG 等基本原理和技术。

第一节 差热分析法

物质在物理变化和化学变化过程中，往往伴随着热效应。放热或吸热现象反映出物质热焓发生了变化，记录试样温度随时间的变化曲线，可直观地反映出试样是否发生了物理（或化学）变化，这就是经典的热分析法。但该种方法很难显示热效应很小的变化，为此逐步发展形成了差热分析法（Differential Thermal Analysis，DTA）。

一、DTA 的基本原理

DTA 是在程序控制温度下，测量物质与参比物之间的温度差与温度关系的一种技术。DTA 曲线是描述试样与参比物之间的温差（ΔT）随温度或时间的变化关系。在 DTA 实验中，试样温度的变化是由于相转变或反应的吸热或放热效应引起的。如熔化、结晶结构的转变、升华、蒸发、脱氢反应、断裂或分解反应、氧化或还原反应、晶格结构的破坏和其他化学反应。一般来说，相转变、脱氢还原和一些分解反应产生吸热效应；而结晶、氧化等反应产生放热效应。

DTA 的原理如图 1-3-1 所示。将试样和参比物分别放入坩埚，置于炉中以一定速率 $v = \mathrm{d}T/\mathrm{d}t$ 进行程序升温，以 T_s、T_r 表示各自的温度，设试样和参比物（包括容器、温差热电偶等）的热容量 C_s、C_r 不随温度而变。则它们的升温曲线如图 1-3-2 所示。

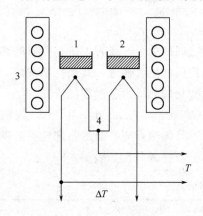

图 1-3-1 DTA 原理图

1—参比物；2—试样；3—炉体；4—热电偶

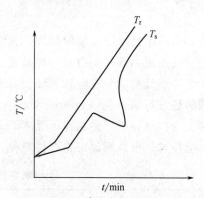

图 1-3-2 试样和参比物的升温曲线

若以 $\Delta T = T_s - T_r$ 对 t 作图，所得 DTA 曲线如图 1-3-3 所示，在 o-a 区间，ΔT 基本不变，形成 DTA 曲线的基线。随着温度的增加，试样产生了热效应（例如相转变），则与参比物间的温差变大，在 DTA 曲线上表现为吸热或放热峰，温差越大，峰也越大。试样发生变化的次数越多，峰的数目也越多，所以各种吸热峰和放热峰的个数、形状和与位置对应的温度可用来定性地鉴定所研究的物质，而峰面积与热量的变化有关。

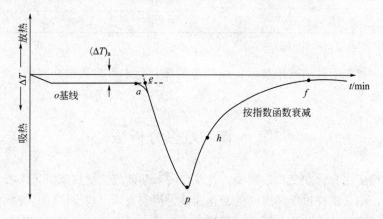

图 1-3-3 DTA 吸热转变曲线

DTA 曲线所包围的面积 S 与 ΔH 的关系可用下式表示：

$$\Delta H = \frac{gC}{m} \int_{t_2}^{t_1} \Delta T \mathrm{d}t = \frac{gC}{m} S \qquad (1\text{-}3\text{-}1)$$

式中，m 为反应物的质量；ΔH 为反应热；g 为仪器的几何形态常数；C 为试样的热导率；ΔT 为温差；t 为时间；t_1 和 t_2 为 DTA 曲线的积分限。上式是一种最简单的表达式，它是通过运用比例或近似常数 g 和 C 来说明试样反应热与峰面积的关系。这里忽略了微分项和试样的温度梯度，并假设峰面积与试样的比热容无关，所以它是一个近似关系式。

二、DTA 曲线特征点温度和面积的测量

1. DTA 曲线特征点温度的确定

如图 1-3-3 所示，DTA 曲线的起始温度可取下列任一点温度：曲线偏离基线的点 T_a；曲线陡峭部分切线和基线延长线的交点 T_e（外推始点，extrapolated onset）。其中 T_a 与仪器的灵敏度有关，灵敏度越高，则 a 点出现得越早，即 T_a 值越低，一般 T_a 的重复性较差；T_p 和 T_e 的重复性较好，其中 T_e 最为接近热力学的平衡温度，T_p 为曲线的峰值温度。

从外观上看，曲线回复到基线的温度是 T_f（终止温度），而反应的真正终点温度是 T_h，由于整个体系的热惯性，即使反应终了，热量仍有一个散失过程，使曲线不能立即回到基线。T_h 可以通过作图的方法来确定，T_h 之后，ΔT 即以指数函数降低，因而如以 $\Delta T - (\Delta T)_a$ 的对数对时间作图，可得一直线。当从峰的高温侧的底沿逆向查看这张图时，则偏离直线的那点，即表示终点温度 T_h。

2. DTA 峰面积的确定

DTA 的峰面积为反应前后基线所包围的面积，其测量方法有以下几种：①使用积分仪，可以直接读数或自动记录下差热峰的面积；②如果差热峰的对称性好，可作等腰三角形处理，用峰高乘以半峰宽（峰高 1/2 处的宽度）的方法求面积；③剪纸称重法，若记录纸厚薄均匀，可将差热峰剪下来，在分析天平上称其质量，其数值可以代表峰面积。

对于反应前后基线没有偏移的情况，只要连接基线就可求得峰面积。对于基线有偏移的情况经常采用以下两种方法进行处理。

（1）分别作反应开始前和反应终止后的基线延长线，它们离开基线的点分别是 T_a 和 T_f，连接 T_a、T_p、T_f 各点，便得峰面积，这就是 ICTA（国际热分析联合会）所规定的方法，见图 1-3-4(a)。

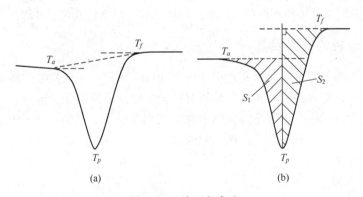

(a)   (b)

图 1-3-4　峰面积求法

（2）通过峰顶 T_p 作基线延长线的垂线，与 DTA 曲线的两个半侧构成两个近似三角形，其面积分别为 S_1、S_2 [图 1-3-4(b) 中以阴影表示]。S_1 中丢掉的部分与 S_2 中多余的部分可以得到一定程度的抵消，面积 S_1、S_2 之和即为峰面积。

三、DTA 的仪器结构

尽管 DTA 仪器种类繁多，但内部结构装置大致相同，如图 1-3-5 所示。

DTA 仪器一般由下面几个部分组成：炉子（其中有试样和参比物坩埚，温度敏感元件等）、炉温控制器、微伏放大器、气氛控制、记录仪（或微机）等部分组成。

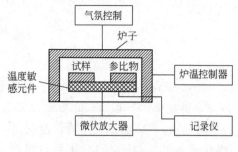

图 1-3-5　DTA 装置简图

1. 炉温控制器

炉温控制系统由程序信号发生器、PID 调节器和可控硅执行元件等几部分组成。

程序信号发生器按给定的程序方式（升温、降温、恒温、循环）给出毫伏信号。若温控热电偶的热电势与程序信号发生器给出的毫伏值有差别时，说明炉温偏离给定值，此偏差值经微伏放大器放大，送入 PID 调节器，再经可控硅触发器导通可控硅执行元件，调整电炉的加热电流，从而使偏差消除，达到使炉温按一定的速率上升、下降或恒定的目的。

2. 差热放大单元

用以放大温差电势，由于记录仪量程为毫伏级，而差热分析中温差信号很小，一般只有几微伏到几十微伏，因此差热信号需经放大后再送入记录仪（或微机）中记录。

3. 信号记录单元

由双笔自动记录仪（或微机）将测温信号和温差信号同时记录下来。

在进行 DTA 过程中，如果升温时试样没有热效应，则温差电势应为常数，DTA 曲线为一直线，称为基线。但是由于两个热电偶的热电势和热容量以及坩埚形态、位置等不可能完全对称，在温度变化时仍有不对称电势产生。此电势随温度升高而变化，造成基线不直，这时可以用斜率调整线路加以调整。CRY 和 CDR 系列差热仪调整方法：坩埚内不放参比物和试样，将差热放大量程置于 $\pm 100 \mu V$，升温速度置于 $10℃\cdot min^{-1}$，用移位旋钮使温差记录笔处于记录纸中部，这时记录笔应画出一条直线。在升温过程中如果基线偏离原来的位置，则主要是由于热电偶不对称电势引起基线漂移。待炉温升到 750℃ 时，通过斜率调整旋钮校正到原来位置即可。此外，基线漂移还和试样杆的位置、坩埚位置、坩埚的几何尺寸等因素有关。

四、影响差热分析的主要因素

差热分析操作简单，但在实际工作中往往发现同一试样在不同仪器上测量，或不同的人在同一仪器上测量，所得到的差热曲线结果有差异。峰的最高温度、形状、面积和峰值大小都会发生一定变化。其主要原因是因为热量与许多因素有关，传热情况比较复杂所造成的。一般来说，一是仪器，二是试样。虽然影响因素很多，但只要严格控制某些条件，仍可获得较好的重现性。

1. 参比物的选择

要获得平稳的基线，参比物的选择很重要。要求参比物在加热或冷却过程中不发生任何变化，在整个升温过程中参比物的比热容、导热系数、粒度尽可能与试样一致或相近。

常用 α-三氧化二铝（α-Al_2O_3）或煅烧过的氧化镁（MgO）或石英砂作参比物。如分析试样为金属，也可以用金属镍粉作参比物。如果试样与参比物的热性质相差很远，则可用稀释试样的方法解决，这主要是为了降低反应剧烈程度；而如果试样加热过程中有气体产生时，则可以减少气体大量出现，以免使试样冲出。选择的稀释剂不能与试样有任何化学反应或催化反应，常用的稀释剂有 SiC、铁粉、Fe_2O_3、玻璃珠、Al_2O_3 等。

2. 试样的预处理及用量

试样用量大，易使相邻两峰重叠，降低了分辨率，因此应尽可能减少用量。试样的颗粒度在 100～200 目左右，颗粒小可以改善导热条件，但太细可能会破坏试样的结晶度。对易分解产生气体的试样，颗粒应大一些。参比物的颗粒、装填情况及紧密程度应与试样一致，以减少基线的漂移。

3. 升温速率的影响和选择

升温速率不仅影响峰温的位置，而且影响峰面积的大小，一般来说，在较快的升温速率下峰面积变大，峰变尖锐。但是快的升温速率使试样分解偏离平衡条件的程度也大，因而易使基线漂移。更主要的可能导致相邻两个峰重叠，分辨率下降。较慢的升温速率，基线漂移小，使体系接近平衡条件，得到宽而浅的峰，也能使相邻两峰更好地分离，因而分辨率高。但测定时间长，需要仪器的灵敏度高。一般情况下选择 8～12℃·min^{-1} 为宜。

4. 气氛和压力的选择

气氛和压力可以影响试样化学反应和物理变化的平衡温度、峰形。因此，必须根据试样的性质选择适当的气氛和压力，有的试样易氧化，可以通入 N_2、Ne 等惰性气体。

第二节　差示扫描量热法

在差热分析测量试样的过程中，当试样产生热效应（熔化、分解、相变等）时，由于试样内的热传导，试样的实际温度已不是程序所控制的温度。由于试样的放热或吸热，促使温度升高或降低，因而进行试样热量的定量测定是困难的。要获得较准确的热效应，可采用差示扫描量热法（Differential Scanning Calorimetry，DSC）

一、DSC 的基本原理

DSC 是在程序控制温度下，测量输给试样和参比物的功率差与温度关系的一种技术。

经典 DTA 常用一金属块作为试样保持器，以确保试样和参比物处于相同的加热条件。而 DSC 的主要特点是试样和参比物分别有独立的加热元件和测温元件，并由两个系统进行监控。其中一个用于控制升温速率，另一个用于补偿试样和惰性参比物之间的温差。图 1-3-6 显示了 DTA 和 DSC 加热部分的不同；图 1-3-7 为常见 DSC 的原理示意图。

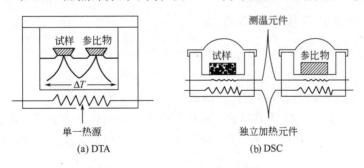

图 1-3-6　DTA 和 DSC 加热元件示意图

试样在加热过程中由于热效应与参比物之间出现温差 ΔT 时，通过差热放大电路和差动热量补偿放大器，使流入补偿电热丝的电流发生变化：当试样吸热时，补偿放大器使试样一边的电流立即增大；反之，当试样放热时则使参比物一边的电流增大，直到两边热量平衡，温差 ΔT 消失为止。换句话说，试样在热反应时发生的热量变化，由于及时输入电功率而得到补偿，所以实际记录的是试样和参比物下面两只电热补偿的热功率之差随时间 t 的变化

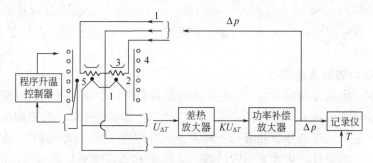

图 1-3-7 功率补偿式 DSC 原理图

1—温差热电偶；2—补偿电热丝；3—坩埚；4—电炉；5—控温热电偶

$\mathrm{d}H/\mathrm{d}t\text{-}t$ 关系。如果升温速率恒定，记录的也就是热功率之差随温度 T 的变化 $\mathrm{d}H/\mathrm{d}t\text{-}T$ 关系，如图 1-3-8 所示。其峰面积 S 正比于热焓的变化（ΔH_{m}）：

$$\Delta H_{\mathrm{m}} = KS \tag{1-3-2}$$

式中，K 为与温度无关的仪器常数。

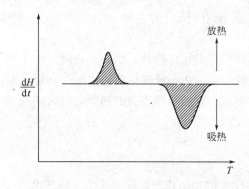

图 1-3-8 DSC 曲线

如果事先用已知相变热的试样标定仪器常数，再根据待测试样的峰面积，就可得到 ΔH 的绝对值。仪器常数的标定，可利用测定锡、铅、铟等纯金属的熔化，从其熔化热的文献值即可得到仪器常数。

因此，用差示扫描量热法可以直接测量热量，这是与差热分析法的一个重要区别。此外，DSC 与 DTA 相比，另一个突出的优点是 DTA 在试样发生热效应时，试样的实际温度已不是程序升温时所控制的温度（如在升温时试样由于放热而一度加速升温）。而 DSC 由于试样的热量变化随时可得到补偿，试样与参比物的温度始终相等，避免了参比物与试样之间的热传递，故仪器的反应灵敏，分辨率高，重现性好。

二、DSC 的仪器结构及操作注意事项

CDR 型差动热分析仪（又称差示扫描量热仪），既可做 DTA，也可做 DSC。其结构与 CRY 系列差热分析仪结构相似，只增加了差动热补偿单元，其余装置皆相同。其仪器的操作也与 CRY 系列差热分析仪基本一样，但需注意以下几点：

● 将"差动""差热"的开关置于"差动"位置时，微伏放大器量程开关置于 $\pm 100\mu\mathrm{V}$ 处（不论热量补偿的量程选择在哪一挡，在差动测量操作时，微伏放大器的量程开关都放在 $\pm 100\mu\mathrm{V}$ 挡）；

● 将热补偿放大单元量程开关放在适当位置，如果无法估计确切的量程，则可放在量程较大位置，先预做 1 次；

● 不论是差热分析仪还是差示扫描量热仪，使用时首先确定测量温度，选择坩埚：500℃以下用铝坩埚；500℃以上用氧化铝坩埚，还可根据需要选择镍、铂等坩埚；

● 被测量的试样若在升温过程中能产生大量气体，或能引起爆炸，或具有腐蚀性的，都不能用此法测量。

三、DTA 和 DSC 应用讨论

DTA 和 DSC 的共同特点是峰的位置、形状、数目与被测物质的性质有关，故可以用来定性地鉴定物质；原则上讲，物质的所有转变和反应都应有热效应，因而可以采用 DTA 和 DSC 检测这些热效应，不过有时由于灵敏度等种种原因的限制，不一定都能观测得出；而峰面积的大小与反应热焓有关，即 $\Delta H = KS$。对 DTA 曲线，K 是与温度、仪器和操作条件有关的比例常数。而对 DSC 曲线，K 是与温度无关的比例常数。这说明在定量分析中 DSC 优于 DTA。为了提高灵敏度，DSC 所用的试样容器与电热丝紧密接触。但由于制造技术的限制，目前 DSC 仪测定温度只能达到 750℃ 左右，温度再高，就只能用 DTA 仪了。DTA 一般可用到 1600℃ 的高温，最高可达到 2400℃。

近年来，热分析技术已广泛应用于石油产品、高聚物、配合物、液晶、生物体及药物等有机和无机化合物的研究中，它们已成为研究有关课题的有力工具。因此，DTA 和 DSC 在化学领域和工业上得到了广泛的应用。不过，从 DSC 得到的实验数据比从 DTA 得到的更为定量，并更易于作理论解释。

第三节　热重分析法

热重分析法（Thermogravimetric Analysis，TG）是在程序控制温度下，测量物质质量与温度关系的一种技术。许多物质在加热过程中常伴随质量的变化，这种变化过程有助于研究晶体性质的变化，如熔化、蒸发、升华和吸附等物质的物理现象；也有助于研究物质的脱水、解离、氧化、还原等物质的化学现象。

一、TG 和 DTG 的基本原理与仪器

进行热重分析的基本仪器为热天平。热天平一般包括天平、炉子、程序控温系统、记录系统等部分。有的热天平还配有通入气氛或真空装置。典型的热天平原理示意图见图 1-3-9。

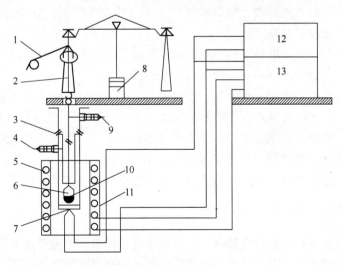

图 1-3-9　热天平原理示意图

1—机械减码；2—吊挂系统；3—密封管；4—出气口；5—加热丝；6—试样盘；7—热电偶；8—光学读数；9—进气口；10—试样；11—管状电阻炉；12—温度读数表头；13—温控加热单元

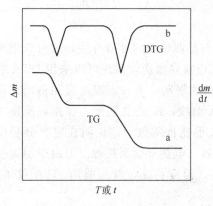

图 1-3-10　热重曲线图
a—TG曲线；b—DTG曲线

除热天平外，还有弹簧秤。国内已有 TG 和 DTG（微商热重法）联用的示差天平。

热重分析法通常可分为两大类：静态法和动态法。静态法是等压质量变化的测定，是指一物质的挥发性产物在恒定分压下，物质平衡与温度 T 的函数关系。以失重为纵坐标，温度 T 为横坐标作等压质量变化曲线图。等温质量变化的测定是指一物质在恒温下，物质质量变化与时间 t 的依赖关系，以质量变化为纵坐标，以时间为横坐标，获得等温质量变化曲线图。动态法是在程序升温的情况下，测量物质质量的变化对时间的函数关系。

在控制温度下，试样受热后重量减轻，天平（或弹簧秤）向上移动，使变压器内磁场移动输电功能改变；另一方面加热电炉温度缓慢升高时热电偶所产生的电位差输入温度控制器，经放大后由信号接收系统绘出 TG 热分析图谱。

热重法实验得到的曲线称为热重曲线（TG 曲线），如图 1-3-10 曲线 a 所示。TG 曲线以质量作纵坐标，从上向下表示质量减少；以温度（或时间）作横坐标，自左至右表示温度（或时间）增加。

DTG 是 TG 对温度（或时间）的一阶导数。以物质的质量变化速率 dm/dt 对温度 T（或时间 t）作图，即得 DTG 曲线，如图 1-3-10 曲线 b 所示。DTG 曲线上的峰代替 TG 曲线上的阶梯，峰面积正比于试样质量。DTG 曲线可以微分 TG 曲线得到，也可以用适当的仪器直接测得，DTG 曲线比 TG 曲线优越性大，它提高了 TG 曲线的分辨率。

二、影响热重分析的因素

热重分析的实验结果受到许多因素的影响，基本可分两类：一是仪器因素，包括升温速率、炉内气氛、炉子的几何形状、坩埚的材料等；二是试样因素，包括试样的质量、粒度、装样的紧密程度、试样的导热性等。

在 TG 的测定中，升温速率增大会使试样分解温度明显升高。如升温太快，试样来不及达到平衡，会使反应各阶段分不开。合适的升温速率为 $5\sim10\ ℃\cdot min^{-1}$。

试样在升温过程中，往往会有吸热或放热现象，这样使温度偏离线性程序升温，从而改变了 TG 曲线位置。试样量越大，这种影响越大。对于受热产生气体的试样，试样量越大，气体越不易扩散。再则，试样量大时，试样内温度梯度也大，将影响 TG 曲线位置。总之实验时应根据天平的灵敏度，尽量减小试样量。试样的粒度不能太大，否则将影响热量的传递；粒度也不能太小，否则开始分解的温度和分解完毕的温度都会降低。

三、热重分析法的应用

热重分析法的重要特点是定量性强，能准确地测量物质的质量变化及变化的速率，可以说，只要物质受热时发生质量的变化，就可以用热重法来研究其变化过程。目前，热重分析法已在下述诸方面得到应用：①无机物、有机物及聚合物的热分解；②金属在高温下受各种气体的腐蚀过程；③固态反应；④矿物的煅烧和冶炼；⑤液体的蒸馏和汽化；⑥煤、石油和木材的热解过程；⑦含湿量、挥发物及灰分含量的测定；⑧升华过程；⑨脱水和吸湿；⑩爆炸材料的研究；⑪反应动力学的研究；⑫发现新化合物；⑬吸附和解吸；⑭催化活度的测定；⑮表面积的测定；⑯氧化稳定性和还原稳定性的研究；⑰反应机制的研究。

参考文献

［1］ 黄伯龄编著. 矿物差热分析鉴定手册. 北京：科学出版社，1987.
［2］ 刘振海主编. 热分析导论. 北京：化学工业出版社，1991.
［3］ 陈镜弘，李传儒编著. 热分析及其应用. 北京：科学出版社，1985.

第四章　电学测量技术及仪器

电学测量技术在物理化学实验中占有很重要的地位，常用来测量电解质溶液的电导、原电池电动势等参量。作为基础实验，主要介绍传统的电化学测量与研究方法，对于目前利用光、电、磁、声、辐射等非传统的电化学研究方法，本文一般不予介绍。只有掌握了传统的基本方法，才有可能正确理解和运用近代电化学研究方法。

第一节　电导的测量及仪器

电导是电阻的倒数，因此电导值的测量，实际上是通过电阻值的测量再换算的，也就是说电导的测量方法应该与电阻的测量方法相同。但在溶液电导的测定过程中，当电流通过电极时，由于离子在电极上会发生放电，产生极化而引起误差，故测量电导时要使用频率足够高的交流电，以防止电解产物的产生。另外，所用的电极镀铂黑是为了减少超电位，提高测量结果的准确性。

我们更感兴趣的量是电导率。测量溶液电导率的仪器，目前广泛使用的是 DDS-11A 型电导率仪，下面对其测量原理及操作方法作较详细介绍。

一、DDS-11A 型电导率仪

DDS-11A 型电导率仪是基于"电阻分压"原理的不平衡测量方法，它测量范围广，可以测定一般液体和高纯水的电导率，操作简便，可以直接从表上读取数据，并有 0～10mV 信号输出，可接自动平衡记录仪进行连续记录。

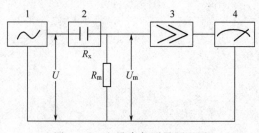

图 1-4-1　电导率仪测量原理图

1—振荡器；2—电导池；3—放大器；4—指示器

1. 测量原理

电导率仪的工作原理如图 1-4-1 所示。把振荡器产生的一个交流电压源 U，送到电导池 R_x 与量程电阻（分压电阻）R_m 的串联回路里，电导池里的溶液电导越大，R_x 越小，R_m 获得电压 U_m 也就越大。将 U_m 送至交流放大器中放大，再经过信号整流，以获得推动表头的直流信号输出，表头直接读出电导率。由图 1-4-1 可知

$$U_m = \frac{UR_m}{R_m + R_x} = \frac{UR_m}{R_m + \dfrac{K_{cell}}{\kappa}} \tag{1-4-1}$$

式中，K_{cell} 为电导池常数；当 U、R_m 和 K_{cell} 均为常数时，电导率 κ 的变化必将引起 U_m 作相应的变化，所以测量 U_m 的大小，也就测得溶液电导率的数值。

本机振荡产生低周（约 140Hz）及高周（约 1100Hz）两个频率，分别作为低电导率测

量和高电导率测量的信号源频率。振荡器用变压器耦合输出，因而信号 U 不随 R_x 变化而改变。因为测量信号是交流电，因而电极极片间及电极引线间均出现了不可忽视的分布电容 C_0（大约 60pF），电导池则有电抗存在，这样将电导池视作纯电阻来测量，则存在比较大的误差，特别是在 $0\sim0.1\mu S\cdot cm^{-1}$ 低电导率范围内时，此项影响较显著，需采用电容补偿消除之，其原理见图 1-4-2。

信号源输出变压器的次极有两个输出信号 U_1 及 U，U_1 作为电容的补偿电源。U_1 与 U 的相位相反，所以由 U_1 引起的电流 I_1 流经 R_m 的方向与测量信号 I 流过 R_m 的方向相反。测量信号 I 中包括通过纯电阻 R_x 的电流和流过分布电容 C_0 的电流。调节 K_6 可以使 I_1 与流过 C_0 的电流振幅相等，使它们在 R_m 上的影响大体抵消。

2. 使用方法

DDS-11A 型电导率仪的面板如图 1-4-3 所示。

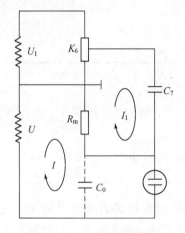

图 1-4-2　电容补偿原理图

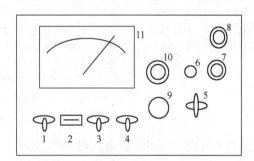

图 1-4-3　DDS-11A 型电导率仪面板图
1—电源开关；2—指示灯；3—高周、低周开关；4—校正、测量开关；5—量程选择开关；6—电容补偿调节器；7—电极插口；8—10mV 输出插口；9—校正调节器；10—电极常数调节器；11—表头

（1）打开电源开关前，应观察表针是否指零，若不指零时，可调节表头的螺丝，使表针指零。

（2）将校正、测量开关拨在"校正"位置。

（3）打开电源开关，此时指示灯亮。预热数分钟，待指针稳定后。调节校正调节器，使表针指向满刻度。

（4）根据待测液电导率的大致范围选用低周或高周，并将高周、低周开关拨向所选位置（参阅 3. 电极选择原则）。

（5）将量程选择开关拨到测量所需范围。如预先不知道被测溶液电导率的大小，则由最大挡逐挡下降至合适范围，以防表针打弯。

（6）根据电极选用原则，选好电极并插入电极插口。各类电极要注意调节好配套电极常数，如配套电极常数为 0.95（电极上已标明），则将电极常数调节器调节到相应的位置 0.95 处。

（7）倾去电导池中电导水，将电导池和电极用少量待测液洗涤 2～3 次，再将电极浸入待测液中并恒温。

(8) 将校正、测量开关拨向"测量"，这时表头上的指示读数乘以量程开关的倍率，即为待测液的实际电导率。如果选用 DJS-10 型铂黑电极时，应将测得的数据乘以 10，即为待测液的电导率。

(9) 当量程开关指向黑点时，读表头上刻度（$0\sim1.0\mu S\cdot cm^{-1}$）的数；当量程开关指向红点时，读表头下刻度（$0\sim3.0\mu S\cdot cm^{-1}$）的数值。

(10) 当用 $0\sim0.1\mu S\cdot cm^{-1}$ 或 $0\sim0.3\mu S\cdot cm^{-1}$ 这两档测量高纯水时，在电极未浸入溶液前，调节电容补偿调节器，使表头指示为最小值（此最小值是电极铂片间的漏阻，由于此漏阻的存在，使调节电容补偿调节器时表头指针不能达到零点），然后开始测量。

(11) 如想要了解在测量过程中电导率的变化情况，将 10mV 输出接到自动平衡记录仪上即可。

3. 电极选择原则

电极选择原则列在表 1-4-1 中。

表 1-4-1　电极选择

量程	电导率/$\mu S\cdot cm^{-1}$	测量频率	配套电极	量程	电导率/$\mu S\cdot cm^{-1}$	测量频率	配套电极
1	$0\sim0.1$	低周	DJS-1 型光亮电极	7	$0\sim10^2$	低周	DJS-1 型铂黑电极
2	$0\sim0.3$	低周	DJS-1 型光亮电极	8	$0\sim3\times10^2$	低周	DJS-1 型铂黑电极
3	$0\sim1$	低周	DJS-1 型光亮电极	9	$0\sim10^3$	高周	DJS-1 型铂黑电极
4	$0\sim3$	低周	DJS-1 型光亮电极	10	$0\sim3\times10^3$	高周	DJS-1 型铂黑电极
5	$0\sim10$	低周	DJS-1 型光亮电极	11	$0\sim10^4$	高周	DJS-1 型铂黑电极
6	$0\sim30$	低周	DJS-1 型铂黑电极	12	$0\sim10^5$	高周	DJS-10 型铂黑电极

光亮电极用于测量较小的电导率（$0\sim10\mu S\cdot cm^{-1}$），而铂黑电极用于测量较大的电导率（$10\sim10^5\mu S\cdot cm^{-1}$）。实验中通常用铂黑电极，因为它的表面比较大，这样降低了电流密度，减少或消除了极化。但在测量低电导率溶液时，铂黑对电解质有强烈的吸附作用，出现不稳定的现象，这时宜用光亮铂电极。

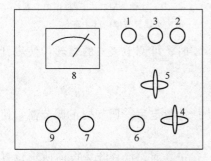

图 1-4-4　DDS-11 型电导仪的面板图
1~3—电极接线柱；4—校正、测量开关；5—范围选择器；6—校正调节器；7—电源开关；8—指示表；9—电源指示灯

4. 注意事项

(1) 电极的引线不能潮湿，否则测不准。

(2) 高纯水应迅速测量，否则空气中 CO_2 溶入水中变为 CO_3^{2-}，使电导率迅速增加。

(3) 测定一系列浓度待测液的电导率，应注意按浓度由小到大的顺序测定。

(4) 盛待测液的容器必须清洁，没有离子玷污。

(5) 电极要轻拿轻放，切勿触碰铂黑。

二、DDS-11 型电导仪使用方法

该仪器的测量原理与 DDS-11A 型电导率仪一样，也是基于"电阻分压"原理的不平衡测量方法。其面板如图 1-4-4 所示。使用方法如下。

(1) 接通电源前，先检查表针是否指零，如不指零，可调节表头上的校正螺丝，使表针指零。

（2）打开电源开关，指示灯即亮。预热数分钟，即可开始工作。

（3）将测量范围选择器旋钮拨到所需的范围挡。

如不知被测液电导的大小范围，则应将旋钮置于最大量程挡，然后逐挡减小，以保护表针不被损坏。

（4）选择电极　本仪器附有三种电极，分别适用于下列电导范围：

- 被测液电导低于 0.005mS 时，使用 260 型光亮电极；
- 被测液电导在 0.005～150mS 时，使用 260 型铂黑电极；
- 被测液电导高于 150mS 时，使用 U 形电极。

（5）连接电极引线　使用 260 型电极时，电极上两根同色引出线分别接在接线柱 1、2 上，另一根引出线接在电极屏蔽线接线柱 3 上。使用 U 形电极时，两根引出线分别接在接线柱 1，2 上。

（6）用少量待测液洗涤电导池及电极 2～3 次，然后将电极浸入待测溶液中，并恒温。

（7）将测量、校正开关扳向"校正"，调节校正调节器，使指针停在红色倒三角处。应注意在电导池接妥的情况下方可进行校正。

（8）将测量、校正开关扳向"测量"，这时指针指示的读数即为被测液的电导值。当被测液电导很高时，每次测量都应在校正后方可读数，以提高测量精度。

第二节　原电池电动势的测量及仪器

原电池电动势一般是用直流电位差计并配以饱和式标准电池和检流计来测量的。电位差计可分为高阻型和低阻型两类，使用时可根据待测系统选用不同类型的电位差计。通常高电阻系统选用高阻型电位差计，低电阻系统选用低阻型电位差计。但不管电位差计的类型如何，其测量原理都是一样的。此外，随着电子技术的发展，一种新型的电子电位差计也得到了广泛应用。下面具体以 UJ-25 型电位差计和 SDC-1 型数字电位差计为例，分别说明其原理及使用方法。

一、UJ-25 型电位差计

UJ-25 型直流电位差计属于高阻型电位差计，它适用于测量内阻较大的电源电动势，以及较大电阻上的电压降等。由于工作电流小，线路电阻大，故在测量过程中工作电流变化很小，因此需要高灵敏度的检流计。它的主要特点是测量时几乎不损耗被测对象的能量，测量结果稳定、可靠，而且有很高的准确度，因此为教学、科研部门广泛使用。

1. 测量原理

电位差计是按照对消法测量原理而设计的一种平衡式电学测量装置，能直接给出待测电池的电动势值（以伏特表示）。图 1-4-5 是对消法测量电动势原理示意图。从图可知电位差计由三个回

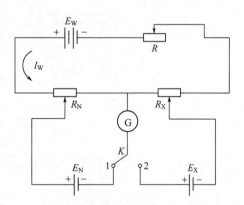

图 1-4-5　对消法测量电动势原理示意图

E_W—工作电源；E_N—标准电池；E_X—待测电池；

R—调节电阻；R_X—待测电池电动势补偿电阻；

K—转换电键；R_N—标准电池电动势补偿电阻；

I_W—工作电流；G—检流计

路组成：工作电流回路、标准回路和测量回路。

（1）工作电流回路　也叫电源回路。从工作电源正极开始，经电阻 R_N、R_X，再经工作电流调节电阻 R，回到工作电源负极。其作用是借助于调节 R 使在补偿电阻上产生一定的电位降。

（2）标准回路　从标准电池的正极开始（当换向开关 K 扳向"1"一方时），经电阻 R_N，再经检流计 G 回到标准电池负极。其作用是校准工作电流以标定补偿电阻上的电位降。通过调节 R 使 G 中电流为零，此时 R_N 产生的电位降与标准电池的电动势 E_N 相对消，也就是说大小相等而方向相反。校准后的工作电流 I_W 为某一定值，即 $I_W=E_N/R_N$。

（3）测量回路　从待测电池的正极开始（当换向开关 K 扳向"2"一方时），经检流计 G 再经电阻 R_X 回到待测电池负极。在保证校准后的工作电流 I_W 不变，即固定 R 的条件下，调节电阻 R_X，使得 G 中电流为零。此时 R_X 产生的电位降与待测电池的电动势 E_X 相对消，即 $E_X=I_W \cdot R_X$，则 $E_X=(E_N/R_N) \cdot R_X$。

所以当标准电池电动势 E_N 和标准电池电动势补偿电阻 R_N 的数值确定后，只要测出待测电池电动势补偿电阻 R_X 的数值，就能测出待测电池电动势 E_X。

从以上工作原理可见，用直流电位差计测量电动势时，有两个明显的优点：

● 在两次平衡中检流计都指零，没有电流通过，也就是说电位差计既不从标准电池中吸取能量，也不从被测电池中吸取能量，表明测量时没有改变被测对象的状态，因此在被测电池的内部就没有电压降，测得的结果是被测电池的电动势，而不是端电压。

● 被测电动势 E_X 的值是由标准电池电动势 E_N 和电阻 R_N、R_X 来决定的。由于标准电池的电动势的值十分准确，并且具有高度的稳定性，而电阻元件也可以制造得具有很高的准确度，所以当检流计的灵敏度很高时，用电位差计测量的准确度就非常高。

2. 使用方法

UJ-25 型电位差计面板如图 1-4-6 所示。电位差计使用时都配用灵敏检流计和标准电池以及工作电源。UJ-25 型电位差计测电动势的范围其上限为 600V，下限为 0.000001V，但当测量高于 1.911110V 以上电压时，就必须配用分压箱来提高上限。下面说明测量 1.911110V 以下电压的方法：

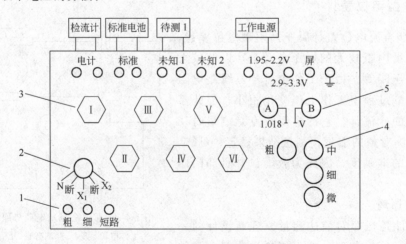

图 1-4-6　UJ-25 型电位差计面板图

1—电计按钮（共 3 个）；2—转换开关；3—电势测量旋钮（共 6 个）；

4—工作电流调节旋钮（共 4 个）；5—标准电池温度补偿旋钮

（1）连接线路　先将（N、X₁、X₂）转换开关放在断的位置，并将左下方三个电计按钮（粗、细、短路）全部松开，然后依次将工作电源、标准电池、检流计以及被测电池按正、负极性接在相应的端钮上，检流计没有极性的要求。

（2）调节工作电流（标准化）　将室温时的标准电池电动势值算出，调节温度补偿旋钮（A，B），使数值为校正后的标准电池电动势。

将（N、X₁、X₂）转换开关放在 N（标准）位置上，按"粗"电计按钮，旋动右下方（粗、中、细、微）四个工作电流调节旋钮，使检流计示零。然后再按"细"电计按钮，重复上述操作。注意按电计按钮时，不能长时间按住不放，需要"按"和"松"交替进行。

（3）测量未知电动势　将（N、X₁、X₂）转换开关放在 X₁ 或 X₂（未知）的位置上，按下电计"粗"按钮，由左向右依次调节六个测量旋钮，使检流计示零。然后再按下电计"细"按钮，重复以上操作使检流计示零。读出六个旋钮下方小孔示数的总和即为待测电池的电动势。

3. 注意事项

● 测量过程中，若发现检流计受到冲击时，应迅速按下短路按钮，以保护检流计。

● 由于工作电源的电压会发生变化，故在测量过程中要经常标准化。另外，新制备的电池电动势也不够稳定，应隔数分钟测一次，最后取平均值。

● 测定时电计按钮按下的时间应尽量短，以防止电流通过而改变电极表面的平衡状态。

● 若在测定过程中，检流计一直往一边偏转，找不到平衡点，这可能是电极的正负号接错、线路接触不良、导线有断路、工作电源电压不够等原因引起，应该进行检查。

二、SDC-1 型数字电位差计

SDC-1 型数字电位差计是采用误差对消法（又称误差补偿法）测量原理设计的一种电压测量仪器，它综合了标准电压和测量电路于一体，测量准确，操作方便。测量电路的输入端采用高输入阻抗器件（阻抗≥$10^{14}\Omega$），故流入的电流 $I=$ 被测电动势/输入阻抗（几乎为零），不会影响待测电动势的大小。其工作原理如图 1-4-7 所示。

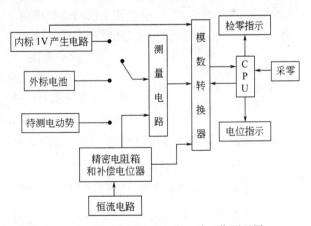

图 1-4-7　SDC-1 型数字电位差计工作原理图

1. 测量原理

本电位差计由 CPU 控制，将标准电压产生电路、补偿电路和测量电路紧密结合，内标 1V 产生电路由精密电阻及元器件产生标准 1V 电压。此电路具有低温漂性能，内标 1V 电压稳定、可靠。

当测量开关置于内标时，拨动精密电阻箱电阻，通过恒流电路产生电位，经模数转换电路送入 CPU，由 CPU 显示电位，使得电位显示为 1V。这时，精密电阻箱产生的电压信号与内标 1V 电压送至测量电路，由测量电路测量出误差信号，经模数转换电路送入 CPU，由检零显示误差值，由采零按钮控制，并记忆误差值，以便测量待测电动势时进行误差补偿，消除电路误差。

当测量开关置于外标时，由外标标准电池提供标准电压，拨动精密电阻箱和补偿电位器产生电位显示和检零显示。

测量电路经内标或外标电池标定后，将测量开关置于待测电动势，CPU 对采集到的信号进行误差补偿，拨动精密电阻箱和补偿电位器，使得检零指示为零。此时，说明电阻箱产生的电压与被测电动势相等，电位显示值为待测电动势。

2. 测量说明

本仪器测量电路的输入端采用高输入阻抗器件（阻抗$\geqslant 10^{14}\Omega$），故流入的电流 $I=$ 被测电动势/输入阻抗（几乎为零），不会影响待测电动势的大小。测量电动势时，先将测量选择开关置于"内标"或"外标"，使待测电动势电路与仪器断开，通过面板旋钮进行标定，再将选择开关置于"测量"即可。

三、其他配套仪器及设备

1. 盐桥

当原电池存在两种电解质界面时，便产生一种称为液体接界电势的电动势，后者会干扰电池电动势的测定。减小液体接界电势的办法常用盐桥。盐桥是在 U 形玻璃管中灌满盐桥溶液，用捻紧的滤纸塞紧玻璃管两端，把管插入两个互相不接触的溶液，使其导通。

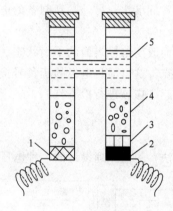

图 1-4-8　标准电池

1—含 Cd 12.5%的镉汞齐；2—汞；3—硫酸亚汞的糊状物；4—硫酸镉晶体；5—硫酸镉饱和溶液

一般盐桥溶液用正、负离子迁移速率都接近于 0.5 的饱和盐溶液，比如饱和氯化钾溶液等。这样当饱和盐溶液与另一种较稀溶液相接界时，主要是盐桥溶液向稀溶液扩散，从而减小了液体接界电势。

应注意盐桥溶液不能与两端电池溶液发生反应。如果实验中使用硝酸银溶液，则盐桥溶液就不能用氯化钾溶液，而选择硝酸铵溶液较为合适。

2. 标准电池

标准电池是电化学实验中基本校验仪器之一，其构造如图 1-4-8 所示。电池由一 H 形管构成，负极为含镉 12.5%的镉汞齐，正极为汞和硫酸亚汞的糊状物，两极之间盛以硫酸镉的饱和溶液，管的顶端加以密封。电池反应如下。

负极：$Cd(汞齐) \longrightarrow Cd^{2+} + 2e$

正极：$Hg_2SO_4(s) + 2e \longrightarrow 2Hg(l) + SO_4^{2-}$

电池反应：$Cd(汞齐) + Hg_2SO_4(s) + \dfrac{8}{3}H_2O \Longrightarrow 2Hg(l) + CdSO_4 \cdot \dfrac{8}{3}H_2O$

标准电池的电动势很稳定，且重现性好，20℃时 $E_0 = 1.0186V$，其他温度下 E_t 可按下式算得：

$$E_t = E_0 - 4.06 \times 10^{-5}(t-20) - 9.5 \times 10^{-7}(t-20)^2 \tag{1-4-2}$$

使用标准电池时应注意以下几点：

- 使用温度 4~40℃；
- 正负极不能接错；

- 不能振荡，不能倒置，携取要平稳；
- 不能用万用表直接测量标准电池；
- 标准电池只是校验器，不能作为电源使用，测量时间必须短暂，间歇按键，以免电流过大，损坏电池；
- 电池若未加套直接暴露于日光，会使硫酸亚汞变质，电动势下降；
- 按规定时间对标准电池进行计量校正。

3. 常用电极

（1）甘汞电极 甘汞电极是实验室中常用的参比电极。具有装置简单、可逆性高、制作方便、电势稳定等优点。其构造形状很多，但不管哪一种形状，在玻璃容器的底部皆装入少量的汞，然后装汞和甘汞的糊状物，再注入氯化钾溶液，将作为导体的铂丝插入，即构成甘汞电极。甘汞电极表示形式如下。

$$Hg-Hg_2Cl_2(s)|KCl(a)$$

电极反应为：

$$Hg_2Cl_2(s)+2e \longrightarrow 2Hg(l)+2Cl^-(a_{Cl^-})$$

甘汞电极电势 $\varphi_{甘汞}$

$$\varphi_{甘汞}=\varphi_{甘汞}^\ominus -\frac{RT}{F}\ln a_{Cl^-} \tag{1-4-3}$$

可见甘汞电极的电势随氯离子活度（a_{Cl^-}）的不同而改变。不同氯化钾溶液浓度的 $\varphi_{甘汞}$ 与温度的关系见表 1-4-2。

表 1-4-2 不同氯化钾溶液浓度的 $\varphi_{甘汞}$ 与温度的关系

氯化钾溶液浓度/mol·L^{-1}	电极电势 $\varphi_{甘汞}$/V
饱和	$0.2412-6.61\times10^{-4}(t-25)$
1.0	$0.2801-2.75\times10^{-4}(t-25)$
0.1	$0.3337-8.75\times10^{-5}(t-25)$

各文献上列出的甘汞电极的电势数据常不相符合，这是因为接界电势的变化对甘汞电极电势有影响，由于所用盐桥的介质不同而影响甘汞电极电势的数据。

使用甘汞电极时应注意：
- 由于甘汞电极在高温时不稳定，故甘汞电极一般适用于 70℃ 以下的测量；
- 甘汞电极不宜用在强酸、强碱性溶液中，因为此时的液体接界电势较大，而且甘汞可能被氧化；
- 如果被测溶液中不允许含有氯离子，应避免直接插入甘汞电极，这时应使用双液接甘汞电极；
- 应注意甘汞电极的清洁，不得使灰尘或局外离子进入该电极内部；
- 当电极内溶液太少时应及时补充。

（2）铂黑电极 铂黑电极是在铂片上镀一层颗粒较小的黑色金属铂所组成的电极，这是为了增大铂电极的表面积。

电镀前一般需进行铂表面处理。对新制作的铂电极，可放在热的氢氧化钠乙醇溶液中，浸洗 15min 左右，以除去表面油污，然后在浓硝酸中煮几分钟，取出用蒸馏水冲洗。长时间用过的老化的铂黑电极可浸在 40～50℃ 的混酸中（硝酸∶盐酸∶水＝1∶3∶4），经常摇动电极，洗去铂黑，再经过浓硝酸煮 3～5min 以除去氯，最后用水冲洗。

以处理过的铂电极为阴极，另一铂电极为阳极，在 0.5mol·L^{-1} 的硫酸中电解 10～

20min，以消除氧化膜。观察电极表面出氢是否均匀，若有大气泡产生则表明有油污，应重新处理。

在处理过的铂片上镀铂黑，一般采用电解法，电解液的配制如下：

3g 氯铂酸(H_2PtCl_6)＋0.08g 醋酸铅($PbAc_2 \cdot 3H_2O$)＋100mL 蒸馏水

电镀时将处理好的铂电极作为阴极，另一铂电极作为阳极。电流密度控制在 15mA·cm^{-2} 左右，电镀约 20min。如所镀的铂黑一洗即落，则需重新处理。铂黑不宜镀得太厚，但太薄又易老化和中毒。

4. 检流计

检流计灵敏度很高，常用来检查电路中有无电流通过。主要用在平衡式直流电测量仪器如电位差计、电桥中作零仪器。另外在光-电测量、差热分析等实验中测量微弱的直流电流。目前实验室中使用最多的是磁电式多次反射光点检流计，它可以和分光光度计及 UJ-25 型电位差计配套使用。

（1）工作原理　磁电式检流计结构示意如图 1-4-9 所示。当检流计接通电源后，由灯泡、透镜和光栏构成的光源发射出一束光，投射到平面镜上，又反射到反射镜上，最后成像在标尺上。

被测电流经悬丝通过动圈时，使动圈发生偏转，其偏转的角度与电流的强弱有关。因平面镜随动圈而转动，所以在标尺上光点移动距离的大小与电流的大小成正比。

电流通过动圈时，产生的磁场与永久磁铁的磁场相互作用，产生转动力矩，使动圈偏转。但动圈的偏转又使悬丝的扭力产生反作用力矩，当二力矩相等时，动圈就停在某一偏转角度上。

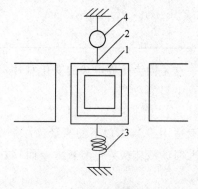

图 1-4-9　磁电式检流计结构示意
1—动圈；2—悬丝；3—电流引线；4—反射小镜

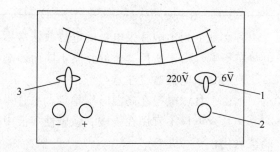

图 1-4-10　AC15 型检流计面板示意
1—电源开关；2—零点调节器；3—分流器开关

（2）AC15 型检流计使用方法　仪器面板示意如图 1-4-10 所示。

① 首先检查电源开关所指示的电压是否与所使用的电源电压一致，然后接通电源。

② 旋转零点调节器，将光点准线调至零位。

③ 用导线将输入接线柱与电位差计"电计"接线柱接通。

④ 测量时先将分流器开关旋至最低灵敏度挡（0.01 挡），然后逐渐增大灵敏度进行测量（"直接"挡灵敏度最高）。

⑤ 在测量中如果光点剧烈摇晃时，可按电位差计短路键，使其受到阻尼作用而停止。

⑥ 实验结束时，或移动检流计时，应将分流器开关置于"短路"，以防止损坏检流计。

第三节　溶液 pH 的测量及仪器

一、仪器工作原理

酸度计是用来测定溶液 pH 值的最常用仪器之一，其优点是使用方便、测量迅速。主要由参比电极、指示电极和测量系统三部分组成。参比电极常用的是饱和甘汞电极，指示电极则通常是一支对 H^+ 具有特殊选择性的玻璃电极。组成的电池可表示如下：

$$玻璃电极 \mid 待测溶液 \parallel 饱和甘汞电极$$

在 298K 时，电极电势为：

$$E = \varphi_{甘汞} - \varphi_{玻} = 0.2412 - \left(\varphi_{玻}^{\ominus} - \frac{RT}{F}2.303\text{pH} \right) = 0.2412 - (\varphi_{玻}^{\ominus} - 0.05916\text{pH}) \quad (1\text{-}4\text{-}4)$$

移项整理得：

$$\text{pH} = \frac{E - 0.2412 + \varphi_{玻}^{\ominus}}{0.05916} \quad (1\text{-}4\text{-}5)$$

式中，$\varphi_{玻}^{\ominus}$ 对某给定的玻璃电极是常数，所以只要测得电池的电动势，即可求出溶液的 pH 值。

鉴于由玻璃电极组成的电池内阻很高，在常温时达几百兆欧，因此不能用普通的电位差计来测量电池的电动势。

酸度计的种类很多，其基本工作原理图如图1-4-11所示。即利用 pH 电极和甘汞电极对被测溶液中不同的酸度产生的直流电位，通过前置 pH 放大器输入到 A/D 转换器中，以达到显示 pH 值数字的目的。同样，在配上适当的离子选择电极作电位滴定分析时，以达到显示终点电位的目的。其测量范围为：

$$\text{pH} \quad 0 \sim 14; \qquad V \quad 0 \sim \pm 1400\text{mV}$$

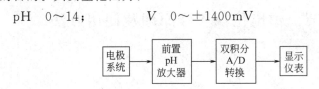

图 1-4-11　酸度计基本工作原理图

1. 电极系统

电极系统通常由玻璃电极和甘汞电极组成，当一对电极形成的电位差等于零时，被测溶液的 pH 值即为零电位 pH 值，它与玻璃电极内溶液有关，通常选用零电位 pH 值为 7 的玻璃电极。

2. 前置 pH 放大器

由于玻璃电极的内阻很高，约 $5 \times 10^3 \Omega$，因此，本放大器是一个高输入的直流放大器，由于电极把 pH 值变为毫伏值是与被测溶液的温度有关的，因此，放大器还有一个温度补偿器。

3. A/D 转换器

A/D 转换器应用双积分原理实现模数转换，通过对被测溶液的信号电压和基准电压的二次积分，将输入的信号电压换成与其平均值成正比的精确时间间隔，用计数器测出这个时间间隔内脉冲数目，即可得到被测信号电压的数字值。

二、仪器使用

酸度计型号较多，下面以 pHS-3C 为例，说明其使用方法，其他型号仪器可参阅有关说明书。

1. pH 值的测定

（1）将玻璃电极和饱和甘汞电极分别接入仪器的电极插口内，应注意必须使玻璃电极底部比甘汞电极陶瓷芯端稍高些，以防碰坏玻璃电极。

（2）接通电源，按下"pH"或"mV"键，预热 10min。

（3）仪器的标定

① 拔出测量电极插头，按下"mV"键，调节"零点"电位器使仪器读数在 ±0 之间。

② 插入电极，按下"pH"键，斜率调节器调节在 100% 位置。

③ 将温度补偿调节器调节到待测溶液温度值。

④ 在烧杯内放入已知 pH 值的缓冲溶液，将二电极浸入溶液中，待溶液搅拌均匀后，调节"定位"调节器使仪器读数为该缓冲溶液的 pH 值。

（4）将二电极用蒸馏水洗净头部，用滤纸吸干，然后浸入被测溶液中，将溶液搅拌均匀后，测定该溶液的 pH 值。

2. 电极电位值（mV）的测定

（1）拔出离子选择电极插头，按下"mV"键，调节"零点"电位器使仪器读数在 ±0 之间。

（2）接入离子选择电极，将二电极浸入溶液中，待溶液搅拌均匀后，即可读出该离子选择电极的电极电位值（mV）。

电极电位测量时，温度补偿调节器和斜率调节器均不起作用。

第四节　恒电位仪工作原理及使用方法

一、基本原理

恒电位仪是电化学测试中的重要仪器，用它可控制电极电位为指定值，以达到恒电位极化的目的。若给以指令信号，则可使电极电位自动跟踪指令信号而变化。例如，将恒电位仪配以方波、三角波或正弦波发生器，就可使电极电位按照给定的波形发生变化，从而研究电化学体系的各种暂态行为。如果配以慢的线性扫描信号或阶梯波信号，则可自动进行稳态或准稳态极化曲线的测量。恒电位仪不但可用于各种电化学测试中，而且还可用于恒电位电解、电镀，以及阴极（或阳极）保护等生产实践中，还可用来控制恒电流或进行各种电流波形的极化测量。

经典的恒电位电路如图 1-4-12（a）所示。它是用大功率蓄电池（E_a）并联低阻值滑线电阻（R_a）作为极化电源，测量时要用手动或机电调节装置来调节滑线电阻，使给定电位维持不变。此时工作电极 W 和辅助电极 C 间的电位恒定，测量工作电极 W 和参比电极 r 组成的原电池电动势的数值 E，即可知工作电极 W 的电位值，工作电极 W 和辅助电极 C 间的电流数值可从电流表 I 中读出。

经典的恒电流电路如图 1-4-12（b）所示。它是利用一组高电压直流电源（E_b）串联一高阻值可变电阻（R_b）构成，由于电解池内阻的变化相对于这一高阻值电阻来说是微不足道的，即通过电解池的电流主要由这一高电阻控制，因此，当此串联电阻调定后，电流即可维持不变。工作电极 W 和辅助电极 C 间的电流大小可从电流表 I 中读出，此时工作电极 W 的电位值，可通过测量工作电极 W 和参比电极 r 组成的原电池电动势的数值 E 得出。

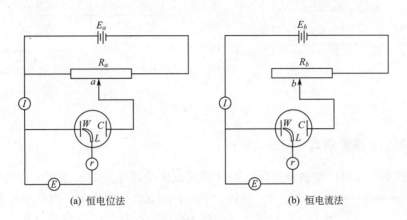

(a) 恒电位法   (b) 恒电流法

图 1-4-12   恒电位和恒电流测量原理图

E_a—低压直流稳压电源（几伏）；E_b—高压直流稳压电源（几十伏到一百伏）；

R_a—低电阻（几欧姆）；R_b—高电阻（几十千欧姆到一百千欧姆）；

I—精密电流表；E—高阻抗毫伏计；L—鲁金毛细管；

C—辅助电极；W—工作电极；r—参比电极

二、恒电位仪工作原理

恒电位仪的电路结构多种多样，但从原理上可分为差动输入式和反相串联式。

差动输入式原理如图 1-4-13（a）所示，电路中包含一个差动输入的高增益电压放大器，其同相输入端接基准电压，反相输入端接参比电极，而研究电极接公共地端。基准电压 U_2 是稳定的标准电压，可根据需要进行调节，所以也叫给定电压。参比电极与研究电极的电位之差 $U_1 = \varphi_{\text{参}} - \varphi_{\text{研}}$，与基准电压 U_2 进行比较，恒电位仪可自动维持 $U_1 = U_2$。如果由于某种原因使二者发生偏差，则误差信号 $U_e = U_2 - U_1$ 便输入到电压放大器进行放大，进而控制功率放大器，及时调节通过电解池的电流，维持 $U_1 = U_2$。例如，欲控制研究电极相对于参比电极的电位为 -0.5V，即 $U_1 = \varphi_{\text{参}} - \varphi_{\text{研}} = +0.5\text{V}$，则需调基准电压 $U_2 = +0.5\text{V}$，这样恒电位仪便可自动维持研究电极相对于参比电极的电位为 -0.5V。因参比电极的电位稳定不变，故研究电极的电位被维持恒定。如果取参比电极的电位为 0V，则研究电极的电位被控制在 -0.5V。如果由于某种原因（如电极发生钝化）使电极电位发生改变，即 U_1 与 U_2 之间发生了偏差，则此误差信号 $U_e = U_2 - U_1$ 便输入到电压放大器中进行放大，继而驱动功率放大器迅速调节通过研究电极的电流，使之增大或减小，从而使研究电极的电位又恢复到原来的数值。由于恒电位仪的这种自动调节作用很快，即响应速度高，因此不但能维持电位恒定，而且当基准电压 U_2 为不太快的线性扫描电压时，恒电位仪也能使 $U_1 = \varphi_{\text{参}} - \varphi_{\text{研}}$ 按照指令信号 U_2 发生变化，因此可使研究电极的电位发生线性变化。

反相串联式恒电位仪如图 1-4-13（b）所示，与差动输入式不同的是 U_1 与 U_2 是反相串联，输入到电压放大器的误差信号仍然是 $U_e = U_2 - U_1$，其他工作过程并无区别。

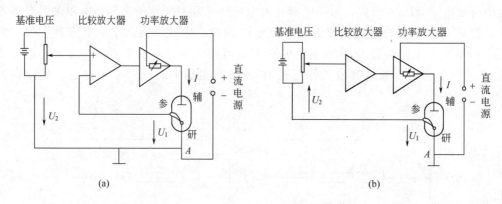

(a)   (b)

图 1-4-13　恒电位仪电路原理图

三、恒电流仪工作原理

恒电流控制方法和仪器多种多样，而且恒电位仪通过适当的接法就可作为恒电流仪使用。图 1-4-14 为两种恒电流仪电路原理图。

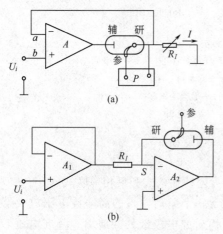

图 1-4-14　恒电流仪电路原理图

图 1-4-14(a) 中，a、b 两点电位相等，即 $U_a = U_b$。因 $U_b = U_i$，而 U_a 等于电流 I 流经取样电阻 R_I 上的电压降，即 $U_a = I \cdot R_I$，所以 $I = U_i / R_I$。因集成运算放大器的输入偏置电流很小，故电流 I 就是流经电解池的电流。当 U_i 和 R_I 调定后，则流经电解池的电流就被恒定了；或者说，电流 I 可随指令信号 U_i 的变化而变化。这样，流经电解池的电流 I，只取决于指令信号电压 U_i 和取样电阻 R_I，而不受电解池内阻变化的影响。在这种情况下，虽然 R_I 上的电压降由 U_i 决定，但电流 I 却不是取自 U_i 而是由运算放大器输出端提供。当需要输出大电流时，必须增加功率放大级。这种电路的缺点是，当输出电流很小时（如小于 $5\mu A$）误差较大。因为，即使基准电压 U_i 为零时，也会输出这样大小的电流。解决方法是用对称互补功率放大器，并提高运算放大器的输入阻抗，这样不但可使电流接近于零，而且可得到正负两种方向的电流。这种电路的另一缺点是负载（电解池）必须接地。因此，研究电极以及电位测量仪器也要接地。只能用无接地端的差动输入式电位测量仪器来测量或记录电位。另外，这种电路要求运算放大器有良好的共模抑制比和宽广的共模电压范围。

对于图 1-4-14(b) 所示的恒电流电路，运算放大器 A_1 组成电压跟踪器，因结点 S 处于虚地，只要运算放大器 A_2 的输入电流足够小，则通过电解池的电流 $I = U_i / R_I$，因而电流可以按照指令信号 U_i 的变化规律而变化。研究电极处于虚地，便于电极电位的测量。在低电流的情况下，使用这种电路具有电路简单而性能良好的优点。

从图 1-4-14 不难看出，这类恒电流仪，实质上是用恒电位仪来控制取样电阻 R_I 上的电压降，从而起到恒电流的作用。因此，除了专用的恒电流仪外，通常把恒电位控制和恒电流控制设计为统一的系统。

参考文献

[1] 刘永辉编著. 电化学测试技术. 北京：北京航空学院出版社，1987.

[2] 李荻主编. 电化学原理. 修订版. 北京：北京航空航天大学出版社，2002.

[3] 杨辉，卢文庆编著. 应用电化学. 北京：科学出版社，2002.

[4] Christopher M. A. Brett and Maria Oliveira Brett. Electrochemistry-Principles，Methods and Applications，UK：Oxford University Press，1993.

[5] A. J. Bard，L. R. Faulkner 编著. 电化学原理方法和应用. 谷林瑛等译. 北京：化学工业出版社，1986.

第五章 光学测量技术及仪器

光与物质相互作用可以产生各种光学现象（如光的折射、反射、散射、透射、吸收、旋光以及物质受激辐射等），通过分析研究这些光学现象，可以提供原子、分子及晶体结构等方面的大量信息。所以，不论在物质的成分分析、结构测定及光化学反应等方面，都离不开光学测量。任何一种光学测量体系都包括光源、滤光器、盛样品器和检测器这些部件，它们可以用各种方式组合以满足实验需要。下面介绍物理化学实验中常用的几种光学测量仪器。

第一节 阿贝折射仪

折射率是物质的重要物理常数之一，许多纯物质都具有一定的折射率，如果其中含有杂质则折射率将发生变化，出现偏差，杂质越多，偏差越大。因此通过折射率的测定，可以测定物质的浓度，鉴定液体的纯度。而阿贝折射仪则是测定物质折射率的常用仪器。下面介绍其工作原理和使用方法。

一、阿贝折射仪的构造及原理

阿贝折射仪的外形如图 1-5-1 所示。

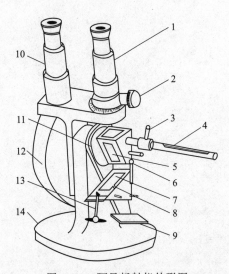

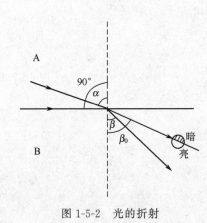

图 1-5-1 阿贝折射仪外形图

1—测量望远镜；2—消色散手柄；3—恒温水入口；4—温度计；5—测量棱镜；6—铰链；7—辅助棱镜；8—加液槽；9—反射镜；10—读数望远镜；11—转轴；12—刻度盘罩；13—闭合旋钮；14—底座

图 1-5-2 光的折射

当一束单色光从介质 A 进入介质 B（两种介质的密度不同）时，光线在通过界面时改变了方向，这一现象称为光的折射，如图 1-5-2 所示。

光的折射现象遵从折射定律:

$$\frac{\sin\alpha}{\sin\beta}=\frac{n_B}{n_A}=n_{A,B} \tag{1-5-1}$$

式中,α 为入射角;β 为折射角;n_A、n_B 为交界面两侧两种介质的折射率;$n_{A,B}$ 为介质 B 对介质 A 的相对折射率。

若介质 A 为真空,因规定 $n=1.0000$,故 $n_{A,B}=n_B$ 为绝对折射率。但介质 A 通常为空气,空气的绝对折射率为 1.00029,这样得到的各物质的折射率称为常用折射率,也称作对空气的相对折射率。同一物质两种折射率之间的关系为:

$$绝对折射率=常用折射率\times1.00029$$

根据式(1-5-1)可知,当光线从一种折射率小的介质 A 射入折射率大的介质 B 时($n_A<n_B$),入射角一定大于折射角($\alpha>\beta$)。当入射角增大时,折射角也增大,设当入射角 $\alpha=90°$ 时,折射角为 β_0,将此折射角称为临界角。因此,当在两种介质的界面上以不同角度射入光线时(入射角 α 从 $0°\sim90°$),光线经过折射率大的介质后,其折射角 $\beta\leqslant\beta_0$。其结果是大于临界角的部分无光线通过,成为暗区;小于临界角的部分有光线通过,成为亮区。临界角成为明暗分界线的位置,如图 1-5-2 所示。

根据式(1-5-1)可得:

$$n_A=n_B\frac{\sin\beta}{\sin\alpha}=n_B\sin\beta_0 \tag{1-5-2}$$

因此在固定一种介质时,临界折射角 β_0 的大小与被测物质的折射率是简单的函数关系,阿贝折射仪就是根据这个原理而设计的。

二、阿贝折射仪的结构

阿贝折射仪的光学系统示意如图 1-5-3 所示,它的主要部分是由两个折射率为 1.75 的玻璃直角棱镜所构成,上部为测量棱镜,是光学平面镜,下部为辅助棱镜。其斜面是粗糙的毛玻璃,两者之间有 0.1~0.15mm 厚度空隙,用于装待测液体,并使液体展开成一薄层。当从反射镜反射来的入射光进入辅助棱镜至粗糙表面时,产生漫散射,以各种角度透过待测液体,并从各个方向进入测量棱镜而发生折射。其折射角都落在临界角 β_0 之内,因为棱镜的折射率大于待测液体的折射率,因此入射角从 $0°\sim90°$ 的光线都通过测量棱镜发生折射。具有临界角 β_0 的光线从测量棱镜出来反射到目镜上,此时若将目镜十字线

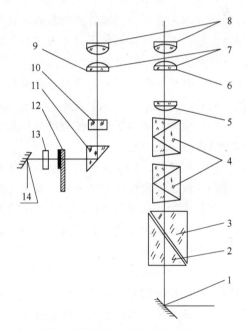

图 1-5-3　阿贝折射仪光学系统示意

1—反射镜;2—辅助棱镜;3—测量棱镜;4—消色散棱镜;5,10—物镜;6—望远镜分划板;
7,8—目镜;9—读数分划板;11—转向棱镜;
12—刻度盘;13—毛玻璃;14—小反光镜

调节到适当位置,则会看到目镜上呈半明半暗状态。折射光都应落在临界角 β_0 内,成为亮区,其他部分为暗区,构成了明暗分界线。

根据式(1-5-2)可知,若已知棱镜的折射率 $n_{棱}$,通过测定待测液体的临界角 β_0,就能求得待测液体的折射率 $n_{液}$。实际上测定 β_0 值很不方便,当折射光从棱镜出来进入空气又

产生折射，折射角为 β'_0。$n_{液}$ 与 β'_0 之间的关系为：

$$n_{液} = \sin r \sqrt{n_{棱}^2 - \sin^2 \beta'_0} - \cos r \sin \beta'_0 \qquad (1\text{-}5\text{-}3)$$

式中，r 为常数；$n_{棱} = 1.75$。测出 β'_0 即可求出 $n_{液}$。因为在设计折射仪时已将 β'_0 换算成 $n_{液}$ 值，故从折射仪的标尺上可直接读出液体的折射率。

在实际测量折射率时，使用的入射光不是单色光，而是使用由多种单色光组成的普通白光，因不同波长的光的折射率不同而产生色散，在目镜中看到一条彩色的光带，而没有清晰的明暗分界线，为此，在阿贝折射仪中安置了一套消色散棱镜（又叫补偿棱镜）。通过调节消色散棱镜，使测量棱镜出来的色散光线消失，明暗分界线清晰，此时测得的液体的折射率相当于用单色光钠光 D 线所测得的折射率 n_D。

三、阿贝折射仪的使用方法

（1）仪器安装　将阿贝折射仪安放在光亮处，但应避免阳光的直接照射，以免液体试样受热迅速蒸发。将超级恒温槽与其相连接使恒温水通入棱镜夹套内，检查棱镜上温度计的读数是否符合要求，一般选用 (20.0±0.1)℃ 或 (25.0±0.1)℃。

（2）加样　旋开测量棱镜和辅助棱镜的闭合旋钮，使辅助棱镜的磨砂斜面处于水平位置，若棱镜表面不清洁，可滴加少量丙酮，用擦镜纸顺单一方向轻擦镜面（不可来回擦）。待镜面洗净干燥后，用滴管滴加数滴试样于辅助棱镜的毛镜面上，迅速合上辅助棱镜，旋紧闭合旋钮。若液体易挥发，动作要迅速，或先将两棱镜闭合，然后用滴管从加液孔中注入试样（注意，切勿将滴管折断在孔内）。

（3）对光　转动手柄，使刻度盘标尺上的示值为最小，调节反射镜，使入射光进入棱镜组。同时，从测量望远镜中观察，使示场最亮。调节目镜，使示场准丝最清晰。

（4）粗调　转动手柄，使刻度盘标尺上的示值逐渐增大，直至观察到视场中出现彩色光带或黑白分界线为止。

（5）消色散　转动消色散手柄，使视场内呈现一清晰的明暗分界线。

（6）精调　再仔细转动手柄，使分界线正好处于×形准丝交点上。

（7）读数　从读数望远镜中读出刻度盘上的折射率数值。常用的阿贝折射仪可读至小数点后的第四位，为了使读数准确，一般应将试样重复测量三次，每次相差不能超过 0.0002，然后取平均值。

（8）仪器校正　折射仪刻度盘上标尺的零点有时会发生移动，须加以校正。校正的方法是用一种已知折射率的标准液体，一般是用纯水，按上述的方法进行测定，将平均值与标准值比较，其差值即为校正值。纯水在 20℃ 时的折射率为 1.3325，在 15℃ 到 30℃ 之间的温度系数为 $-0.0001℃^{-1}$。在精密的测量工作中，需在所测范围内用几种不同折射率的标准液体进行校正，并画出校正曲线，以供测试时对照校核。

四、阿贝折射仪的使用注意事项

阿贝折射仪是一种精密的光学仪器，使用时应注意以下几点：

● 使用时要注意保护棱镜，清洗时只能用擦镜纸而不能用滤纸等擦拭。加试样时不能将滴管口触及镜面。对于酸碱等腐蚀性液体不得使用阿贝折射仪。

● 每次测定时，试样不可加得太多，一般只需加 2～3 滴即可。

● 要注意保持仪器清洁，保护刻度盘。每次实验完毕，要在镜面上加几滴丙酮，并用擦镜纸擦干。最后用两层擦镜纸夹在两棱镜镜面之间，以免镜面损坏。

- 读数时，有时在目镜中观察不到清晰的明暗分界线，而是畸形的，这是由于棱镜间未充满液体；若出现弧形光环，则可能是由于光线未经过棱镜而直接照射到聚光透镜上。
- 若待测试样折射率不在 1.3～1.7 范围内，阿贝折射仪不能测定，也看不到明暗分界。

五、数字阿贝折射仪

数字阿贝折射仪的工作原理与上面完全相同，都是基于测定临界角。它由角度-数字转换系统将角度量转换成数字量，再输入微机系统进行数据处理，而后数字显示出被测样品的折射率。下面介绍一种 WYA-S 型数字阿贝折射仪，其外形结构如图 1-5-4 所示。

该仪器的使用颇为方便，内部具有恒温结构，并装有温度传感器，按下温度显示按钮可显示温度。按下测量显示按钮可显示折射率。

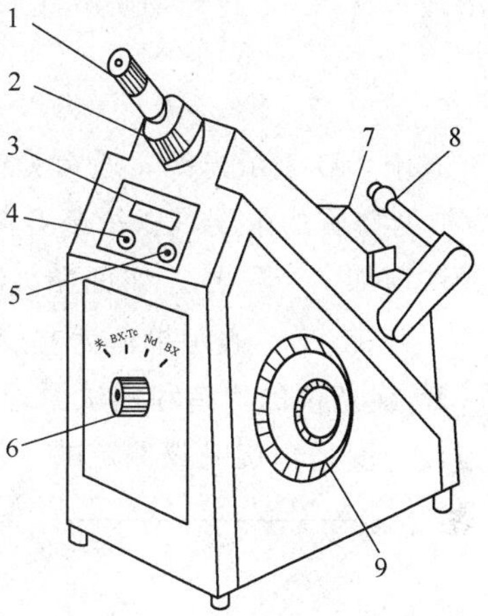

六、仪器的维护与保养

（1）仪器应放在干燥、空气流通和温度适宜的地方，以免仪器的光学零件受潮发霉。

（2）仪器使用前后及更换试样时，必须先清洗擦净折射棱镜的工作表面。

（3）被测液体试样中不可含有固体杂质，测定固体样品时应防止折射镜工作表面拉毛或产生压痕，严禁测定腐蚀性较强的样品。

（4）仪器应避免强烈振动或撞击，防止光学零件震碎、松动而影响精度。

（5）仪器不用时应用塑料罩将仪器盖上或放入箱内。

（6）使用者不得随意拆装仪器，如发生故障，或达不到精度要求时，应及时送修。

图 1-5-4　WYA-S 型数字阿贝折射仪
外形结构示意图

1—望远镜系统；2—色散校正系统；3—数字显示窗；4—测量显示按钮；5—温度显示按钮；6—方式选择旋钮；7—折射棱镜系统；8—聚光照明系统；9—调节手轮

第二节　旋　光　仪

旋光仪是测定物质旋光度的仪器。通过对样品旋光度的测量，可以分析确定物质的浓度、含量及纯度等。旋光仪广泛用于制药、药检、制糖、食品、香料、味精以及化工、石油等工业生产和科研、教学部门，用于化验分析或过程质量控制。

一、基本原理

1. 旋光现象、旋光度和比旋光度

一般光源发出的光，其光波在垂直于传播方向的一切方向上振动，这种光称为自然光，或称非偏振光；而只在一个方向上有振动的光称为平面偏振光。当一束平面偏振光通过某些物质时，其振动方向会发生改变，此时光的振动面旋转一定的角度，这种现象称为物质的旋光现象。这个角度称为旋光度，以 α 表示。物质的这种使偏振光的振动面旋转的性质叫做物

质的旋光性。凡有旋光性的物质称为旋光物质。

偏振光通过旋光物质时，我们对着光的传播方向看，如果使偏振面向右（即顺时针方向）旋转的物质，叫做右旋性物质；如果使偏振面向左（逆时针）旋转的物质，叫做左旋性物质。

旋光度是旋光物质的一种物理性质，除主要决定于物质的立体结构外，还因实验条件的不同而有很大的不同。因此，人们又提出"比旋光度"的概念作为量度物质旋光能力的标准。规定以钠光 D 线作为光源，温度为 293.15K 时，一根 10cm 长的样品管中，装满每毫升溶液中含有 1g 旋光物质溶液后所产生的旋光度，称为该溶液的比旋光度，即

$$[\alpha]_D^t = \frac{10\alpha}{lc} \tag{1-5-4}$$

式中，D 表示光源，通常为钠光 D 线；t 为实验温度；α 为旋光度；l 为液层厚度，cm；c 为被测物质的浓度（以每毫升溶液中含有样品的克数表示）。为区别右旋和左旋，常在左旋光度前加"一"号。如蔗糖 $[\alpha]_D^t = 52.5°$，表示蔗糖是右旋物质。而果糖的比旋光度为 $[\alpha]_D^t = -91.9°$，表示果糖为左旋物质。

2. 旋光仪的构造和测试原理

旋光度是由旋光仪测定的，旋光仪的主要元件是两块尼柯尔棱镜。尼柯尔棱镜是由两块方解石直角棱镜沿斜面用加拿大树脂黏合而成，如图 1-5-5 所示。

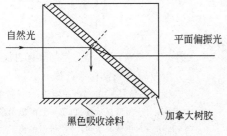

图 1-5-5 尼柯尔棱镜

当一束单色光照射到尼柯尔棱镜时，分解为两束相互垂直的平面偏振光，一束折射率为 1.658 的寻常光，一束折射率为 1.486 的非寻常光，这两束光线到达加拿大树脂黏合面时，折射率大的寻常光（加拿大树脂的折射率为 1.550）被全反射到底面上的黑色涂层被吸收，而折射率小的非寻常光则通过棱镜，这样就获得了一束单一的平面偏振光。用于产生平面偏振光的棱镜称为起偏镜，如让起偏镜产生的偏振光照射到另一个透射面与起偏镜透射面平行的尼柯尔棱镜，则这束平面偏振光也能通过第二个棱镜，如果第二个棱镜的透射面与起偏镜的透射面垂直，则由起偏镜出来的偏振光完全不能通过第二个棱镜。如果第二个棱镜的透射面与起偏镜的透射面之间的夹角 θ 在 0°～90° 之间，则光线部分通过第二个棱镜，此第二个棱镜称为检偏镜。通过调节检偏镜，能使透过的光线强度在最强和零之间变化。如果在起偏镜与检偏镜之间放有旋光性物质，则由于物质的旋光作用，使来自起偏镜的光的偏振面改变了某一角度，只有检偏镜也旋转同样的角度，才能补偿旋光线改变的角度，使透过的光的强度与原来相同。旋光仪就是根据这种原理设计的。如图 1-5-6 所示。

通过检偏镜用肉眼判断偏振光通过旋光物质前后的强度是否相同是十分困难的，这样会产生较大的误差，为此设计了一种在视野中分出三分视界的装置，原理是：在起偏镜后放置一块狭长的石英片，由起偏镜透过来的偏振光通过石英片时，由于石英片的旋光性，使偏振旋转了一个角度 φ，通过镜前观察，光的振动方向如图 1-5-7 所示。

A 是通过起偏镜的偏振光的振动方向，A' 是通过石英片旋转一个角度后的振动方向，此两偏振方向的夹角 φ 称为半暗角（$\varphi = 2°～3°$），如果旋转检偏镜使透射光的偏振面与 A' 平行时，在视野中将观察到：中间狭长部分较明亮，而两旁较暗，这是由于两旁的偏振光不

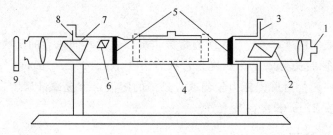

图 1-5-6　旋光仪构造示意图

1—目镜；2—检偏棱镜；3—圆形标尺；4—样品管；5—窗口；6—半暗角器件；

7—起偏棱镜；8—半暗角调节；9—灯

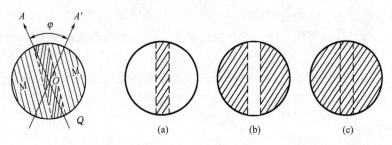

图 1-5-7　三分视野示意图

经过石英片，如图 1-5-7(b) 所示。如果检偏镜的偏振面与起偏镜的偏振面平行（即在 A 的方向时），在视野中将是：中间狭长部分较暗而两旁较亮，如图 1-5-7(a)。当检偏镜的偏振面处于 $\varphi/2$ 时，两旁直接来自起偏镜的光的偏振面被检偏镜旋转了 $\varphi/2$，而中间被石英片转过角度 φ 的偏振面对被检偏镜旋转角度 $\varphi/2$，这样中间和两边的光偏振面都被旋转了 $\varphi/2$，故视野呈微暗状态，且三分视野内的暗度是相同的，如图 1-5-7(c)，将这一位置作为仪器的零点，在每次测定时，调节检偏镜使三分视界的暗度相同，然后读数。

3. 影响旋光度的因素

（1）浓度的影响　由式(1-5-4) 可知，对于具有旋光性物质的溶液，当溶剂不具旋光性时，旋光度与溶液浓度和溶液厚度成正比。

（2）温度的影响　温度升高会使旋光管膨胀而长度加长，从而导致待测液体的密度降低。另外，温度变化还会使待测物质分子间发生缔合或离解，使旋光度发生改变。通常温度对旋光度的影响，可用下式表示：

$$[\alpha]_\lambda^t = [\alpha]_D^t + Z(t-20) \tag{1-5-5}$$

式中，t 为测定时的温度；Z 为温度系数。

不同物质的温度系数不同，一般在 $(-0.04 \sim -0.01)℃^{-1}$ 之间。为此在实验测定时必须恒温，旋光管上装有恒温夹套，与超级恒温槽连接。

（3）浓度和旋光管长度对比旋光度的影响　在一定的实验条件下，常将旋光物质的旋光度与浓度视为成正比，因而将比旋光度作为常数。而旋光度和溶液浓度之间并不是严格地呈线性关系，因此严格讲比旋光度并非常数，在精密的测定中，比旋光度和浓度间的关系可用下面的三个方程之一表示：

$$[\alpha]_\lambda^t = A + Bc$$

$$[\alpha]_\lambda^t = A + Bc + Dc^2$$

$$[\alpha]_\lambda^t = A + \frac{Bc}{D+c}$$

式中，c 为溶液的浓度；A、B、D 为常数，可以通过不同浓度的几次测量来确定。

旋光度与旋光管的长度成正比。旋光管通常有 10cm、20cm、22cm 三种规格。经常使用的为 10cm 长度的。但对旋光能力较弱或者较稀的溶液，为提高准确度，降低读数的相对误差，需用 20cm 或 22cm 长度的旋光管。

二、圆盘旋光仪的使用方法

（1）调节望远镜焦距　打开钠光灯，稍等几分钟，待光源稳定后，从目镜中观察视野，如不清楚可调节目镜焦距。

（2）仪器零点校正　选用合适的样品管并洗净，充满蒸馏水（应无气泡），放入旋光仪的样品管槽中，调节检偏镜的角度使三分视野消失，读出刻度盘上的刻度，并将此角度作为旋光仪的零点。

（3）旋光度测定　零点确定后，将样品管中蒸馏水换成待测溶液，按同样方法测定，此时刻度盘上的读数与零点时读数之差即为该样品的旋光度。

三、使用注意事项

- 旋光仪在使用时，需通电预热几分钟，但钠光灯使用时间不宜过长。
- 旋光仪是比较精密的光学仪器，使用时，仪器金属部分切忌沾污酸碱，防止腐蚀。
- 光学镜片部分不能与硬物接触，以免损坏镜片。
- 不能随便拆卸仪器，以免影响精度。

四、自动指示旋光仪结构及测试原理

目前国内生产的自动指示旋光仪，其三分视野检测、检偏镜角度的调整采用光电检测器，减小了人为因素产生的误差。通过电子放大及机械反馈系统自动进行，最后数字显示，该旋光仪具有体积小、灵敏度高、读数方便等优点，对弱旋光性物质同样适用。

WZZ 型自动数字显示旋光仪结构如图 1-5-8 所示。

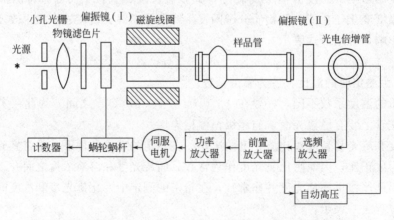

图 1-5-8　WZZ 型自动数字显示旋光仪结构

该仪器用 20W 钠光灯为光源，并通过可控硅自动触发恒流电源点燃，光线通过聚光镜、小孔光栅和物镜后形成一束平行光，然后经过起偏镜后产生平行偏振光，这束偏振光经过有法拉第效应的磁旋线圈时，其振动面产生50Hz的一定角度的往复振动，该偏振光线通过检偏镜透射到光电倍增管上，产生交变的光电讯号。当检偏镜的透光面与偏振光的振动面正交时，即为仪器的光学零点，此时出现平衡指示。而当偏振光通过一定旋光度的测试样品时，偏振光的振动面转过一个角度α，此时光电讯号就能驱动工作频率为50Hz的伺服电机，并通过蜗轮蜗杆带动检偏镜转动α角而使仪器回到光学零点，此时读数盘上的示值即为所测物质的旋光度。

第三节　分光光度计

分光光度计，又称光谱仪（Spectrometer），是将成分复杂的光分解为光谱线的科学仪器。测量范围一般包括波长范围为380~780nm的可见光区和波长范围为200~380nm的紫外光区。不同的光源都有其特有的发射光谱，因此可采取不同的发光体作为仪器的光源。钨灯光源发出的380~780nm波长的光谱通过三棱镜折射后，可得到由红、橙、黄、绿、蓝、靛、紫组成的连续光谱，该光谱可作为可见分光光度计的光源。

一、吸收光谱原理

物质中分子内部的运动可分为电子的运动、分子内原子的振动和分子自身的转动，因此具有电子能级、振动能级和转动能级。

当分子被光照射时，会吸收能量引起能级跃迁，即从基态能级跃迁到激发态能级。而三种能级跃迁所需能量是不同的，需用不同波长的电磁波去激发。电子能级跃迁所需的能量较大，一般在1~20eV，吸收光谱主要处于紫外及可见光区，这种光谱称为紫外及可见光谱。如果用红外线（能量为1~0.025eV）照射分子，此能量不足以引起电子能级的跃迁，而只能引发振动能级和转动能级的跃迁，得到的光谱为红外光谱。若以能量更低的远红外线（0.025~0.003eV）照射分子，只能引起转动能级的跃迁，这种光谱称为远红外光谱。由于物质的结构不同对上述各能级跃迁所需能量不一样，因此对光的吸收也不一样，各种物质都有各自的吸收光带，因而就可以对不同物质进行鉴定分析，这是光度法进行定性分析的基础。

根据朗伯-比耳定律：当入射光波长、溶质、溶剂以及溶液的温度一定时，溶液的光密度和溶液厚度及溶液的浓度成正比，若溶液的厚度一定，则溶液的光密度只与溶液的浓度有关。

$$T = I/I_0 \tag{1-5-6}$$
$$A = -\lg T = \lg(1/T) = \varepsilon l c \tag{1-5-7}$$

式(1-5-6)、式(1-5-7)中，c为溶液浓度；A为吸光度；I_0为入射光强度；I为透射光强度；T为透光率；ε为摩尔吸光系数；l为溶液厚度。

在待测物质的厚度l一定时，光密度与被测物质的浓度成正比，这就是光度法定量分析的依据。

二、分光光度计的构造及原理

1. 分光光度计的类型及示意图

（1）单光束分光光度计　单光束分光光度计示意图见图1-5-9。每次测量只能允许参比溶液或样品溶液的一种进入光路中。这种仪器的特点是结构简单，价格便宜，主要适用于定量分析。其缺点是测量结果受电源的波动影响较大，容易给定量结果带来较大误差。此外，这种仪器操作麻烦，不适于作定性分析。

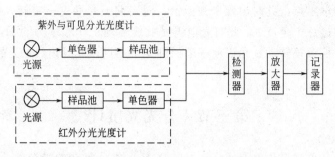

图 1-5-9　单光束分光光度计示意图

（2）双光束分光光度计　双光束分光光度计示意图见图 1-5-10。由于两光束同时分别通过参比溶液和样品溶液，因而可以消除光源强度变化带来的误差。目前较高档的仪器都采用这种结构系统。

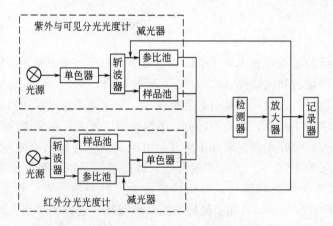

图 1-5-10　双光束分光光度计示意图

以上两类仪器测的光谱图见图 1-5-11。

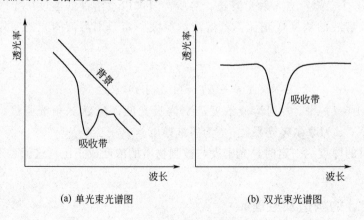

图 1-5-11　光谱图

（3）双波长分光光度计　双波长分光光度计示意图见图 1-5-12。在可见-紫外类单光束和双光束分光光度计中，就测量波长而言，都是单波长的，它们测量参比溶液和样品溶液的吸光度之差。而双波长分光光度计由同一光源发出的光被分成两束，分别经过两个单色器，从而可以同时得到两个不同波长（λ_1 和 λ_2）的单色光。它们交替地照射同一液体，得到的信号是两波长处吸光度之差 ΔA，$\Delta A = A_{\lambda_1} - A_{\lambda_2}$，当两个波长保持 $1 \sim 2nm$ 同时扫描时，得到的信号将是一阶导数，即吸光度的变化率曲线。

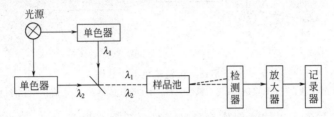

图 1-5-12 双波长分光光度计示意图

用双波长法测量时，可以消除因吸收池的参数不同、位置不同等带来的误差。它不仅能测量高浓度试样、多组分试样，而且能测定一般分光光度计不宜测定的浑浊的试样。测定相互干扰的混合试样时，操作简单，且精度高。

2. 光学系统的各部分简述

分光光度计种类很多，生产厂家也很多。由于篇幅限制在这里不一一列举，只介绍一下光学系统中的几个重要部件。

（1）光源 对光源的主要要求是：对整个测定波长区域要有均一且平滑的连续的强度分布，不随时间而变化，光散射后到达监测器的能量又不能太弱。一般可见区域为钨灯，紫外区域为氘或氢灯，红外区域为硅碳棒或能斯特灯。

（2）单色器 单色器是将复合光分出单色光的装置，一般可用滤光片、棱镜、光栅、全息栅等元件。现在比较常用的是棱镜和光栅。单色器材料，可见分光光度计为玻璃，紫外分光光度计为石英，而红外分光光度计为 LiF、CaF_2 及 KBr 等材料。

① 棱镜 光线通过一个顶角为 θ 的棱镜，从 AC 方向射向棱镜，如图 1-5-13 所示，在 C 点发生折射。光线经过折射后在棱镜中沿 CD 方向到达棱镜的另一个界面上，在 D 点又一次发生折射，最后光在空气中沿 DB 方向行进。这样光线经过此棱镜后，传播方向从 AA' 变为 $B'B$，两方向的夹角 δ 称为偏向角。偏向角与棱镜的顶角 θ、棱镜材料的折射率以及入射角 i 有关。如果平行的入射光由 λ_1、λ_2、λ_3 三色光组成，且 $\lambda_1 < \lambda_2 < \lambda_3$，通过棱镜后，就分成三束不同方向的光，且偏向角不同。波长越短、偏向角越大，如图 1-5-14 所示 $\delta_1 > \delta_2 > \delta_3$，这即为棱镜的分光作用，又称光的色散，棱镜分光器就是根据此原理设计的。

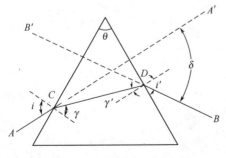

图 1-5-13 棱镜的折射

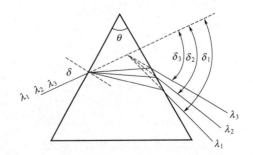

图 1-5-14 不同波长的光在棱镜中的色散

棱镜是分光的主要元件之一，一般是三角柱体。棱镜单色器示意图如图 1-5-15 所示。

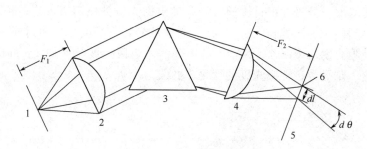

图 1-5-15　棱镜单色器示意图

1—入射狭缝；2—准直透镜；3—色散元件；4—聚焦透镜；5—焦面；6—出射狭缝

② 光栅　单色器还可以用光栅作为色散元件，反射光栅是由磨平的金属表面上刻画许多平行的、等距离的槽构成。辐射由每一刻槽反射，反射光束之间的干涉造成色散。

反射式衍射光栅是在衬底上周期地刻画很多微细的刻槽，一系列平行刻槽的间隔与波长相当，光栅表面涂上一层高反射率金属膜。光栅沟槽表面反射的辐射相互作用产生衍射和干涉。对某波长，在大多数方向消失，只在一定的有限方向出现，这些方向确定了衍射级次。如图 1-5-16 所示，光栅刻槽垂直辐射入射平面，辐射与光栅法线入射角为 α，衍射角为 β，衍射级次为 m，d 为刻槽间距，在下述条件下得到干涉的极大值：

$$m\lambda = d(\sin\alpha + \sin\beta) \tag{1-5-8}$$

定义 φ 为入射光线与衍射光线夹角的一半，即 $\varphi = (\alpha - \beta)/2$；$\theta$ 为相对于零级光谱位置的光栅角，即 $\theta = (\alpha + \beta)/2$，得到更方便的光栅方程：

$$m\lambda = 2d\cos\varphi\sin\theta \tag{1-5-9}$$

从该光栅方程可看出：对一给定方向 β，可以有几个波长与级次 m 相对应的波长 λ 满足光栅方程。比如 600nm 的一级辐射和 300nm 的二级辐射、200nm 的三级辐射有相同的衍射角。

衍射级次 m 可正可负。对相同级次的多波长在不同的 β 分布开。含多波长的辐射方向固定，旋转光栅，改变 α，则在 $\alpha + \beta$ 不变的方向得到不同的波长。

当一束复合光线进入光谱仪的入射狭缝，首先由光学准直镜准直成平行光，再通过衍射光栅色散为分开的波长。利用不同波长离开光栅的角度不同，由聚焦反射镜再成像于出射狭缝（图 1-5-17）。通过电脑控制可精确地改变出射波长。

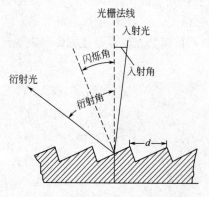

图 1-5-16　光栅截面高倍放大示意图

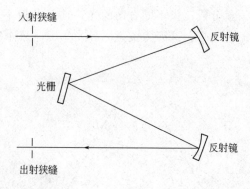

图 1-5-17　一个简单的光栅单色器

（3）斩波器　其功能是将单束光分成两路光。

（4）样品池　在紫外及可见分光光度法中，一般使用液体试液，对样品池的要求，主要是能透过有关辐射线。通常，可见区域可以用玻璃样品池，紫外区域用石英样品池，而在红外区域由于上述材料都在该区域有吸收，因此不能用作透光材料。一般选用 NaCl、KBr 及 KRS-5 等材料，因此红外区域测的液体样品中不能有水。

（5）减光器　减光器分为楔形和光圈形两种。目前绝大多数采用楔形减光器。减光器是为了当样品在光路中发生吸收时平衡能量用的，要求减少光束强度时要均匀且呈线性变化。

（6）狭缝　狭缝是放在分光系统的入口和出口，开启间隔（狭缝宽度）直接影响分辨率。狭缝大，光的能量增加，但分辨率下降。

（7）监测器　在紫外与可见分光光度计中，灵敏度要求低的一般用光电管，要求较高的用光电倍增管；在红外分光光度计中，则用高真空管、测热辐射计、高莱池、光电导检测器以及热释电检测器。

三、操作步骤

分光光度计的型号非常多，操作不尽相同，在这里只能把测量时的基本步骤列出。

（1）开启电源，预热仪器。

（2）选择测量纵坐标方式，一般为吸光度或透光率。

（3）选择测试波长及合适的样品池，加入参比和样品溶液并放入样品池室的支架上。

（4）手动型分光光度计使用时，打开样品池室的箱盖，用调"0"电位器使数字显示为"0"，以消除暗电流。将参比池拉入光路中，盖上比色皿室的箱盖。当测透光率时，调节相应旋钮使数字显示为"100"，如果显示不到"100"，可适当增加灵敏度的挡数。测吸光度时，调节相应旋钮使数字显示为"0.000"。然后将样品池推入光路中读取数值。

（5）自动型分光光度计使用时，单光束将参比放入测量光路中，在扫描范围内测其基线。然后把样品溶液放入测量光路中测得谱图。双光束将参比和样品溶液分别放入两测量光路中直接扫描即可。红外分光光度计一般用空气作为参比。

（6）测量完毕后，关闭开关，取下电源插头，取出样品池洗净、放好，盖好比色皿室箱盖和仪器。

四、注意事项

● 正确选择样品池材质。不能用手触摸光面的表面。

● 仪器配套的比色皿不能与其他仪器的比色皿单个调换。如需增补，经校正后方可使用。

● 开关样品室盖时，应小心操作，防止损坏光门开关。

● 不测量时，应使样品室盖处于开启状态，否则会使光电管疲劳，数字显示不稳定。

● 当光线波长调整幅度较大时，需稍等数分钟才能工作。因光电管受光后，需有一段响应时间。

参考文献

［1］陈龙武，邓希贤等编. 物理化学实验基本技术. 上海：华东师范大学出版社，1986.

［2］杨文治. 物理化学实验基本技术. 北京：北京大学出版社，1992.

[3] Weissberger A (Ed), Techniques of Chemistry, Vol. I: Physical Methods of Chemistry, pt. III A: Refraction, Scattering of Light and Microscopy (Ed. by Weiss berger A and Rossiter B W), New York: John Wiley Sons, Inc., 1972.

[4] Levitt B P, Finday's. Practical Physical Chemistry, 9th. London: Longman Group Ltd., 1973.

第六章 非电量数据采集技术

当今工业社会正向信息社会过渡，信息采集和信息处理是信息社会的两大支柱。随着大规模集成电路、半导体技术和信息技术的飞速发展，使得以微型计算机为中心的信息处理系统发展迅猛，在社会各领域得到普及，逐步使得各行各业实现了自动化、智能化和系统化。从近20年化学实验测量仪器的不断更新，就能感受到其发展的迅猛。人们不仅仅满足于简单的信息采集，而更多的是依赖于电子计算机对信息的处理。本章将简要介绍信息采集和信息处理等方面的基础知识。

第一节 非电量数据采集系统

数据采集技术是将非电量如温度、力（压力）、湿度、流量、位移等模拟量转换为数字信号，再收集到计算机并进一步处理，传送显示与记录的过程，称为"信息采集"，相应的系统即为数据采集系统（DAS）。

数据采集技术已在非电量检测、通信、雷达、遥测、勘探、智能仪器、工业自动控制等领域有着广泛的应用。例如化工企业中用计算机控制生产过程时，首先由传感器对生产过程中有关参数，如温度、压力、位移等参数进行检测，然后这些参数经转换电路变换为工业计算机所要求的电流或电压等标准模拟信号。这些模拟信号由采样-保持电路按一定周期，依一定次序逐个采入，并经放大器、A/D转换器变换成相应的数字量信号，再将这些数字量信号输入计算机。然后计算机运行相应程序对采集的信息进行综合分析、计算、判断，并将其处理结果传送到各种执行机构、伺服机构，就能实现各种复杂过程和系统的自动检测、自动控制和自动调整，进而就可控制整个生产过程了。

数据采集系统原理方框图如图1-6-1所示，主要电路由传感器电路、信号处理电路、模-数（或数-模）转换电路以及微机系统四部分组成。

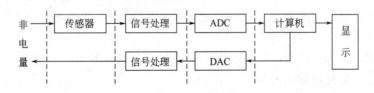

图 1-6-1　数据采集系统原理

一、传感器电路

传感器是信息采集系统的首要部件，是实现现代化测量和自动控制（包括遥感、遥测、遥控）的主要环节，是现代信息产业的源头，又是信息社会赖以存在和发展的物质与技术基础。现在传感技术与信息技术、计算机技术并列成为支撑整个现代信息产业的三大支柱。可以设想如果没有高度保真和性能可靠的传感器，没有先进的传感器技术，那么信息的准确获取就成为一句空话，信息技术和计算机技术就成了无源之水。目前，从宇宙探索、海洋开发、环境保护、灾情预报，到包括生命科学在内的每一项现代科学技术的研究，以及人民群众的日常生活等，几乎无一不与传感器和传感器技术紧密联系着。因此，毫不夸张地说：没有传感器及其技术将没有现代科学技术的迅速发展。

所谓的传感器是指一种具有特殊变换功能的装置，这种装置能够感受、检测到某种形态的信息，并将它变换成为另一种形态的信息。通常把传感器看成各种机械和电子设备的感觉器官，它能感觉到诸如光、色、温度、压力、声音、气味、湿度、长度、转角等物理量，酸碱度（pH值）、百分比含量等物理-化学量，心电、心音、脑电、脉相、血液分析等生物信息。从而扩大了人类的视觉、听觉、嗅觉、触觉和味觉五官的功能。而且随着传感技术不断发展和新型传感器的研制成功，传感器功能将日趋完善，有的功能已经超过人类五官的感觉能力和范围。如现在有不少传感器已能应用于人类无法经受的恶劣条件和无法感知的微弱信息。

传感器电路包括图1-6-2所示部件。其中敏感元件是指能直接感测或响应被测量的部件，转换元件是指传感器中能将敏感元件感测或响应的被测非电量转换成可用的输出信号的部件，通常这种输出信号以电量的形式出现。而信号调节和转换电路是把输出的电信号转换成便于处理、控制、记录和显示的有用电信号所涉及的有关电路。有的也称这一部分电路为信号调理电路。

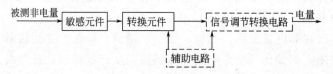

图1-6-2　传感器电路的组成框图

传感器种类繁多，原理及构造各异，分类方法亦很多。按照功能分，有单功能、多功能、智能和仿生传感器；按照所用的材料，可分为半导体、陶瓷、光学和有机高分子传感器；按所检测信息种类，分为物理量传感器、化学量传感器和生物量传感器。其中物理量传感器种类最多，它包括力学量传感器（如力传感器、速度传感器、位移传感器等）、光学量传感器（如图像传感器、红外线传感器等）、热学量传感器（如温度传感器）、电学量传感器（如电流传感器、电压传感器、电阻传感器）、声学量传感器、磁学量传感器等。

尽管传感器种类繁多，功能各异，但是对传感器的要求是一致的，即输出信号与被测量成比例，误差小，反应速度快，迟滞小，受外部干扰小，内部噪声小，动作能量小，使用寿命长，使用维修方便，成本低等。

传感器常用的几种性能指标是：量程、测量范围、过载能力、灵敏度、分辨率、误差、非线性、迟滞、重复性以及一致性。

当今传感器和传感技术能得以急速扩大应用，一个是新材料的推出，使得传感器从单一尺寸发生变化的结构型传感器开始向半导体材料、高分子材料的固态型传感器演变，这样就使得在小块半导体上集成传感器、放大器、补偿器甚至微处理器成为可能，从而向高性能化、智能化方向迈进一大步。另外，微型计算机日益普及和极低的售价，许多低电平、非线性严重的传感器在高性能放大器和微型计算机帮助下，其测量精确度大大提高。在实验室里可以看到，由于传感器测量精度的提高，现代电子仪器已替代诸如福廷式气压计、贝克曼温度计、U形水银压力计等大量含汞测量仪表，使得实验室向无汞害的环保实验室发展。由于篇幅所限，本章只介绍物理化学实验室常用仪器中的几种传感器。

二、信号处理电路

信号处理电路的功能是将传感器输出信号转换为 A/D(模-数) 转换器所需要的信号，使 A/D 转换器的变换精度得到充分发挥。主要包括：

1. 模拟开关电路

用在多路模拟信号共用一个 A/D 转换器的场合。

2. 放大器电路

大部分单片转换器都设计成能接收差动信号，或单极性的单端输入信号。这些输入信号必须符合规定的输入范围。最常用的输入范围是 0～10V 及 0～5V 两种。如果实际输入信号不能跨越整个输入范围，转换器输出的某些代码就会永远使用不到。这就构成转换器动态范围的浪费，并使转换器误差对输出的相对影响加大。避免这个问题的最好办法是，首先选择最合适的转换器输入范围，然后再用一个运算放大器对输入信号进行预换算。在大多数系统中，通常要对输入信号作预处理。

3. 采样-保持电路

采样-保持电路是数据采集系统的基本部件之一，模数转换器 A/D 对模拟量进行采样与量化的过程需要有一定的时间，也即在转换时间内，只有保持采样点的数值不变，才能保证转换的精度，用于解决快速变化的模拟信号与较低 A/D 转换速度的矛盾。实际采样-保持电路较为复杂，本文不详细叙述，请参阅有关书籍。

三、模-数（或数-模）转换电路

要解决模拟量与数字量之间相互转换的问题，需要一转换电路，这就是模-数（或数-模）转换电路。

数字信号是指在时间上和幅值上经过采样和量化的信号。数字信号可用一序列的二进制数来表示。

模拟信号数字化时，是用一基本量对与基本量具有同一量纲的一个模拟量进行比较，这一过程称为量化。把量化的结构用代码（可以是二进制，也可以是二-十进制）表示出来，称为编码，这样代码就是 A/D 转换器的输出结果。

A/D 转换器的分辨率可以用二进制码的位数表示。如一个 8 位二进制的 A/D 芯片，其分辨率为 8 位，即该转换器的输出数据可用 2^8 个二进制数表示，其分辨率为 1LSB。如用百分数表示其分辨率时，其分辨率为

$$\frac{1}{2^n} \times 100\% = \frac{1}{2^8} \times 100\% = 0.392\%$$

如模拟输入量满量程信号值为 10V 时，则基本量为 39.2mV。

模-数（A/D）转换电路已广泛应用于仪器仪表的测量、检测及遥感等将模拟量转换为数字量领域中。在数据采集系统中，不仅需要将被采集的模拟量转变为数字量送入计算机进行处理，而且也需要将计算机处理后的数字量转变为模拟电压或电感量以再控制模拟系统的拟行机构，或者送入模拟显示、记录等。而数-模转换器（D/A 转换器）就担负着这一功能。

四、微机系统

主要包括接口电路和应用软件。接口电路主要完成输入输出数据、状态和控制信息。为

了传送采集系统运行所需要的数据、状态信息及控制信号，要应用各种不同类型接口电路。可采用单片机，也可采用微型计算机。应用软件主要由用户编写应用程序并预先存于存储器中，工作时，整个系统按预先编制程序完成非电量的采集与管理。

前文已讨论了非电量信号转变为电量信号以及电量信号转变为数字信号。常把这些数字信号用荧光数码管、液晶（LCD）以及发光二极管（LED）等显示装置来显示。由于单片机价格低廉，现在这类数显仪器中一般加一单片机来提高测量精度及智能化。

随着微型计算机的普及，人们已经不满足简单的记录数据再输入微型计算机进行数据处理的模式了。现在物理化学实验室已经大量采用微型计算机采集非电量信号，然后直接处理采集的数据，以得到所需要的物理化学数据。因此，在此简要介绍两种常用的将非电量数据采集进入微型计算机的方法。

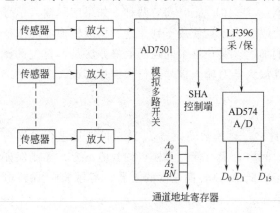

图 1-6-3　数据采集接口卡电路

1. 数据采集接口卡电路

数据采集卡与微型计算机之间的连接是通过微型计算机的 AT 总线，安装在 AT 扩展槽中。这种方法多用于专用测量仪器中。图 1-6-3 为一个采用采集卡的数据采集系统，图中 AD7501 为多路开关，每路传感器接有检测放大器，LF396 为采样-保持电路，模数转换器 A/D 采用 12 位 AD574，整个系统直接插到微型计算机内置扩展插槽上。

2. 利用 RS232 串行通信接口

随着数字化测量仪器的不断发展，带有与微型计算机通信接口的仪器已经很普遍了。这类仪器既可单独使用也可联机使用。其大部分传输是通过标准 RS232 串行通信端口与微型计算机相连接的。串行接口是微型计算机与外部进行数据交换的接口电路。串行接口的信号线少，而且传输距离远，是一种重要的接口形式。串行接口可分为同步方式和异步方式，通常微型计算机所配置的串行接口是通用异步传送/接收器（UART）。

RS232C 标准规定采用一对 DB25 物理连接器，每个连接器定义了 24 条信号电路。在异步通信中，标准的 RS232C 只用到了 11 条信号线，在许多应用场合，也采用非标准的 DB9 连接器，因而只用到了这 11 个信号中的 9 个信号，具体各电路的信号名称与连接器的引脚对应关系可查阅相关资料，仪器与计算机的通信协议要向生产厂家索要。

随着计算机与辅助设备之间通信技术的发展，RS232 通信技术正在逐步被 USB2.0 或 1394 接口通信技术所代替，后者因通信速度快且支持热拔插而越来越受到人们的青睐。

第二节　温度采集技术

一、温敏传感器的种类及选用

1. 温敏传感器的种类

温敏传感器一般分为接触式与非接触式两大类。所谓接触式就是传感器直接与被测物体接触，这是测温的基本形式。这种形式因是通过接触方式把被测物体的热能量传送给温敏传感器，会降低被测物体的温度。特别是当被测物体较小、热能量较弱时，不能正确地测得物体的真实温度。因此，采用接触方式时，被测物体的热容量必须远大于温敏传感器。

非接触方式是测量被测物体的辐射热的一种方式，它可以测量远距离物体的温度。这是接触方式做不到的。

2. 温敏传感器的选用

温敏传感器种类繁多，实际使用时要根据使用目的、精度要求、价格等方面选用合适的传感器。实验室常用的温度传感器，在温度测量与控制一章中已经详细介绍，在此不再重复。表 1-6-1 给出了几种主要温度传感器的一些基本性能参数。

表 1-6-1　几种主要温度传感器与集成温度传感器的一些基本性能参数

传感器		测温范围/℃	重复性/℃	精确度/℃	线性度	备注
电阻丝	铂电阻	−200～850	0.2～1	0.2～1	差	高度精确、温标、高价
	铜电阻	−50～150	0.3～2.0	0.3～2.0	0～120 极好	线性好
热电偶		−200～1600	0.3～1.0	0.3～2.0	差	测量范围广，用量大
半导体		−40～150	0.2～1.0	1.0 以上	良	灵敏度高,体积小
集成电路	NECμPC616A	−40～125				$10mW \cdot ℃^{-1}$
	NECμPC616C	−25～65				$10mW \cdot ℃^{-1}$
	AD598	−55～150	0.1	0.8～3.0	良	$1\mu A \cdot ℃^{-1}$
	REF-02	−55～125				$2.1mW \cdot ℃^{-1}$
光学高温计		800～2000				
辐射温度计		0～2000				

另外，要求传感器线性度较好，即其输出电压（电流）与温度关系为线性关系，最好采用 IC 温度传感器。如要求测量精度较高时，可以采用晶体温度计。铂热（含铜）电阻是正温度特性。热敏电阻特性是电阻相对于温度为对数变化，热敏电阻使用时一般要采用线性化电路，以改善其特性。采用非接触式温敏传感器，其精度较难测得±1℃以内温度。

二、温度采集技术实例

1. SWJ 型温度测量仪器

实验室中常用来代替普通玻璃温度计测温，其测量原理框图如图 1-6-4 所示。

传感器分两种：一般 650℃内用 Pt100 电阻传感器；超过 650℃用热电偶。Pt100 经恒流源后，将温度变化信号转换为电压变化信号，再经过精密高稳放大电路将信号放大后送入 CPU，在 CPU 中对信号进行非线性补偿，得到所测量的温度，再进行显示。同时还可通过 RS232 串口与电脑连接。

2. SWC-1 系列精密温度测量仪器

凝固点测量、燃烧热测量、溶解热测量和中和热测量等实验中使用的 SWC-1C

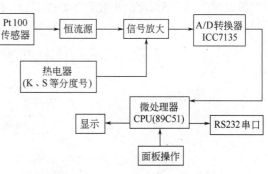

图 1-6-4　SWJ 型温度测量仪框图

型测温仪测量原理的框图如图 1-6-5 所示。

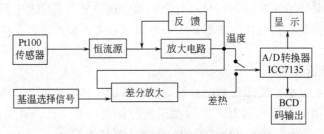

图 1-6-5　SWC-1C 型精密温度测量仪框图

由于 Pt100 温度测量的非线性，所以在测量回路中增加一负反馈电路，对信号进行非线性补偿，得到实测温度后，再与基温选择信号一起送入差分放大电路，得出分辨率为 0.001℃ 的温差值，经过转换开关将温度和温差送入 A/D 转换器 7135 得到测量值。

SWC-1D 型测量增加了 CPU 控制（图 1-6-6），温度、温差同时显示。基温选择由 CPU 根据范围自动选择。为记录数据方便，还增加了计时器。RS232 串口使得 SWC-1D 很容易与计算机相连。

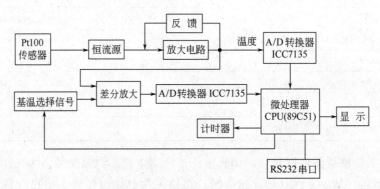

图 1-6-6　SWC-1D 型精密温度测量仪框图

3. SWQ、SWQP、SWKY 等型温度控制仪器

SWQ、SWQP（智能数字恒温控制器）、SWKY（数字控温仪）等温度控制仪器测量原理框图如图 1-6-7 所示，其区别在于控制方式不同。SWQ 为单点控制，要么接通，要么关断加热电源。由于加热器的滞后性，往往会造成温度过冲。SWQP 和 SWKY 为 PID 调节控温，智能寻找 P、I、D 参数，控温过程中不全部关断电源，而是寻找导通次数，使得散热与加热平衡，从而达到良好的控温效果。SWQ 分辨率为 0.1℃，SWQP 分辨率 0.01℃，可用于恒温槽控温，SWKY 可用于电炉控温。

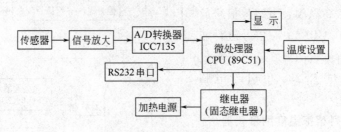

图 1-6-7　SWQ 等型温度控制仪器框图

以上温度传感器大都采用 Pt100。由于微处理器的发展，可对 Pt100 的非线性进行校

正，因此，Pt100 传感器大多采用四线制测量法（非桥路法），其测量原理图如图 1-6-8 所示。

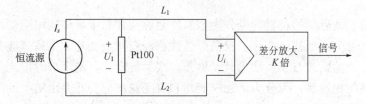

图 1-6-8 Pt100 传感器四线制测量电路原理

Pt100 两端电压 $U_1 = I_s R_t$；I_s 为恒流；R_t 为 Pt100 阻值；图中，引线 L_1、L_2 存在电阻会影响测量结果，为此，将 L_1、L_2 端口处信号输入高输入电阻抗（$>10^{12}\ \Omega$），差分放大，这样 L_1、L_2 中电流 ≈ 0，L_1、L_2 电阻可忽略不计，所以有 $U_i = U_1$，这也消除了引线电阻。

第三节 力采集技术

力学量传感器主要用于测量力、加速度、扭矩、压力、流量等物理量。这些物理量的测量都与机械应力有关，所以把这类传感器称为力学量传感器。力学量传感器的种类繁多，应用较为普遍的有：电阻式、电容式、变磁阻式、振弦式、压阻式、压电式、光纤式等。不同类型的力学量传感器所涉及的原理、材料、特性及工艺也各不相同，本节不可能一一阐述。这里只对金属应变片、压阻式力学量传感器、压电式力学量传感器中应用较广、较为典型的一些类型进行讨论。

一、力-应变-电阻效应

金属应变片又称金属电阻应变片，它是一种能将机械构件上应变的变化转换为电阻变化的传感元件。金属应变片与相应的测量电路组成的测力、测压、称重、测位移、加速度、扭矩、温度等测量系统，目前已成为冶金、机器制造、电力、交通、石化、外贸、生物医学以及国防等部门进行自动称量、过程检测、机械设备的实验应力分析以及实现生产自动化不可缺少的手段之一。目前它仍是国内外应用数量最多的一种传感元件。

1. 金属应变片的基本原理

一个物体在外力作用下产生变形，其绝对变化量称为绝对变形，而单位长度上尺寸的变化称为相对变形，简称应变。因而，应变可以用来描述物体尺寸变化的特性。若能找到一种物体在其尺寸发生变化时，其电的性能也随之变化，并存在一定的函数关系，就可以把应变转换成为电量变化。普通电阻丝就有这种效应，当它受到拉伸时，电阻值增大，受压缩时，电阻值减小。在检测中，为使用方便，常把电阻丝夹在薄纸或薄膜中间制成应变片（亦称应变计）。工作中把应变片贴在产生应力变形的被测物表面，以实现应力和变形的测量。

早在 1856 年人们就发现了金属导体的电阻随着它所受的机械变形（伸长或缩短）的大小而发生变化的现象，称为金属的电阻应变效应。金属导体的电阻之所以随其形变而改变，是由于导体在承受机械变形过程中，材料的电阻率及它的几何尺寸（长度和截面积）都在发生变化引起的。金属材料在一定应变范围内的电阻变化率与应变成正比。

2. 金属应变片的分类

应变片的分类方法很多，常用的方法可按其使用的材料、工作温度以及用途的不同进行分类。

按应变片敏感栅所用的材料，可分为金属电阻应变片和半导体压阻应变片两种；按应变片的基底材料，可分为纸基应变片、胶基应变片、浸胶基应变片、金属基应变片；按应变片安装方法，可分为黏贴式与非黏贴式（又称张丝式）应变片，绝大部分应变片是黏贴式；按应变片敏感栅的结构形状，可分为单独应变片和应变花。应变花是由两个或两个以上轴线相交一定角度的单轴敏感栅组成的应变片（亦称多轴应变片），用于测量平面应变。敏感栅不仅可用金属丝绕成，亦可用金属箔片通过光刻、腐蚀等工艺制成箔片式应变片；按应变片工作的温区不同，又可分为常温、中温、高温及低温应变片。

将应变片黏合在试件或传感器的弹性元件上，然后构成半桥或全桥电路。当弹性元件（或试件）受力后，产生应变，敏感栅的电阻发生变化，产生正比于力（或应变）的电压信号，测定电压就可确定力（或应变）的大小。由上可知，应变片不仅可对试件进行测量，而且与不同弹性元件结合可制成力、压力、称重、扭矩、加速度等多种力学量传感器。

用应变片测量应变是结构强度试验中最主要的手段，电阻应变式传感器占称重（电子秤）传感器的绝大多数。

二、力-压电效应

在测量动态力、动态压力、加速度时，常常利用某些材料的"力-压电效应"特性。压电式传感器即是根据这一效应工作的。

某些晶体在受到外力作用时，不仅产生几何形变，而且内部也产生极化现象，同时在某两个表面上便产生符号相反的电荷，当外力去掉后，又恢复到不带电状态，这种现象称为压电效应。当作用力方向改变时，电荷的极性也随之改变，晶体受力所产生的电荷量与外力的大小成正比。

常用作压电式传感器的压电材料有压电单晶、压电多晶和有机压电材料。

$$
压电材料
\begin{cases}
压电单晶
\begin{cases}
石英晶体 \\
其他压电单晶
\end{cases} \\
压电多晶——压电陶瓷 \\
有机压电材料
\end{cases}
$$

目前，国内外压电式传感器中应用最普遍的是各类压电陶瓷和压电单晶中的石英晶体。有机压电材料是近年来新发现很有发展前途的新型压电材料。

压电陶瓷是一种多晶铁电体，压电陶瓷在没有极化之前不具有压电现象，是非压电体，压电陶瓷经过极化处理后有非常高的压电常数，为石英晶体的几百倍。

在压电陶瓷极化之后，如加上小的交变电场，当外加电场与剩余极化方向一致时，尺寸变大；相反时，尺寸缩小，尺寸变化的频率与外加电场一致。这种现象称电致伸缩效应，在电声和超声工程中可利用这种效应作传感器。

压电陶瓷制造工艺成熟，通过改变配方或掺杂可使材料的技术性能有较大的改变，以适应各种要求，它还具有良好的工艺性，可以方便地加工成各种需要的形状，通常情况下它比石英晶体性能高得多，所以目前国内外压电元件绝大多数采用压电陶瓷。

传感技术中应用的压电陶瓷材料常有钛酸钡（$BaTiO_3$）、锆钛酸铝（PZT）、铝酸盐等。

三、力（压力）-压阻效应

前面讨论的力-应变-电阻效应，是指金属导体受到力（压力）作用后，引起金属外形变化，即长度和截面积变化，使得金属的电阻发生变化。压力（力）-压阻效应，是指半导体材料（锗、硅等）受到力（压力）作用后，主要引起电阻率的变化而带来的电阻变化。值得指出的是，半导体 PN 结中的应变效应，比金属及半导体应变效应大得多，也可利用它做成性能优良的半导体力（压力）敏感器件。

在弹性形变限度内，硅的压阻效应是可逆的，即在应力作用下硅的电阻发生变化，而当应力除去时，硅的电阻又恢复到原来的数值。根据半导体多能谷导带-价带模型理论，能对压阻效应作简单的物理解释：即当力作用于硅晶体时，晶体的品格产生形变，它使载流子产生从一个能谷到另一个能谷的散射，载流子的迁移率发生变化，扰动了纵向和横向的平均有效质量，使硅的电阻率发生变化。这个变化随硅晶体的取向不同而不同，即硅的压阻效应与晶体的取向有关。

四、力采集技术实例

系统压力可用数字压力计测量，常用的有 DP-AF、DP-AW、DP-AG 等型号。DP-AF 精密数字（真空）压力计量程为 $0 \sim -101.3$ kPa。可测量系统的低真空压力，适应于饱和蒸气压的测量。DP-AW 精密数字（微差压）压力计量程为 $-10 \sim 10$ kPa，可测量微小压力，适用于表面张力测量实验。它们为表压传感器，以当时大气压为参考零压。DP-AG 精密数字（气压）压力计为 $0 \sim 101.3$ kPa，可测量大气压力。此仪器采用绝压传感器，以真空压力为参考零压。

以上几种仪器的压力传感器均采用单晶硅压力(力)-压阻效应材料，组成一对惠斯登电桥，当受到压力时，一对电桥上阻值发生变化，将之通过恒流源时可将压力信号变化为电压信号。但传感器有非线性，所以每台仪器要根据实际测量数据，将实际测量数据存入 CPU，将测量信号通过查表程序算

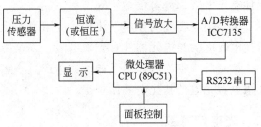

图 1-6-9　数字压力计原理示意框图

得压力值。另外，在无压力时，电桥不能完全平衡，此时，显示有少量数值，故在测量前要将此值置于 0，从测量中扣除。仪器原理方框图如图1-6-9所示。

第四节　光采集技术

光电传感器通常是指能将光信号转换为电信号的一种传感器，用光电传感器进行非电量信号测量时，只需将非电量信号转化成光信号即可。用光电信号进行测量具有结构简单、非接触，可靠性高，反应快等优点，故应用极为广泛。

通常传感器要将各种被测非电量转换成为便于处理的电信号形式进行测量。但是随着科学技术的发展，证明电信号不一定永远是最佳的，目前已受到光信号的挑战。光通信是以激光代替电流作信息载波，用光波导线路取代铜作为传输线。光纤的能量损失极小，化学性能极其稳定，横截面积小但传输信息量大，同时又有防噪声、不受电磁干扰、无电火花、无短

路负载又能耐高温等一系列优点，引起人们极大的关注。近年来光纤传感器已取得了突破性发展，这是一种以光导纤维作为敏感元件或传输媒质的新型传感器，兼备对各种量的传感功能，并可与光纤通信线路衔接，有效地构成信息获取、感知、检测和传输的网络。目前国内光纤传感器尚属研究阶段，因其成本很高为进一步推广应用带来一定的困难。另外，若从传感器分类来看，它应属于分光传感器，或直接划分到光纤传感器一类中去。

光耦合器、光电开关和光断续器为近 20 年来发展的新型光电器件之一。它是一种电→光→电的转换器件。由于光耦合的作用，实现了以光为媒介的信号单向传输，输入与输出两端在电气上是绝缘的，所以它具有非常良好的隔离性能。它不但可以传送交变信号、脉冲信号，而且可以传送直流及慢变化信号，因而近年来得到广泛应用。

电荷耦合器件（CCD）也称为"电眼"。由于它能分辨 $10\mu m$ 左右的光信号，因而广泛应用于非接触长度和面积测量，如卫星中遥感、遥测技术等。

光电传感器是传感器的一个大类，内容繁多，本节只以常用的、常见的几种光电传感器为例进行介绍。

一、光电元件分类

光电元件的理论基础是光电效应。光可被看成由一连串具有一定量的粒子（光子）所构成，每个光子具有的能量 $h\nu$ 正比于光的频率 ν，其中 h 为普朗克常数。故用光照射某一物体，就可以看作此物体受到一连串光子的轰击，而光电效应就是这些材料吸收到光子能量的结果。通常把光线照射到物体表面后产生的光电效应分三类。

第一类 在光的作用下能使电子逸出物体表面的称外光电效应。基于外光电效应的光电元件有光电管、光电倍增管等。

第二类 在光的作用下使物体电阻率发生改变的称内光电效应，又叫光电导效应，基于内光电效应的光电元器件有光敏电阻，以及由光敏电阻制成的导管等。

第三类 在光电作用下能使物体产生一定方向电动势的称阻挡层光电效应。这类光电元件主要有光电池和光电晶体管等。

二、光电传感器

1. 光敏电阻

有些半导体如硫化铜等，在黑暗的环境下，它的电阻是很高的，但是当它受到光照时且光子能量 $h\nu$ 大于本征半导体材料的禁带宽度，则价带中的电子吸收一个光子后就足以跃迁到导带，激发出电子-空穴对，从而加强了导电性能，使阻值降低。当然光线越强，阻值就越低。光照停止，自由电子与空穴复合，电阻又恢复原值。

光敏电阻的结构也很简单，在半导体光敏材料（薄膜或晶体）两端装上电极引出接线即可，测量电路是将光敏电阻与电阻串联并接通电源，当光照射到光敏材料上时，它的阻值就急剧下降，在电阻两端即有电信号输出。

由于光敏电阻具有很高的灵敏度，光谱响应的范围可以从紫外区直到红外区，而且体积、性能稳定，价格较低，所以被广泛应用于测量技术中。光敏电阻的种类繁多，通常用金属硫化物、锌化物等组成。

2. 光电池

硅光电池是在一块 N 型硅片上扩散 P 型杂质而形成一个大面积的 PN 结。当光照射 P

型面时，若光子能量 $h\nu$ 大于半导体材料的禁带宽度，则在 P 型区每吸收一个光子便产生一个自由电子-空穴对，从而使 P 型区带阳电，N 型区带阴电形成光电动势。

光电池种类很多，有硒、氧化亚铜、硫化镉、锗、硅、砷化镓等。其中最受重视的是硅光电池，因它具有性能稳定、光谱范围宽、频率特性好、传递效率高、能耐高温和辐射等特点。此外，由于硒光电池的光谱峰值位置在人眼的视觉范围，所以很多分析仪器，测量仪器亦常用到它。

不同材料的光电池的光谱特性曲线峰值位置是不同的。例如，硅光电池可在 $0.45\sim1.1\mu m$ 范围内使用，而硒光电池只能在 $0.34\sim0.57\mu m$ 范围内使用。

在实际使用中应根据光源性质来选择光电池，反之也可根据光电池特性选择光源。例如硅光电池对于白炽钨灯在绝对温度为 2850K 时有最佳光谱响应。但要注意光电池与光敏电阻一样，它的光谱峰值不仅与制造光电池材料有关，同时也随使用温度而变化。

硅光电池除作检测元件外，亦可做能源使用。目前在航天中被广泛用于把太阳能转换成电能，如人造卫星，尤其是同步通信卫星。20 世纪 70 年代航天器已经使用的硅光电池的总功率达到 21kW，它的效能已达到 $100W\cdot kg^{-1}$。虽然目前价格较贵，但已用于航标灯电源、无人气象站、电子计算器、电子手表等。

3. 光敏晶体管

光敏二极管的结构与一般二极管相似，它的 PN 结装在管的顶部，可以直接受到光的照射，光敏二极管在电路中一般是反偏工作。无光照时，反向电阻很大，反向电流很小。当光照射到 PN 结时，即产生电子-空穴对，形成光电流。

光敏三极管有 PNP 型和 NPN 型两种，其结构与一般三极管相似。光照射发射结产生的光电流相当于三极管的基极电流，因此基电极电流是光电流的 β 倍，所以光敏三极管比光敏二极管具有更高的灵敏度。

4. 电荷耦合器件（CCD）

在光电传感器中，以电荷耦合器件（Charge-Coupled Device，CCD）为代表的图像传感器的研制工作已取得可喜的成果，目前已经达到应用阶段，且精确度、分辨率都有很大提高。因而实现了非接触测量，特别适于遥感、遥测技术领域。

CCD 器件是一种能感知光信号，又可通过自身扫描功能，将检出各点电信号按顺序传送出去，这种电荷耦合摄像器件是在一块半导体晶片上由整齐而紧凑地排列着的很多个（如 $150\sim5000$）微小光电组合器组合而成。当图像或物体各部分的光分别入射到半导体晶片上各个微小型光电变换器后，各个入射到像素的光即被转换成电荷，并被记忆（储存）下来。然后再将所记忆的电荷顺序的转换读出，也就是将图像转换成电信号，CCD 器件不但能制成直线式的传感器，而且也能制成平面型。

5. 光电管结构与工作原理

光电管有真空光电管和充气光电管两类。两者结构相似。如图 1-6-10(a) 所示。它们内有一个阴极和一个阳极构成。并且密封在一只真空玻璃管内。阴极装在玻璃管内壁上，其上涂有光电发射材料。阳极通常用金属丝弯曲成矩形或圆形，置于玻璃管的中央。当光照在阴极上时，中央阳极可以收集从阴极上逸出的电子，在外电场作用下形成电流 I，如图 1-6-10(b)所示。其中，充气光电管内充有少量的惰性气体（如氩或氖），当充气光电管的阴极被光照射后，光电子在飞向阳极的途中，和气体的原子发生碰撞而使气体电离，因此增大了光电流，从而使光电管的灵敏度增加，但导致充气光电管的光电流与入射光强度不成比例关系。因而有稳定性较差、惰性大、温度影响大、容易衰老等一系列缺点。目前由于放大技术的提高，对于光电管的灵敏度不再要求那样严格。况且真空式光电管的灵敏度也正在不断提高。在自动检测仪表中，由于要求温度影响小和灵敏度稳定，所以一般都采用真空式光电管。同一光电管对于不同频率的光的灵敏度不同，这就是光电管的光谱特性。所以，对各种不同波长区域的光，应选用不同材料的光电阴极。

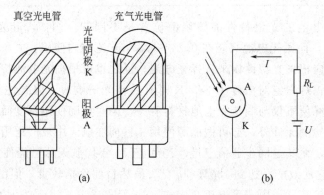

图 1-6-10　光电管结构与工作原理

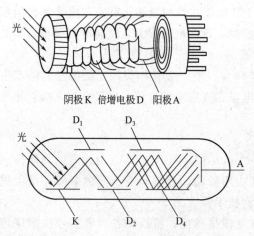

图 1-6-11　光电倍增管的外形和工作原理图

6. 光电倍增管及其基本特性

当入射光很微弱时，普通光电管产生的光电流很小，只有零点几个微安（μA），不容易探测到，这时常用光电倍增管对电流进行放大。图 1-6-11 是光电倍增管的外形和工作原理图。

（1）光电倍增管的结构　光电倍增管由光阴极、次阴极（倍增电极）以及阳极 3 部分组成。光阴极是由半导体光电材料锑铯做成。次阴极是在镍或铜-铍的衬底上涂上锑铯材料而形成的。次阴极多的可达 30 级，通常为 12～14 级。阳极是最后用来收集电子的，它输出的是电压脉冲。

（2）工作原理　光电倍增管除光电阴极外，还有若干个倍增电极。使用时在各个倍增电极上均加上电压。阴极电位最低，从阴极开始，各个倍增电极的电位依次升高，阳极电位最高。同时这些倍增电极用次级发射材料制成，这种材料在具有一定能量的电子轰击下，能够产生更多的"次级电子"。由于相邻两个倍增电极之间有电位差，因此存在加速电场对电子加速。从阴极发出的光电子，在电场的加速下，打到第一个倍增电极上，引起二次电子发射。每个电子能从这个倍增电极上打出 3～6 倍个次级电子，被打出来的次级电子再经过电场的加速后，打在第二个倍增电极上，电子数又增加 3～6 倍，如此不断倍增，阳极最后收集到的电子数将达到阴极发射电子数的 10^5～10^6 倍，即光电倍增管的放大倍数可达到几万倍到几百万倍。光电倍增管的灵敏度比普通光电管高几万到几百万倍。因此在很微弱的光照时，它就能产生很大的光电流。光电倍增管的光谱特性与相同材料的光电管的光谱特性很相似。由于篇幅所限，光纤传感器的原理及分类请参阅有关书籍。

第五节　湿度采集技术

湿度是我们十分熟悉的物理量，凡是有生命的地方必然存在水分。合适的湿度对于生活和生产都是非常重要的。湿度的高低可影响实验室仪器的灵敏度与准确度。

一、湿度的基本概念

湿度的概念可以归纳为："存在于气相中的气态水（水蒸气）含量"。而存在于液体或固体中的被吸收或被吸附的水，一般不在此列。根据道尔顿分压定律，由理想气体或蒸气组成的混合气体的总压力等于占有等体积的各气体或蒸气组分的分压力之和。因此，所有关于湿度的讨论和研究，都可以简化为对气体中水蒸气压，即水分压的讨论，而所有对湿度的定义，也都可以用水分压来表示。

湿度常用的表达方式有：露点温度、绝对湿度、相对湿度等。

（1）露点/霜点　露点是一种饱和温度，当气体在恒压下冷却到这一温度时，就达到了相对于水的饱和状态（即气体的水分压达到了该温度下的饱和水蒸气压，气体就会出现水的第二相：液态水），如达到相对于冰的饱和状态（即出现水的第三相：固态冰），则为霜点。

（2）绝对湿度　单位体积的气体中含有水蒸气的质量。

（3）相对湿度　相对湿度可定义为混合气体中实际水分压与环境温度下饱和水蒸气压比值。其物理意义就是混合气体在环境温度下相对于水的饱和程度。因此，凡谈到相对湿度必须同时说明环境温度。否则所说的相对湿度值仍然是一个不确定的值。另外，由于是指相对于水的饱和蒸气压，因此当环境温度在 $0 \sim -50℃$ 时，因可能有过冷水，还可继续应用相对湿度的概念，但如果温度已在 $-50℃$ 以下，已不可能再有过冷水，此时再谈相对湿度已无意义。

二、湿度传感器分类

测量湿度的方法和仪器甚多，而湿度传感器只是指那些能将湿度这个物理量转换成可测电量的元器件及其相应的仪表。因此，常用的干湿球计、毛发湿度计等，一般就不作为湿度传感器来讨论。

湿度传感器的种类繁多，且无统一分类标准。如按所测湿度来分，可以分为相对湿度传感器和绝对湿度传感器，绝对湿度传感器为数甚少；如按传感器的输出信号来分，可分为电阻型、电容型、电抗型传感器。一般以电阻型的为最多，电抗型的甚少；如以传感器的材料来分，则种类更多，大致可分为无机盐（或固体）湿度传感器、金属氧化物湿度传感器、陶瓷湿度传感器、多孔金属氧化物湿度传感器、高分子聚合物湿度传感器、半导体晶体管型湿度传感器等。

20 世纪 60 年代末开始，金属氧化物湿敏元件发展极为迅速。这种传感器对湿度一般都具有较高的灵敏度，长期暴露在大气中，表面状态较稳定，即化学稳定性、热稳定性好，固有电阻一般不太高，宜于测定，制造工艺简单，成本较低。但是，这类湿敏元件存在一些目前尚未解决的问题。例如，它们都不同程度地存在迟滞现象；响应速度不高，脱附过程比吸附过程的时间常数大；互换性不理想等。常用的有 Fe_3O_4 胶体湿敏元件和 $MgCr_2O_4-TiO_2$

湿敏元件。

其他非电量采集技术还很多，由于篇幅有限且在实验室应用的较少，在此就不一一叙述。

参考文献

[1] 谭福年编著. 常用传感器应用电路. 成都：电子科技大学出版社，1996.

[2] 赵守忠，夏勇等编. 传感器技术及其应用. 安徽：中国科学技术大学出版社，1997.

[3] 许兴在编著. 传感器近代应用技术. 上海：同济大学出版社，1994.

[4] 何希才，张薇编著. 传感器应用及其接口电路. 北京：科学技术文献出版社，1996.

[5] 赵负图主编. 国内外最新常用传感器和敏感元器件性能数据手册. 沈阳：辽宁科学技术出版社，1994.

第二篇

基 础 实 验

化学热力学

实验一　燃烧热的测定

【目的要求】

1. 通过测定萘的燃烧热，掌握有关热化学实验的一般知识和技术。
2. 掌握氧弹式量热计的原理、构造及其使用方法。
3. 掌握高压钢瓶的有关知识并能正确使用。

【实验原理】

燃烧热是指 1mol 物质完全氧化时的热效应，是热化学中重要的基本数据。一般化学反应的热效应，往往因为反应太慢或反应不完全而难以直接测定，但根据盖斯定律可用燃烧热数据间接求算。因此燃烧热广泛地用在各种热化学计算中。许多物质的燃烧热和反应热已经精确测定。测定燃烧热的氧弹式量热计是重要的热化学仪器，在热化学、生物化学以及某些工业部门中广泛应用。

燃烧热可在恒容或恒压情况下测定。由热力学第一定律可知，在不做非膨胀功情况下，恒容反应热 $Q_V = \Delta U$，恒压反应热 $Q_p = \Delta H$。在氧弹式量热计中所测燃烧热为 Q_V，而一般热化学计算用的值为 Q_p，若把参加反应的气体和反应生成的气体都作为理想气体处理，则两者可通过下式进行换算：

$$Q_p = Q_V + \Delta nRT \tag{2-1-1}$$

式中，Δn 为反应前后生成物与反应物中气体的摩尔数之差；R 为摩尔气体常数；T 为反应温度，K。

在盛有定量水的容器中，放入装有一定量样品和氧气的密闭氧弹，然后使样品完全燃烧，放出的热量通过氧弹传给水及仪器，引起温度升高。氧弹量热计的基本原理是能量守恒定律。测量介质在燃烧前后温度的变化值，则可得到该样品的恒容燃烧热

$$Q_V = (M/m)C(T_终 - T_始) \tag{2-1-2}$$

式中，M 为摩尔质量；m 为样品的质量；C 为样品燃烧放热使水及仪器每升高 1℃所

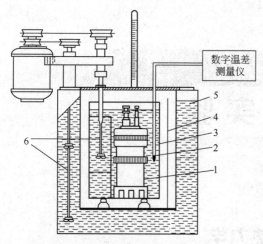

图 2-1-1 环境恒温式氧弹量热计
1—氧弹；2—温度传感器；3—内筒；
4—空气隔层；5—外筒；6—搅拌

需的热量，称为水当量。水当量的求法是用已知燃烧热的物质（如本实验用苯甲酸）放在量热计中燃烧，测定其始、终态温度 $T_始$、$T_终$。一般来说，对不同样品，只要每次的水量相同，水当量就是定值。在实际测量中，燃烧丝、棉线的燃烧放热等因素都要考虑。

热化学实验常用的量热计有环境恒温式量热计和绝热式量热计两种。环境恒温式氧弹量热计的构造如图 2-1-1 所示。由图可知，环境恒温式量热计的最外层是储满水的外筒（图 2-1-1 中 5），当氧弹中的样品开始燃烧时，内筒与外筒之间有少许热交换，因此不能直接测出初温和最高温度，需要由温度-时间曲线（即雷诺曲线）进行确定，详细步骤如下：

将样品燃烧前后历次观察的水温对时间作图，联成 $FHIDG$ 折线，如图 2-1-2 所示。图中 H 相当于开始燃烧之点，D 为观察到的最高温度读数点，作相当于环境温度的平行线 JI 交折线于 I，过 I 点作 ab 垂线，然后将 FH 线和 GD 线外延分别交 ab 线于 A、C 两点，A、C 线段所代表的温度差即为所求的 ΔT。图中 AA' 为开始燃烧到温度上升至环境温度这一段时间（Δt_1）内，由环境辐射进来和搅拌引进的能量而造成体系温度的升高值，故必须扣除，CC' 为温度由环境温度升高到最高点 D 这一段时间（Δt_2）内，体系向环境辐射出能量而造成体系温度的降低，因此需要添加上。由此可见，AC 两点的温差较客观地表示了由于样品燃烧致使量热计温度升高的数值。

有时量热计的绝热情况良好，热漏小，而搅拌器功率大，不断稍微引进能量使得燃烧后的最高点不出现，如图 2-1-3 所示。这种情况下 ΔT 仍然可以按照同样方法校正。

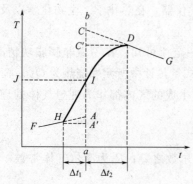

图 2-1-2 绝热较差时的雷诺校正图

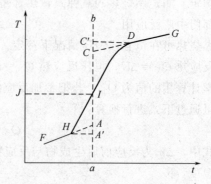

图 2-1-3 绝热良好时的雷诺校正图

【仪器试剂】

氧弹式量热计 1 套；台秤 1 台；电子分析天平 1 台；氧气钢瓶（带氧气表）1 个；量筒（2000mL，1 只；10mL，1 只）。

苯甲酸（A.R.）；萘（A.R.）；燃烧丝；棉线。

【实验步骤】

1. 水当量的测定

(1) 仪器预热　将量热计及其全部附件清理干净，将有关仪器通电预热。

(2) 样品压片　在电子台秤上粗称 0.7～0.8g 苯甲酸，在压片机中压成片状；取约 10cm 长的燃烧丝和棉线各一根，分别在电子分析天平上准确称重；用棉线把燃烧丝绑在苯甲酸片上，准确称重。

(3) 氧弹充氧　将氧弹的弹头放在弹头架上，把燃烧丝的两端分别紧绕在氧弹头上的两根电极上；在氧弹中加入 10mL 蒸馏水，把弹头放入弹杯中，拧紧。

当充氧时，开始先充约 0.5MPa 氧气，然后开启出口，借以赶出氧弹中的空气。再充入 1MPa 氧气。将氧弹放入量热计中，接好点火线。

(4) 调节水温　准备一桶自来水，调节水温约低于外筒水温 1℃。用量筒量取一定体积（视内筒容积而定）已调温的水注入内筒，水面盖过氧弹。装好搅拌头。

(5) 测定水当量　打开搅拌器，待温度稳定后开始记录温度，每隔 30s 记录一次，直到连续几分钟水温基本不变。开启"点火"按钮，当温度明显升高时，说明点火成功。继续每 30s 记录一次，到温度升至最高点后，再记录几分钟，停止实验。

停止搅拌，取出氧弹，放出余气，打开氧弹盖，若氧弹中无灰烬，表示燃烧完全。将剩余燃烧丝称重，以备处理数据时用。

2. 测量萘的燃烧热　称取 0.6～0.7g 萘，重复上述步骤测定之。

【注意事项】

- 内筒中加一定体积的水后若有气泡逸出，说明氧弹漏气，设法排除故障。
- 搅拌时不得有摩擦声。
- 测定样品萘时，内筒水要更换且需重新调温。
- 氧气瓶在开总阀前要检查减压阀是否关好；实验结束后要关上钢瓶总阀，注意排净余气，使指针回零。

【数据处理】

1. 将实验条件和原始数据列表记录。

2. 由实验数据分别求出苯甲酸、萘燃烧前后的 $T_{始}$ 和 $T_{终}$。

3. 由苯甲酸数据求出水当量 C。

$$Q_{总热量} = Q_{V样品}(m/M) + Q_{燃丝}m_{燃丝} + Q_{棉线}m_{棉线} - 5.983V_{NaOH} = C(T_{终} - T_{始})$$

式中，$Q_{铁丝} = -6.695 \times 10^6 \text{J·kg}^{-1}$；$Q_{镍铬丝} = -1.4008 \times 10^6 \text{J·kg}^{-1}$；$Q_{棉线} = -1.7479 \times 10^7 \text{J·kg}^{-1}$。

4. 求出萘的燃烧热 Q_V，换算成 Q_p。

5. 将所测萘的燃烧热值与文献值比较，求出误差，分析误差产生的原因。

思　考　题

1. 在氧弹里加 10mL 蒸馏水起什么作用？

2. 本实验中，哪些为体系？哪些为环境？实验过程中有无热损耗，如何降低热损耗？

3. 在环境恒温式量热计中，为什么内筒水温要比外筒水温低？低多少合适？

4. 欲测定液体样品的燃烧热，你能想出测定方法吗？

【讨论】

1. 量热计的类型很多，分类方法也不统一。常用的为环境恒温式和绝热式量热计两种。绝热式量热计的外筒中有温度控制系统，在实验过程中，内桶与外筒温度始终相同或始终略低 0.3℃，热损失可以降低到极微小程度，因而，可以直接测出初温和最高温度。

2. 在燃烧过程中，当氧弹内存在微量空气时，N_2 的氧化会产生热效应。在一般的实验中，可以忽略不计；在精确的实验中，这部分热效应应予校正，方法如下：用 $0.1000 mol \cdot L^{-1}$ NaOH 溶液滴定洗涤氧弹内壁的蒸馏水，每毫升 $0.1000 mol \cdot L^{-1}$ NaOH 溶液相当于 5.983J 的热值（放热）。

实验二　溶解热的测定

【目的要求】

1. 掌握量热技术及电热补偿法测定热效应的基本原理。

2. 用电热补偿法测定 KNO_3 在不同浓度水溶液中的积分溶解热。

3. 用作图法求 KNO_3 在水中的微分冲淡热、积分冲淡热和微分溶解热。

【实验原理】

1. 在热化学中，关于溶解过程的热效应，有下列几个基本概念。

溶解热　在恒温恒压下，n_2(mol) 溶质溶于 n_1(mol) 溶剂（或溶于某浓度溶液）中产生的热效应，用 Q 表示，溶解热可分为积分（或称变浓）溶解热和微分（或称定浓）溶解热。

积分溶解热　在恒温恒压下，1mol 溶质溶于 n_0(mol) 溶剂中产生的热效应，用 Q_S 表示。

微分溶解热　在恒温恒压下，1mol 溶质溶于某一确定浓度的无限量的溶液中产生的热效应，以 $\left(\dfrac{\partial Q}{\partial n_2}\right)_{T,p,n_1}$ 表示，简写为 $\left(\dfrac{\partial Q}{\partial n_2}\right)_{n_1}$。

冲淡热　在恒温恒压下，1mol 溶剂加到某浓度的溶液中使之冲淡所产生的热效应。冲淡热也可分为积分（或变浓）冲淡热和微分（或定浓）冲淡热两种。

积分冲淡热　在恒温恒压下，把原含 1mol 溶质及 n_{01}(mol) 溶剂的溶液冲淡到含溶剂为 n_{02}(mol) 时的热效应，亦即两种浓度下溶液的积分溶解热之差，以 Q_d 表示。

微分冲淡热　在恒温恒压下，1mol 溶剂加入某一确定浓度的无限量的溶液中产生的热效应，以 $\left(\dfrac{\partial Q}{\partial n_1}\right)_{T,p,n_2}$ 表示，简写为 $\left(\dfrac{\partial Q}{\partial n_1}\right)_{n_2}$。

2. 积分溶解热 Q_S 可由实验直接测定，其他三种热效应则通过 $Q_S - n_0$ 曲线求得。

设纯溶剂和纯溶质的摩尔焓分别为 $H_m(1)$ 和 $H_m(2)$，当溶质溶解于溶剂变成溶液后，在溶液中溶剂和溶质的偏摩尔焓分别为 $H_{1,m}$ 和 $H_{2,m}$，对于由 n_1 溶剂和 n_2 溶质组成的体系，在溶解前体系总焓为 H，则

$$H = n_1 H_m(1) + n_2 H_m(2) \tag{2-2-1}$$

设溶液的焓为 H'，则

$$H' = n_1 H_{1,m} + n_2 H_{2,m} \tag{2-2-2}$$

因此溶解过程热效应 Q 为：

$$Q = \Delta_{mix} H = H' - H = n_1 [H_{1,m} - H_m(1)] + n_2 [H_{2,m} - H_m(2)]$$
$$= n_1 \Delta_{mix} H_m(1) + n_2 \Delta_{mix} H_m(2) \tag{2-2-3}$$

式中，$\Delta_{mix} H_m(1)$ 为微分冲淡热；$\Delta_{mix} H_m(2)$ 为微分溶解热。

根据上述定义，积分溶解热 Q_S 为

$$Q_S = \frac{Q}{n_2} = \frac{\Delta_{mix}H}{n_2} = \Delta_{mix}H_m(2) + \frac{n_1}{n_2}\Delta_{mix}H_m(1) = \Delta_{mix}H_m(2) + n_0\Delta_{mix}H_m(1) \quad (2\text{-}2\text{-}4)$$

在恒压条件下，$Q = \Delta_{mix}H$，对 Q 进行全微分：

$$dQ = \left(\frac{\partial Q}{\partial n_1}\right)_{n_2} dn_1 + \left(\frac{\partial Q}{\partial n_2}\right)_{n_1} dn_2 \quad (2\text{-}2\text{-}5)$$

式(2-2-5) 在比值 n_1/n_2 恒定下积分，得

$$Q = \left(\frac{\partial Q}{\partial n_1}\right)_{n_2} n_1 + \left(\frac{\partial Q}{\partial n_2}\right)_{n_1} n_2 \quad (2\text{-}2\text{-}6)$$

式(2-2-6) 以 n_2 除之，得

$$\frac{Q}{n_2} = \left(\frac{\partial Q}{\partial n_1}\right)_{n_2} \frac{n_1}{n_2} + \left(\frac{\partial Q}{\partial n_2}\right)_{n_1} \quad (2\text{-}2\text{-}7)$$

因

$$\frac{Q}{n_2} = Q_S \qquad \frac{n_1}{n_2} = n_0$$

$$Q = n_2 Q_S \qquad n_1 = n_2 n_0 \quad (2\text{-}2\text{-}8)$$

则

$$\left(\frac{\partial Q}{\partial n_1}\right)_{n_2} = \left[\frac{\partial(n_2 Q_S)}{\partial(n_2 n_0)}\right]_{n_2} = \left(\frac{\partial Q_S}{\partial n_0}\right)_{n_2} \quad (2\text{-}2\text{-}9)$$

将式(2-2-8)、式(2-2-9) 代入式(2-2-7) 得：

$$Q_S = \left(\frac{\partial Q}{\partial n_2}\right)_{n_1} + n_0 \left(\frac{\partial Q_S}{\partial n_0}\right)_{n_2} \quad (2\text{-}2\text{-}10)$$

对比式(2-2-3) 与式(2-2-6) 或式(2-2-4) 与式(2-2-10)

$$\Delta_{mix}H_m(1) = \left(\frac{\partial Q}{\partial n_1}\right)_{n_2} \quad \text{或} \quad \Delta_{mix}H_m(1) = \left(\frac{\partial Q_S}{\partial n_0}\right)_{n_2}$$

$$\Delta_{mix}H_m(2) = \left(\frac{\partial Q}{\partial n_2}\right)_{n_1}$$

以 Q_S 对 n_0 作图，可得图 2-2-1 的曲线。图中，AF 与 BG 分别为将 1mol 溶质溶于 n_{01} 和 n_{02} 溶剂时的积分溶解热 Q_S，BE 表示在含有 1mol 溶质的溶液中加入溶剂，使溶剂量由 n_{01} 增加到 n_{02} 过程的积分冲淡热 Q_d。

$$Q_d = (Q_S)n_{02} - (Q_S)n_{01} = BG - EG$$
$$(2\text{-}2\text{-}11)$$

图 2-2-1 中曲线上 A 点的切线斜率等于该浓度下溶液的微分冲淡热。

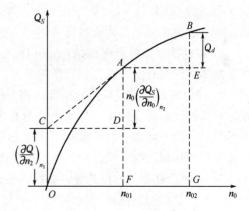

图 2-2-1　Q_S-n_0 关系图

$$\Delta_{mix}H_m(1) = \left(\frac{\partial Q_S}{\partial n_0}\right)_{n_2} = \frac{AD}{CD}$$

切线在纵轴上的截距等于该浓度的微分溶解热。

$$\Delta_{mix}H_m(2) = \left(\frac{\partial Q}{\partial n_2}\right)_{n_1} = \left[\frac{\partial(n_2 Q_S)}{\partial n_2}\right]_{n_1} = Q_S - n_0 \left(\frac{\partial Q_S}{\partial n_0}\right)_{n_2}$$

即

$$\Delta_{mix}H_m(2) = \left(\frac{\partial Q}{\partial n_2}\right)_{n_1} = OC$$

由图 2-2-1 可见，欲求溶解过程的各种热效应，首先要测定各种浓度下的积分溶解热，

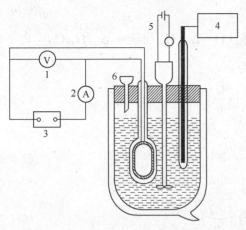

图 2-2-2　量热计及其电路图

1—直流伏特计；2—直流毫安表；3—直流稳
压电源；4—测温部件；5—搅拌器；6—漏斗

然后作图计算。

3. 本实验采用绝热式测温量热计，它是一个包括杜瓦瓶、搅拌器、电加热器和测温部件等的量热系统。装置及电路图如图 2-2-2 所示。因本实验测定 KNO_3 在水中的溶解热是一个吸热过程，可用电热补偿法，即先测定体系的起始温度 T，溶解过程中体系温度随吸热反应进行而降低，再用电加热法使体系升温至起始温度，根据所消耗电能求出热效应 Q。

$$Q = I^2Rt = UIt$$

式中，I 为通过电阻为 R 的电热器的电流强度，A；U 为电阻丝两端所加电压，V；t 为通电时间，s。

利用电热补偿法，测定 KNO_3 在不同浓度水溶液中的积分溶解热，并通过图解法求出其他三种热效应。

【仪器试剂】

实验装置 1 套（包括杜瓦瓶、搅拌器、加热器、测温部件、漏斗）；直流稳压电源 1 台；台秤 1 台；电子分析天平 1 台；直流毫安表 1 只；直流伏特计 1 只；秒表 1 只；干燥器 1 只；研钵 1 只；称量瓶 8 个。

KNO_3（A.R.）（研细，在 110℃烘干，保存于干燥器中）。

【实验步骤】

1. 将 8 个称量瓶编号，在台秤上称量，依次加入干燥好并在研钵中研细的 KNO_3，其质量分别为 2.5g、1.5g、2.5g、2.5g、3.5g、4g、4g 和 4.5g，再用分析天平称出准确数据。称量后将称量瓶放入干燥器待用。

2. 在台秤上直接称取 200.0g 或用移液管取 200.0mL 蒸馏水于杜瓦瓶中，按图 2-2-2 装好量热器。连好线路（杜瓦瓶用前需干燥）。

3. 经教师检查无误后接通电源，调节稳压电源，使加热器功率约为 2.5W，保持电流稳定，开动搅拌器进行搅拌，当水温慢慢上升到比室温水高出 1℃时读取准确温度，按下秒表开始计时，同时从加样漏斗处加入第一份样品，并将残留在漏斗上的少量 KNO_3 全部掸入杜瓦瓶中，然后用塞子堵住加样口。记录电压和电流值，在实验过程中要一直搅拌液体，加入 KNO_3 后，温度会很快下降，然后再慢慢上升，待上升至起始温度时，记下时间（读准至秒，注意此时切勿把秒表按停），并立即加入第二份样品，按上述步骤继续测定，直至 8 份样品全部加完为止。

4. 测定完毕后，切断电源，打开量热计，检查 KNO_3 是否溶完，如未全溶，则必须重做；若溶解完全，可将溶液倒入回收瓶中，把量热计等器皿洗净放回原处。

5. 用分析天平称量已倒出 KNO_3 样品的空称量瓶，求出各次加入 KNO_3 的准确质量。

【注意事项】

• 实验过程中要求 I、U 值恒定，故应随时注意调节。

• 实验过程中切勿把秒表按停读数，直到最后方可停秒表。

• 固体 KNO_3 易吸水，故称量和加样动作应迅速。为确保 KNO_3 迅速、完全溶解，在实验前务必研磨到 200 目左右，并在 110℃烘干。

● 整个测量过程要尽可能保持绝热，减少热损失。因量热器绝热性能与盖上各孔隙密封程度有关，实验过程中要注意盖严。

【数据处理】

1. 根据溶剂的质量和加入溶质的质量，求算溶液的浓度，以 n_0 表示：

$$n_0 = \frac{n_{H_2O}}{n_{KNO_3}} = \frac{200.0}{18.02} \div \frac{m_{累}}{101.1} = \frac{1122}{m_{累}}$$

式中，$m_{累}$ 表示累加的质量。

2. 按 $Q = IUt$ 公式计算各次溶解过程的热效应。

3. 按每次累积的浓度和累积的热量，求各浓度下溶液的 n_0 和 Q_s。

4. 将以上数据列表并作 Q_s-n_0 图，并从图中求出 $n_0 = 80$，100，200，300 和 400 处的积分溶解热和微分冲淡热以及 n_0 从 80→100，100→200，200→300，300→400 的积分冲淡热。

思 考 题

1. 对本实验的装置你有何改进意见？

2. 试设计溶解热测定的其他方法。

3. 试设计一个测定强酸（HCl）与强碱（NaOH）中和反应热的实验方法。如何计算弱酸（HAc）的解离热？

4. 影响本实验结果的因素有哪些？

【讨论】

1. 本实验装置除测定溶解热外，还可以用来测定中和热、水化热、生成热及液态有机物的混合热等热效应，但要根据需要，设计合适的反应池。如中和热的测定，可将溶解热装置的漏斗部分换成一个碱储存器，以便将碱液加入（酸液可直接从瓶口加入），碱储存器下端可为一胶塞，混合时用玻璃棒捅破；也可为涂凡士林的毛细管，混合时用洗耳球吹气压出。在溶解热的精密测量实验中，也可以采用合适的样品容器将样品加入。

2. 本实验用电热补偿法测量溶解热时，整个实验过程要注意电热功率的检测准确，但由于实验过程中电压波动的关系，很难得到一个准确值。如果实验装置使用计算机控制技术，采用传感器收集数据，使整个实验自动化完成，则可以提高实验的准确度。

实验三　中和热的测定

【目的要求】

1. 掌握酸碱中和反应热效应的测定方法。

2. 学会用作图法求 $\Delta T_{中和}$、$\Delta T_{电}$ 及计算 $\Delta H_{中和}$。

【实验原理】

盐酸和氢氧化钠溶液是强酸、强碱，在足够稀的水溶液中，它们的中和反应离子方程式为：

$$H^+(aq) + OH^-(aq) \longrightarrow H_2O(l) \qquad \Delta H_{中和} = -57.32 kJ \cdot mol^{-1} \qquad (2\text{-}3\text{-}1)$$

常温下，一价强酸、强碱的 $\Delta T_{中和}$ 与酸的阴离子及碱的阳离子无关，所以各种一价强酸和强碱反应时，具有相同的 $\Delta T_{中和}$ 值。

取一定浓度与体积的过量 NaOH 溶液及一定浓度与体积的 HCl 溶液，在真空量热计中反应（见图 2-3-1）。根据量热计（包括量热计及所有附件）的温度升高值及量热计的水当量（溶液与所有附件升高 1℃ 所需要的热量，即量热计常数），就可以计算出反应放出的热量。

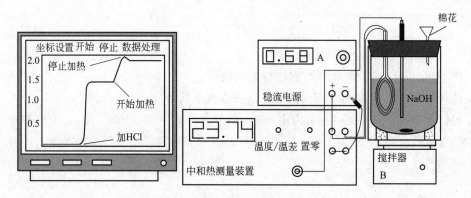

图 2-3-1　中和热测量装置图

设所用的 HCl 溶液体积为 VL，浓度为 c（$mol \cdot L^{-1}$），则在 VL 溶液中共含有 cV（mol）的 HCl。又设反应结束温度升高为 $\Delta T_{中和}$，若已知水当量为 K，则共放出 $K \times \Delta T_{中和}$ 的热量。这个热量也就是 cV mol 的 HCl 与 NaOH 完全反应所放出的热量。通常所说的中和热 $\Delta H_{中和}$ 是指 1mol 的 NaOH 完全反应生成 1mol H_2O 所放出的热量，即：

$$cV：1 = K \Delta T_{中和}：(-\Delta H_{中和}) \qquad (2\text{-}3\text{-}2)$$

即

$$\Delta H_{中和} = -(K \Delta T_{中和})/cV \qquad (2\text{-}3\text{-}3)$$

水当量的求法：向量热计通电引起温度变化 $\Delta T_{电}$，计算出 K，即

$$Q = IUt = K \Delta T_{电} \qquad (2\text{-}3\text{-}4)$$

即

$$K = IUt/\Delta T_{电} \qquad (2\text{-}3\text{-}5)$$

式中，I 为电流强度，A；V 为电压，V；t 为时间，s。测量时因体系外界有热交换，所以 $\Delta T_{中和}$ 及 $\Delta T_{电}$ 都是经过校正后得到的。

【仪器试剂】

实验装置 1 套：包括大烧杯（500mL）、小烧杯（100mL）、温度计、量筒（50mL，2只）、泡沫塑料或纸条、泡沫塑料板或硬纸板（中心有两个小孔）、环形玻璃搅拌棒。

盐酸（$0.5mol \cdot L^{-1}$）；NaOH（$0.55mol \cdot L^{-1}$）。

【实验步骤】

打开机箱电源，预热 10min。

1. 量热计常数 K（水当量）的测定

（1）擦净量热杯，量取 250mL 蒸馏水注入其中，放入搅拌磁子，调节适当的转速。

（2）将 O 形圈套入传感器并将传感器插入量热杯中，将功率输入线两端接在电热丝两接头上。按"状态转换"键切换到测试状态（测试指示灯亮），调节"加热功率"旋钮，使其输出为所需功率（一般为 2.5W），再次按"状态切换"键切换到待机状态，并取下加热丝两端任一夹子。

（3）待温度稳定后，按"状态转换"键切换到测试状态（测试指示灯亮），仪器对温差

自动采零，点"开始绘图按钮"，记录 5min。

（4）夹上取下的加热丝一端的夹子，此时为加热的开始时刻。点"开始"按钮，加热开始。

（5）待温度升高 0.8～1.0℃时，取下加热丝一端的夹子，继续记录数据 5min。

（6）按"结束绘图"按钮。

（7）按"自动校正"，输入加热功率 2.5W，即得温差和热量计常数。

2. 中和热的测定

（1）将量热杯中的水倒掉，擦干净，重新量取 200mL 的蒸馏水注入其中，然后加入 25mL 1mol·L^{-1} 的 HCl 溶液，再取 25mL 1mol·L^{-1} 的 NaOH 溶液注入碱储液管中，仔细检查是否漏液。

（2）待温度恒定后，适当调节磁子的转速，按"状态转换"键切换到测试状态，点"开始绘图"，记录 5min。

（3）然后迅速拔出玻璃棒，加入碱液（不要用力过猛，以免相互碰撞而损坏仪器）。

（4）加入碱液后，温度上升，待体系中温差几乎不变并维持 5min，点"结束绘图"。

（5）按"自动校正"，计算得温差，然后按"计算中和热的测定"，即可得中和热数据。

【注意事项】

• 使用前后保证量热杯干净，杯身无水。

• 切记，碱储液管使用前须检漏；使用后须用大量的水冲洗管内残留的碱液。

【数据处理】

1. $t_1 = (t_{HCl} + t_{NaOH})/2$；$m = m_{HCl} + m_{NaOH}$。

2. $\Delta H = Q/n$。

思 考 题

1. 在量热计常数 K 及中和热的测定曲线中各存在一段温度升高，分别是由什么原因引起的？

2. 什么叫做水当量？怎样测定水当量？根据水当量如何计算中和热？

3. 针对测量出来的中和热进行分析，和理论值相比是偏大还是偏小，误差产生的原因可能有哪些？

实验四　液体饱和蒸气压的测定

【目的要求】

1. 掌握静态法测定液体饱和蒸气压的原理及操作方法。学会由图解法求平均摩尔汽化热和正常沸点。

2. 理解纯液体的饱和蒸气压与温度的关系、克劳修斯-克拉贝龙（Clausius-Clapeyron）方程式的意义。

3. 了解真空泵、恒温槽及气压计的使用及注意事项。

【实验原理】

通常温度下（距离临界温度较远时），纯液体与其蒸气达平衡时的蒸气压称为该温度下液体的饱和蒸气压，简称为蒸气压。蒸发 1mol 液体所吸收的热量称为该温度下液体的摩尔汽化热。液体的蒸气压随温度而变化，温度升高时，蒸气压增大；温度降低时，蒸气压减小。这主要与分子的动能有关。当蒸气压等于外界压力时，液体便沸腾，此时的温度称为沸点。外压不同时，液体沸点将相应改变，当外压为 101.325kPa 时，液体的沸点称为该液体的正常沸点。

液体的饱和蒸气压与温度的关系用克劳修斯-克拉贝龙方程式表示：

$$\frac{\mathrm{d}\ln p}{\mathrm{d}T} = \frac{\Delta_{\mathrm{vap}}H_{\mathrm{m}}}{RT^2} \tag{2-4-1}$$

式中，R 为摩尔气体常数；T 为热力学温度；$\Delta_{\mathrm{vap}}H_{\mathrm{m}}$ 为在温度 T 时纯液体的摩尔汽化热。

假定 $\Delta_{\mathrm{vap}}H_{\mathrm{m}}$ 与温度无关，或温度范围较小，$\Delta_{\mathrm{vap}}H_{\mathrm{m}}$ 可以近似作为常数，积分式 (2-4-1) 得：

$$\ln p = -\frac{\Delta_{\mathrm{vap}}H_{\mathrm{m}}}{R} \times \frac{1}{T} + C \tag{2-4-2}$$

式中，C 为积分常数。由此式可以看出，以 $\ln p$ 对 $1/T$ 作图，应为一直线，直线的斜率为 $-\dfrac{\Delta_{\mathrm{vap}}H_{\mathrm{m}}}{R}$，由斜率可求算液体的 $\Delta_{\mathrm{vap}}H_{\mathrm{m}}$。

测定蒸气压的方法有动态法、饱和气流法和静态法等。动态法是在不同外压下，测定液体的沸点，从而得到不同温度下的蒸气压；饱和气流法是将一定体积的空气（或惰性气体）以缓慢的速率通过易挥发的待测液体，使之被该液体蒸气饱和，通过分析混合气体中各组分的量来求算待测液体的蒸气压；静态法是在某一温度下，直接测量饱和蒸气压，此法一般适用于蒸气压比较大的液体，通常有升温法和降温法两种。

本实验采用升温法测定不同温度下纯液体的饱和蒸气压，实验装置如图 2-4-1 所示。

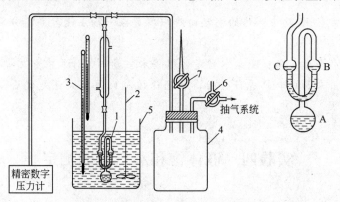

图 2-4-1　液体饱和蒸气压测定装置图
1—平衡管；2—搅拌器；3—温度计；4—缓冲瓶；5—恒温水浴；6—三通活塞；7—直通活塞

平衡管由 A 球和 U 形管 B、C 组成。平衡管上接一冷凝管，以橡皮管与压力计相连。A 球内装待测液体，当 A 球的液面上纯粹是待测液体的蒸气，而 B 管与 C 管的液面处于同一水平时，则表示 B 管液面上的压力（即 A 球液面上的蒸气压）与加在 C 管液面上的外压相等。此时，体系气液两相平衡的温度称为液体在此外压下的沸点。

【仪器试剂】

玻璃恒温槽 1 套；平衡管 1 只；气压计 1 台；数字式低真空测压仪 1 台；真空泵及附

件等。

纯水；无水乙醇（A. R.）或乙酸乙酯（A. R.）。

【实验步骤】

1. 装置仪器

将待测液体装入平衡管，A 球约 2/3 体积，B 球和 C 球各 1/2 体积，然后按图连接各部分。

2. 系统气密性检查

关闭直通活塞 7，旋转三通活塞 6 使系统与真空泵连通，开动真空泵，抽气减压至压力计示数约 53kPa 时，关闭三通活塞 6，使系统与真空泵、大气皆不相通。观察压力计的示数，如果压力计的示数能在 3～5min 内维持不变，则表明系统不漏气。否则应逐段检查，找出漏气原因，确保系统气密性。

3. 排除 AB 弯管空间内的空气

将恒温槽温度调至比室温高 3℃，接通冷却水，抽气减压至液体轻微沸腾，此时 AB 弯管内的空气不断随蒸气经 C 管逸出，如此沸腾 3～5min，可认为空气被排除干净。

4. 饱和蒸气压的测定

当空气被排除干净且体系温度恒定后，旋转直通活塞 7 缓缓放入空气，直至 B、C 管中液面平齐，关闭直通活塞 7，记录温度与压力。继续抽气 3～5min，再次放入空气调 B、C 管液面平齐，并记录压力。如两次压力值相同，则说明空气排除干净，否则重复上述步骤直至读取的压力值相同。然后，将恒温槽温度升高 3℃，当待测液体再次沸腾，体系温度恒定后，放入空气使 B、C 管液面再次平齐，记录温度和压力。依次测定，共测 8 个值。

【注意事项】

• 减压系统不能漏气，否则抽气时达不到本实验要求的真空度。

• 抽气速率要合适，必须防止平衡管内液体沸腾过剧，致使管内液体快速蒸发。

• 实验过程中，必须充分排净 AB 弯管空间中全部空气，使 B 管液面上方只含待测液体的蒸气分子。平衡管必须放置于恒温水浴的水面以下，否则其温度与水浴温度不同。

• 测定中，打开进空气活塞时，切不可太快，以免空气倒灌入 AB 弯管的空间中。如果发生倒灌，则必须重新排除空气。

• 温度计读数必须作露茎校正。

【数据处理】

1. 数据记录表

设计数据记录表，包括室温、大气压、实验温度、温度计露茎校正值及相应的压力计示数等。

2. 绘出被测液体的蒸气压-温度曲线，并求出指定温度下的温度系数 dp/dT。

3. 以 $\ln p$ 对 $1/T$ 作图，求出直线的斜率，并由斜率算出此温度范围内液体的平均摩尔汽化热 $\Delta_{vap}H_m$，求算纯液体的正常沸点。

思 考 题

1. 试分析引起本实验误差的因素有哪些？

2. 为什么 AB 弯管中的空气要排干净？怎样操作？怎样防止空气倒灌？

3. 本实验方法能否用于测定溶液的饱和蒸气压？为什么？

4. 试说明压力计中所读数值是否为纯液体的饱和蒸气压?

5. 为什么实验完毕后必须使体系和真空泵与大气相通才能关闭真空泵?

【讨论】

用降温法测定不同温度下纯液体（以水为例）饱和蒸气压的方法如下：

接通冷凝水，调节三通活塞使系统降压 13kPa，加热水浴至沸腾，此时 A 管中的待测液体部分汽化，其蒸气夹带 AB 弯管内的空气一起从 C 管液面逸出，继续维持 5min，以保证彻底驱尽 AB 弯管内的空气。

停止加热，控制水浴冷却速率在 1℃·min⁻¹内，此时待测液体的蒸气压（即 B 管上空的压力）随温度下降而逐渐降低，待降至与 C 管的压力相等时，则 B、C 两管液面应平齐，立即记下此瞬间的温度（精确至 0.01℃）和压力计的压力，同时读取辅助温度计的温度值和露茎温度，以备对温度计进行校正。读数后立即旋转三通活塞抽气，使系统再降压 10kPa 并继续降温，待 B、C 两管液面再次平齐时，记下此瞬间的温度和压力计示数。如此重复 10 次（注意：实验中每次递减的压力要逐渐减小，为什么?），分别记录一系列的 B、C 管液面平齐时对应的温度和压力计示数。

在降温法测定中，当 B、C 两管中的液面平齐时，读数要迅速，读毕应立即抽气减压，防止空气倒灌。若发生倒灌现象，必须重新排净 AB 弯管内的空气。

实验五　完全互溶双液系的平衡相图

【目的要求】

1. 绘制常压下环己烷-乙醇双液系的 T-x 图，并找出恒沸点混合物的组成和最低恒沸点。

2. 掌握阿贝折射仪的使用方法。

【实验原理】

常温下，任意两种液体混合组成的体系称为双液体系。若两液体能按任意比例相互溶解，则称完全互溶双液体系；若只能部分互溶，则称部分互溶双液体系。双液体系的沸点不仅与外压有关，还与双液体系的组成有关。恒压下将完全互溶双液体系蒸馏，测定馏出物（气相）和蒸馏液（液相）的组成，就能找出平衡时气、液两相的成分并绘出 T-x 图。如图 2-5-1 所示，图中纵轴是温度（沸点）T，横轴是液体 B 的摩尔分数 x_B（或质量百分组成）。上面一条是气相线，下面一条是液相线，对于某一沸点温度所对应的二曲线上的两个点，就是该温度下气液平衡时的气相点和液相点，其相应的组成可从横轴上获得，即 x、y。

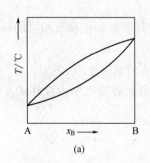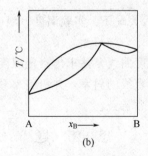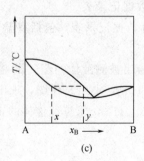

图 2-5-1　完全互溶双液系的相图

通常，如果液体与拉乌尔定律的偏差不大，在 T-x 图上溶液的沸点介于 A、B 二纯液体的沸点之间见图 2-5-1(a)。而实际溶液由于 A、B 二组分的相互影响，常与拉乌尔定律有较大偏差，在 $T\text{-}x$ 图上就会有最高或最低点出现，这些点称为恒沸点，其相应的溶液称为恒沸点混合物，如图 2-5-1(b)、(c) 所示。恒沸点混合物蒸馏时，所得的气相与液相组成相同，因此通过蒸馏无法改变其组成。

本实验采用回流冷凝的方法绘制环己烷-乙醇体系的 $T\text{-}x$ 图。其方法是用阿贝折射仪测定不同组分的体系在沸点温度下气相、液相的折射率，再从折射率-组成工作曲线上查得相应的组成，然后绘制 $T\text{-}x$ 图。

【仪器试剂】

沸点仪 1 套；超级恒温槽 1 台；阿贝折射仪 1 台；移液管（1mL，2 支、10mL，2 支）；小口试剂瓶（125mL，2 只）；毛细滴管数支；具塞小试管 9 支。

环己烷（A.R.）；无水乙醇（A.R.）。

【实验步骤】

1. 调节恒温槽温度比室温高 5℃，通恒温水于阿贝折射仪中。

2. 测定折射率与组成的关系，绘制工作曲线。将 9 支小试管编号，依次移入 0.10mL、0.20mL、…、0.90mL 的环己烷，然后依次移入 0.90mL、0.80mL、…、0.10mL 的无水乙醇，轻轻摇动，混合均匀，配成 9 份已知浓度的溶液。用阿贝折射仪测定每份溶液的折射率及纯环己烷和纯无水乙醇的折射率。以折射率对浓度作图（按纯样品的密度，换算成质量分数），即得工作曲线。

3. 测定环己烷-乙醇体系的沸点与组成的关系

如图 2-5-2 所示。安装好沸点仪，打开冷却水，加热使沸点仪中溶液沸腾。最初冷凝管下端所存的冷凝液不能代表平衡时的气相组成，需将其倾回蒸馏器，并反复 2～3 次。待溶液沸腾且回流正常，温度读数恒定后，记录溶液沸点。用毛细滴管从气相冷凝液取样口吸取气相样品，把所取的样品迅速滴入阿贝折射仪中，测其折射率 n_g。再用另一支滴管吸取沸点仪中的溶液，测其折射率 n_l。

本实验是以恒沸点为界，把相图分成左右两半部，分两次来绘制相图。具体方法如下。

（1）右半部沸点-组成关系的测定 取 20.00mL 无水乙醇加入沸点仪中，然后依次加入环己烷 0.50mL、1.00mL、1.50mL、2.00mL、4.00mL、14.00mL。用前述方法分别测定溶液沸点及气相组分折射率 n_g、液相组分折射率 n_l。实验完毕，将溶液倒入回收瓶中。

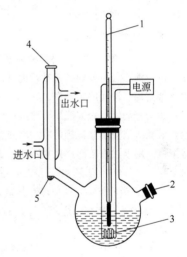

图 2-5-2　沸点仪

1—温度计；2—进样口；3—加热丝；
4—气相冷凝液取样口；5—气相冷凝液

（2）左半部沸点-组成关系的测定 取 25.00mL 环己烷加入沸点仪中，然后依次加入无水乙醇 0.20mL、0.40mL、0.60mL、0.80mL、1.00mL、5.00mL。用前述方法分别测定溶液沸点及气相组分折射率 n_g、液相组分折射率 n_l。

【注意事项】

• 由于整个体系并非绝对恒温，气、液两相的温度会有少许差别，因此沸点仪中，温度计水银球的位置应一半浸在溶液中，一半露在蒸气中。并随着溶液量的增加要不断调节水银球的位置。

• 实验中可调节加热电压来控制回流速率的快慢，电压不可过大，能使待测液体沸腾即可。加热丝不能露出液面，一定要被待测液体浸没。

● 在每一份样品的蒸馏过程中，由于整个体系的成分不可能保持恒定，因此平衡温度会略有变化，特别是当溶液中两种组成的量相差较大时，变化更为明显。为此每加入一次样品后，只要待溶液沸腾，正常回流 1~2min 后，即可取样测定，不宜等待时间过长。

● 每次取样量不宜过多，取样时毛细滴管一定要干燥，不能留有上次的残液，气相部分的样品要取干净。

【数据处理】

1. 将测得的折射率-组成数据列表，并绘制成工作曲线。

2. 将实验中测得的沸点-折射率数据列表，并从工作曲线上查得相应的组成，获得沸点与组成的关系。

3. 绘制环己烷-乙醇体系的 T-x 图，并标明最低恒沸点及其组成。

4. 在精确的测定中，要对温度计进行露茎校正。

思 考 题

1. 该实验中，测定工作曲线时折射仪的恒温温度与测定样品时折射仪的恒温温度是否需要保持一致？为什么？

2. 过热现象对实验产生什么影响？如何在实验中尽可能避免？

3. 在连续测定法实验中，样品的加入量应十分精确吗？为什么？

【讨论】

1. 间歇法测定完全互溶双液体系的 T-x 图

测定沸点与组成的关系时，也可以用间歇方法测定。先配好不同质量分数的溶液，按顺序依次测定其沸点及气相、液相的折射率。

将配好的第一份溶液加入沸点仪中加热，待沸腾稳定后，读取沸点温度，立即停止加热。取气相冷凝液和液相溶液分别测其折射率。用滴管取尽沸点仪中的测定液，放回原试剂瓶中。在沸点仪中再加入新的待测液，用上述方法同样依次测定（注意：更换溶液时，务必用滴管取尽沸点仪中的测定液，以免带来误差）。

2. 具有最低恒沸点的完全互溶双液体系很多，除了上面叙述的环己烷-乙醇体系外，再介绍一个环己烷-异丙醇体系。实验中这两个体系的工作曲线及 T-x 图的绘制方法完全相同，只是样品的加入量有所区别，现介绍如下：

右半部：先加入 10.00mL 异丙醇，然后依次加入 0.50mL、0.80mL、1.00mL、1.20mL、1.50mL、3.00mL、10.00mL 环己烷。

左半部：加入 25.00mL 环己烷，依次加入 0.20mL、0.40mL、0.80mL、1.50mL、2.00mL、5.00mL、12.00mL 的异丙醇。

实验六　二组分金属相图的绘制

【目的要求】

1. 学会用热分析法测绘 Sn-Bi 二组分金属相图。

2. 了解纯物质和混合物步冷曲线的形状有何不同，其相变点的温度应如何确定。

3. 了解热电偶测量温度和进行热电偶校正的方法。

【实验原理】

测绘金属相图常用的实验方法是热分析法，其原理是将一种金属或两种金属混合物熔融后，使之缓慢均匀冷却，每隔一定时间记录一次温度，表示温度与时间关系的曲线称为步冷曲线。当熔融体系在均匀冷却过程中无相变化时，其温度将连续均匀下降得到一平滑的步冷曲线；当体系内发生相变时，则因体系产生的相变热与自然冷却时体系放出的热量相抵消，步冷曲线就会出现转折或水平线段，转折点或水平线段所对应的温度，即为该组成体系的相变温度。利用步冷曲线可得到一系列组成和所对应的相变温度数据，以横轴表示混合物的组成，纵轴表示开始出现相变的温度，把这些点连接起来，就可绘出相图。二元简单低共熔体系的步冷曲线及相图如图 2-6-1 所示。

用热分析法测绘相图时，被测体系必须时时处于或接近相平衡状态，因此必须保证冷却速率足够慢才能得到较好的效果。此外，在冷却过程中，一个新的固相出现以前，常常发生过冷现象，轻微过冷则有利于测量相变温度；但严重过冷现象，却会使转折点发生起伏，使相变温度的确定产生困难，见图 2-6-2。遇此情况，可延长 dc 线与 ab 线相交，交点 e 即为转折点。

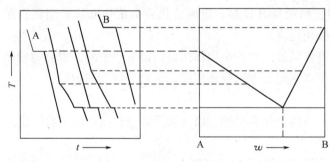 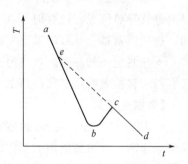

图 2-6-1　根据步冷曲线绘制相图　　　图 2-6-2　有过冷现象时的步冷曲线

【仪器试剂】

立式加热炉 1 台；保温炉 1 台；记录仪 1 台；调压器 1 台；镍铬-镍硅热电偶 1 支；样品坩埚 6 个；玻璃套管 6 支；烧杯（250mL，2 只）。

Sn(C. P.)；Bi(C. P.)；石蜡油；石墨粉。

【实验步骤】

1. 热电偶的选择和制备

取 60cm 长的镍铬丝和镍硅丝各一段，将镍铬丝用小绝缘瓷管穿好，将其一端与镍硅丝的一端紧密地扭合在一起（扭合头为 0.5cm），将扭合头稍稍加热立即蘸少许硼砂粉，并用小火熔化，使硼砂形成玻璃态，然后放在高温焰上小心烧结，直到扭头熔成一光滑的小珠（注意温度控制及操作安全），冷却后将硼砂玻璃层除去。

2. 样品配制

用感量 0.1g 的台秤分别称取纯 Sn、纯 Bi 各 50g，另配制含锡 20％、40％、60％、80％的铋锡混合物各 50g，分别置于坩埚中，在样品上方各覆盖一层石墨粉。

3. 绘制步冷曲线

（1）将热电偶及测量仪器如图 2-6-3 所示连接好。

（2）将盛放样品的坩埚放入加热炉内加热（控制炉温不超过 400℃）。待样品熔化后停止加热，用玻璃棒将样品轻轻搅拌均匀，并在样品表面撒一层石墨粉，以防止样品氧化。

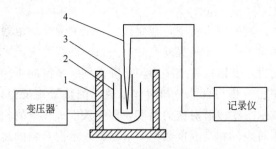

图 2-6-3　步冷曲线测量装置
1—加热炉；2—坩埚；3—玻璃套管；4—热电偶

（3）将坩埚移至保温炉中冷却，此时热电偶的尖端应置于样品中央，但与管底距离应不小于 1cm，以便反映出体系的真实温度，同时开启记录仪绘制步冷曲线直至水平线段以下。

（4）用上述方法绘制所有样品的步冷曲线。

（5）用小烧杯装一定量的水，在加热炉上加热，将热电偶插入水中绘制出水沸腾时的水平线。

【注意事项】

• 用加热炉加热样品时，温度要适当，温度过高样品易氧化变质；温度过低或加热时间不够则样品没有完全熔化，步冷曲线转折点测不出。

• 热电偶热端应插到样品中心部位，在套管内注入少量的石蜡油，将热电偶浸入油中，以改善其导热情况。搅拌时要注意勿使热端离开样品，金属熔化后常使热电偶玻璃套管浮起，这些因素都会导致测温点变动，必须注意。

• 在测定一样品时，可将另一待测样品放入加热炉内预热，以便节约时间。混合物的体系有两个转折点时，必须待第二个转折点测完后方可停止实验，否则需重新测定。

【数据处理】

1. 用已知纯 Bi、纯 Sn 的熔点及水的沸点作横坐标，以纯物质步冷曲线中的平台温度为纵坐标作图，画出热电偶的工作曲线。

2. 找出各步冷曲线中转折点和水平线段所对应的温度值。

3. 从热电偶的工作曲线上查出各转折点温度和水平线段所对应的温度，以温度为纵坐标，以物质组成为横坐标，绘出 Sn-Bi 金属相图。

思 考 题

1. 对于不同成分的混合物的步冷曲线，其水平段有什么不同？为什么？

2. 作相图还有哪些方法？

【讨论】

1. 本实验成败的关键是步冷曲线上转折点和水平线段是否明显。步冷曲线上温度变化的速率取决于体系与环境间的温差、体系的热容量、体系的热传导率等因素，若体系析出固体放出的热量抵消散失热量的大部分，转折变化明显，否则转折不明显。故控制好样品的降温速率很重要，一般控制在 6～8℃·min^{-1}，在冬季室温较低时，就需要给体系降温过程加以一定的电压（约 20V）来减缓降温速率。

2. 实验所用体系一般为 Sn-Bi、Cd-Bi、Pb-Zn 等低熔点金属体系，但它们的蒸气对人体健康有危害，因而要在样品上方覆盖适量石墨粉或石蜡油，防止样品的挥发和氧化。石蜡油的沸点较低（大约为 300℃），故电炉加热样品时注意不宜升温过高，特别是样品近熔化时所加电压不宜过大，以防止石蜡油的挥发和炭化。

3. 固液系统的相图类型很多，二组分间可形成固溶体、化合物等，其相图可能会比较复杂。一个完整相图的绘制，除热分析法外，还需借用化学分析、金相显微镜、X 射线衍射等方法共同解决。

实验七　差热分析

【目的要求】
1. 了解差热分析仪的工作原理及使用方法。
2. 了解热电偶的测温原理和如何利用热电偶绘制差热图。
3. 绘制 $CuSO_4 \cdot 5H_2O$ 等样品的差热图，并进行定性解释。

【实验原理】
物质在受热或冷却过程中，当达到某一温度时，往往会发生熔化、凝固、晶型转变、分解、化合、吸附、脱附等物理或化学变化，并伴随有焓的改变，因而产生热效应，其表现为体系与环境（样品与参比物）之间有温度差。差热分析（Differential Thermal Analysis，DTA）就是通过温差测量来确定物质的物理化学性质的一种热分析方法。

差热分析仪的结构如图 2-7-1 所示。它包括带有控温装置的加热炉、放置样品和参比物的坩埚、用以盛放坩埚并使其温度均匀的保持器、测温热电偶、差热信号放大器和信号接收系统（记录仪或微机等）。差热图的绘制是通过将两支型号相同的热电偶，分别插入样品和参比物中，并将其相同端连接在一起（即并联，见图 2-7-1）。A、B 两端引入记录笔 1，记录炉温信号。若炉子等速升温，则笔 1 记录下一条倾斜直线，如图 2-7-2 中 MN；A、C 端引入记录笔 2，记录差热信号。若样品不发生任何变化，样品和参比物的温度相同，两支热电偶产生的热电势大小相等，方向相反，所以 $\Delta U_{AC} = 0$，笔 2 划出一条垂直直线，如图 2-7-2 中 ab、de、gh 段，是平直的基线。反之，样品发生物理、化学变化时，$\Delta U_{AC} \neq 0$，笔 2 发生左右偏移（视热效应正、负而异），记录下差热峰如图 2-7-2 中 bcd、efg 所示。两支笔记录的时间-温度（温差）图就称为差热图，或称为热谱图。

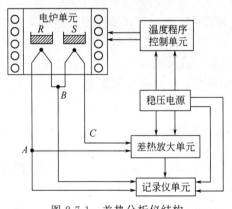

图 2-7-1　差热分析仪结构

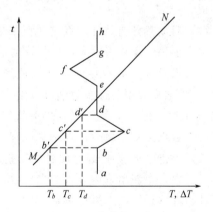

图 2-7-2　典型的差热图

从差热图上可清晰地看到差热峰的数目、位置、方向、宽度、高度、对称性以及峰面积等。峰的数目表示物质发生物理、化学变化的次数；峰的位置表示物质发生变化的温度（如图 2-7-2 中 T_b）；峰的方向表明体系发生热效应的正负性；峰面积说明热效应的大小；相同条件下，峰面积大的表示热效应也大。在相同的测定条件下，许多物质的热谱图具有特征性：即一定的物质就有一定的差热峰的数目、位置、方向、峰温等，所以，可通过与已知的热谱图的比较来鉴别样品的种类、相变温度、热效应等物理化学性质。因此，差热分析广泛应用于化学、化工、冶金、陶瓷、地质和金属材料等领域的科研和生产部门。理论上讲，可通过峰面积的测量对物质进行定量分析。

样品的相变热 ΔH 可按下式计算：

$$\Delta H = \frac{K}{m} \int_{t_b}^{t_d} \Delta T \, dt$$

式中，m 为样品质量；t_b、t_d 分别为峰的起始、终止时刻；ΔT 为时间 t 内样品与参比物的温差；$\int_{t_b}^{t_d} \Delta T \, dt$ 代表峰面积；K 为仪器常数，可用数学方法推导，但较麻烦，本实验用已知热效应的物质进行标定。已知纯锡的熔化热为 $5.936 \times 10^4 \, \text{J} \cdot \text{kg}^{-1}$，可由锡的差热峰面积求得 K 值。

【仪器试剂】

差热分析仪 1 台。

$BaCl_2 \cdot 2H_2O$（A.R.）；$CuSO_4 \cdot 5H_2O$（A.R.）；$NaHCO_3$（A.R.）；Sn（A.R.）。

【实验步骤】

1. 开机预热　装填样品

(1) 接通电源，开启计算机及打印机电源开关，待计算机启动完成后打开差热分析仪电源开关，此时电源指示灯亮，仪器进入自检程序，蜂鸣器响几声后停止，预热 30min。同时开启冷却水，根据需要在通气口通入一定流量的保护气体。

(2) 将待测标样锡放入一只空坩埚中精确称重（约 4.5mg），在另一只空坩埚中放入质量基本相等的参比物，如 $\alpha\text{-}Al_2O_3$。按"上升"按钮升起炉体，以面向炉体正面为准，在热偶板左侧放置参比物坩埚，右侧放置待测样品坩埚。按"下降"按钮降下炉体。

2. 差热测量

本型号差热分析仪采用全电脑自动控制技术，样品装填后全部操作均在热分析控制软件上完成。

(1) 启动热分析软件，点击"新采集"弹出"参数设定"窗口，依次填写基本实验参数中的试样名称、操作者姓名、试样序号、试样质量，DTA 取值范围选择 $10\mu V$，其他选择默认值。切换至温升参数界面，升温速率选择 $5\text{℃} \cdot \text{min}^{-1}$ 或 $10\text{℃} \cdot \text{min}^{-1}$，终值温度设定为 350℃，根据需要填写保温时间。点击"绘图"预览升温曲线图形是否正常。设置完成检查无误后点击"确定"，系统进入采集状态。

(2) 数据采集结束后，点击"保存"将数据保存至电脑。

(3) 点击"设置-控温电偶温度"查看当前炉温，待炉温降至 50℃ 以下，保留参比物坩埚不动，在一个新坩埚内装入与参比物质量大致相等的 $CuSO_4 \cdot 5H_2O$ 样品（需准确称量），按上述步骤（1）、（2）进行测定。

(4) 数据读取：点击"打开"调出已保存的差热曲线，单击鼠标右键选择"DTA 分析"，分别在起峰前、后的水平位置处双击左键，对 DTA 曲线的峰进行分段截取。在弹出的"对曲线做 DTA 分析"对话框中，依次点击"外推起始温度"、"峰顶温度"、"反应峰面积-连线法"将各项数据标出，然后点击"返回"回到差热曲线界面。按照上述方法读取各峰的特征数据并打印差热图。

【注意事项】

• 坩埚一定要清理干净，否则坩垢不仅影响导热，杂质在受热过程中也会发生物理化学变化，影响实验结果的准确性。

- 样品必须磨细，否则差热峰不明显；但也不宜太细，一般研磨到 200 目左右为宜。
- 小坩埚底部一定与热偶板密切接触，以保证传输的温度信号准确。
- 如果"噪声"太大，屏幕上信号较乱，鼠标点击"平滑"按钮，以获得较清晰的图形。

【数据处理】

1. 由所测样品的差热图，求出各峰的起始温度和峰温，将数据列表记录。
2. 根据锡的熔化热估算所测样品的热效应值。
3. 样品 $CuSO_4 \cdot 5H_2O$ 的三个峰各代表什么变化，写出反应方程式。根据实验结果，推测 $CuSO_4 \cdot 5H_2O$ 中 5 个 H_2O 的结构状态。

思 考 题

1. DTA 实验中如何选择参比物？常用的参比物有哪些？
2. 差热曲线的形状与哪些因素有关？影响差热分析结果的主要因素是什么？
3. DTA 和简单热分析（步冷曲线法）有何异同？

【讨论】

从理论上讲，差热曲线峰面积（S）的大小与试样所产生的热效应（ΔH）大小呈正比，即 $\Delta H = KS$，K 为比例常数。将未知试样与已知热效应物质的差热峰面积相比，就可求出未知试样的热效应。实际上，由于样品和参比物之间的比热容、导热系数、粒度、装填紧密程度等不同，在测定过程中又由于熔化、分解和晶型转变等物理、化学性质的改变，未知物试样和参比物的比例常数 K 并不相同，所以用它来进行定量计算误差较大。但差热分析可用于鉴别物质，与 X 射线衍射、质谱、色谱、热重法等方法配合可确定物质的组成、结构，及用于动力学等方面的研究。

实验八　差热-热重分析及应用

（一）差热-热重分析

【目的要求】

1. 掌握差热-热重分析的原理，并依据差热-热重曲线解析样品的差热-热重过程。
2. 了解微机差热天平（或综合热分析仪）的工作原理，学会使用微机差热天平。
3. 用微机差热天平测定样品的差热-热重曲线，处理差热和热重数据。

【实验原理】

热分析是通过测定物质加热或冷却过程中物理性质（目前主要是质量和能量）的变化来研究物质性质及其变化，或者对物质进行分析鉴别的一种技术。依据所测物理量的性质，热分析技术可分为差热分析（DTA）、差示扫描量热（DSC）、热重分析（TGA）、热机械分析（DMA）、逸出气体分析法（EGA）等。

1. 差热分析

实验原理见实验七差热分析。

2. 热重分析

物质受热时发生分解、氧化、还原等化学反应，或发生脱水、蒸发、汽化等，质量也随之改变。热重分析（简称 TG）法就是在一定的气氛中程序控温下，测量物质的质量随温度（或时间）变化的一种热分析技术。用于考察样品的热稳定性，也可用于分析样品组成。热重法实验得到的曲线称为热重曲线（即 TG 曲线）。TG 曲线以质量作纵坐标，从上向下表示质量减少；以温度（或时间）为横坐标，自左至右表示温度（或时间）增加。通过 TG 曲线可以知道样品质量的变化情况，可求得试样组成、热分解温度等有关数据，以此推测其变化过程。

热重分析法的主要特点是定量性强，能准确地测量物质质量的变化及变化的速率。热重法的实验结果与实验条件有很大关系。但在相同的实验条件下，同种样品的热重数据是重现的。

从热重法派生出微商热重法（DTG），即 TG 曲线对温度（或时间）的一阶导数。DTG 曲线能精确反映出起始反应温度、达到最大反应速率的温度和反应终止的温度。在 TG 曲线上，对应于整个变化过程中各阶段的变化互相衔接而不易区分开，同样的变化过程在 DTG 曲线上能呈现出明显的最大值。故 DTG 能很好地显示出重叠反应，区分各个反应阶段，这是 DTG 的最可取之处。另外，DTG 曲线峰的面积精确地对应着变化了的质量，因而 DTG 能精确地进行定量分析。有些材料由于种种原因不能用 DTA 来分析，却可以用 DTG 来分析。DTG 曲线和 TG 曲线实验时同时获得。

3. 微机差热天平

微机差热天平的结构和原理分别如图 2-8-1 和图 2-8-2 所示。

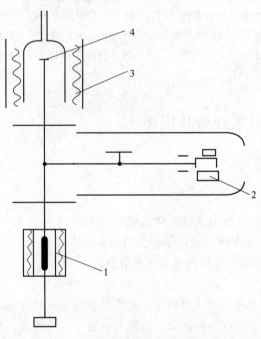

图 2-8-1 微机差热天平的结构图
1,2—天平的电平衡和数据采集；3—加热炉；
4—差热/测温传感器

热天平的主要工作原理是把电路和天平结合起来，通过程序控温仪使加热电炉按一定的升温速率升温（或恒温）。仪器的天平测量系统采用电子称量，当被测试样发生质量变化，光电传感器能将质量变化转化为直流电信号。此信号经测重电子放大器放大并反馈至天平动圈，产生反向电磁力矩，驱使天平梁复位。反馈形成的电位差与质量变化成正比（即可转变为样品的质量变化）。此电信号经放大电路、模/数转换等处理后送入计算机。在实验过程中，微机不断采集试样质量，就可获得一条试样质量随温度变化的热重曲线 TG。质量信号输入微分电路后，微分电路输出端便会得到热重的一次微分曲线 DTG。

差热信号的测量通过样品支架实现，使用点状平板热电偶，四孔氧化铝杆做吊杆，细软的导线作差热输出信号的引线。测试时将参比物（α-氧化铝粉）与试样分别放在两个坩埚内，加热炉以一定速率升温，若试样没有热反应，则它与参比物的温差为零；若试样在某一温度范围有吸热（或放热）反应，则试样温度将停止（或加快）上升，与参比物间产生温差，把温差的热电势放大后经微机实时采集，可得差热的峰形曲线。

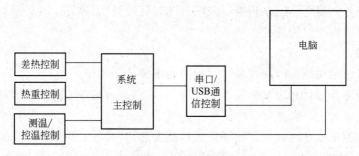

图 2-8-2　微机差热天平的原理示意图

【仪器试剂】

HCT-1 微机差热天平 1 套；电子分析天平 1 台；Al_2O_3 坩埚 2 只。

$CuSO_4 \cdot 5H_2O$（A.R.）或 $CaC_2O_4 \cdot H_2O$（A.R.）；参比物 α-Al_2O_3 粉；氮气。

【实验步骤】

1. 开机准备

（1）检查微机差热天平仪的管路和仪器连接是否正确，打开微机差热天平仪主机的电源开关，仪器需预热 20min。

（2）打开水循环冷却器。

（3）检查实验用的气瓶（氮气或空气）是否有足够的压力。打开保护气气瓶，将减压表压力调整到 0.2MPa。

（4）将计算机打开，登录到 Windows。打开软件，双击桌面上的热分析工具图标，进入工作软件。

（5）在分析天平上准确称取 5.0～10.0g 样品。将样品放入支撑杆差热盘，左边放参比物，右边放试样。

2. 采集操作

（1）确认仪器与计算机通过通讯串口线已正常连接。

（2）新建一个采集。点击工具栏"开始"或者主菜单"文件—新采集"，弹出"设置新升温参数"，在基本设置栏中填写实验信息：试样名称、试样序号、操作员和试样质量等，在分段升温参数栏中依据实验条件设置升温参数（加温程序）。完成后，点击"检查"按钮，检查参数设置是否正确。

（3）点击"确认"按钮开始采集数据。仪器按照加温程序设置自动加热，按采样周期采集数据点，以时间或温度为 X 轴，参数数据为 Y 轴，显示在曲线显示区中。

（4）停止采集

当数据采集程序到达设定时间后，采集程序自动停止，弹出"正常完成采样任务"框，点击"确认"，弹出保存对话框，浏览文件夹，保存数据到指定的目录。点击工具栏"停止"按钮，手动结束采样。

3. 关闭仪器

（1）待实验结束后，退出 HJ 热分析工具软件。

（2）关闭 Windows XP 操作系统，关闭计算机。

（3）关闭仪器主机。

（4）关闭冷却水（必须在仪器炉温低于 200℃时才能关闭冷却水）。

（5）关闭气体。将气体钢瓶总阀门关闭（顺时针旋转），排除余气，关好减压阀。

（6）关闭打印机和其他设备。

【注意事项】

• 软件没有记忆功能，因此在采样过程中，不能关闭程序。

• 样品应适量（如：在坩埚中放置 1/3 厚），以便减小在测试中样品的温度梯度，确保测量精度。样品量太大，会使 TG 曲线偏离。

• 样品要均匀平铺在坩埚中，保证待测样品受热均匀。

• 使用温度在 500℃ 以上，一定要使用气氛，以减少天平误差。实验过程中，气流要保持稳定。

• 坩埚要轻拿轻放，以减少天平摆动。转移坩埚和称取样品时，严禁用手直接触碰，应使用镊子夹取。

• 在仪器分析工作过程中不要触摸仪器和敲打晃动实验台，以免对分析曲线造成不必要的干扰。

• 实验结束后，当加热炉温度降至 200℃ 以下时，方可关闭冷却水。

【数据处理】

1. 从主菜单中选择"数据分析"显示下拉菜单，点击工具栏"打开"按钮或主菜单"文件－打开"菜单，选择需要分析的数据文件，点击"打开"，窗口界面出现相应实验曲线。

2. 差热曲线（DTA）分析

DTA 分析包括外推起始温度、拐点温度、外推终止温度、峰宽、峰高、峰值、峰面积、仪器常数、反应热焓等数据。

选择曲线中放热峰/吸热峰单峰，点击"数据分析-DTA-峰区分析"，软件自动生成一条红色竖线和水平调整光标，用鼠标分别单击峰前缘和峰后缘平滑处，软件标示出所选各特征点温度，对其他峰重复操作，完成峰区分析。记录峰面积热焓、峰起始点、外推始点、峰顶温度、终点温度、玻璃化温度等。

3. 热重曲线（TG）分析

TG 曲线分析包括外推温度、拐点及失重量分析。

选择要分析的台阶（单台阶或多台阶），点击"数据分析-TG-失重分析"，软件自动生成一条红色竖线和水平调整光标，用鼠标单击台阶前缘平滑处，生成一条平行于 Y 轴的引出线，同理点击峰后缘，完成峰区分析。记录各个反应阶段的 TG 失重百分比、失重始温、终温、失重速率最大点温度。

思 考 题

1. 如何依据失重百分比推断反应方程式？

2. 影响差热曲线形态的因素有哪些？

3. 如果增大升温速率，样品分解温度会发生怎样的变化？

【讨论】

1. 综合热分析仪还可以对差热曲线和热重曲线作动力学的数据处理。以差热曲线为例，可作 Freeman 法动力学计算和 Ozawa 法动力学计算。

（1）Freeman 法动力学计算　首先输入需要计算的峰数，并对需要计算的峰确定起点位置和终点位置，定出起点温度和终点温度，然后对其作反应动力学（Freeman）处理，即可得到活化能 $E_{\rm fr}$、反应级数 n 等值。

（2）Ozawa 法动力学计算　用 Ozawa 法作动力学数据处理时，预先要采集三条不同升温速率的曲线。先设置要计算的峰数，并对需要计算的峰确定起点位置和终点位置，定出起点温度和终点温度，然后对其作反应动力学（Ozawa）处理，出现调用第二条曲线对话框，键入曲线名调出第二条曲线，再次对曲线确定起点位置和终点位置，定出起点温度和终点温度，然后对其作反应动力学（Ozawa）处理，出现调用第三条曲线对话框，键入曲线名调出第三条曲线，同样对曲线确定起点位置和终点位置，定出起点温度和终点温度，最后对其作反应动力学（Ozawa）处理，即可得活化能 $E_{\rm oz}$ 值。

2. 随着热分析方法的不断发展，差热-热重的应用领域也不断扩大：用于确定物质的热稳定性、使用寿命以及热分解温度和热分解产物；用于物质升华过程和蒸气压测定；研究一些含水物质的脱水过程及其相关的动力学；研究物质对气体的吸附过程；对已知混合物中各组分的含量做定量分析；另外，差热-热重分析还可以用于矿物、土壤、煤炭、建筑材料等行业。

以下以钙镁离子混合液分析做一简要介绍。

由 $CaC_2O_4 \cdot H_2O$ 的 TG 曲线知 226～346℃时以草酸钙形式存在，420～660℃时以碳酸钙形式存在，840～980℃时以氧化钙形式存在。而草酸镁在 500℃时已经分解生成高温稳定的氧化镁。根据上述信息可以将钙镁离子混合液用草酸盐沉淀，然后再进行差热-热重分析，根据 500℃和 900℃时的质量分数就可以计算出混合物中钙镁离子含量。

具体方法如下：把钙镁离子混合草酸盐的 TG 曲线与各自的草酸盐 TG 曲线比较，若以 m 表示取样质量，$m_{\rm Ca}$、$m_{\rm Mg}$ 分别代表钙和镁的质量，w_1、w_2 分别代表在 500℃时（$MgO + CaCO_3$）和 900℃时（$MgO + CaO$）混合物的质量分数（这可由 TG 曲线上得到），则

$$\frac{100 m_{\rm Ca}}{40} + \frac{40.32 m_{\rm Mg}}{24.32} = w_1 m \; ; \quad \frac{56 m_{\rm Ca}}{40} + \frac{40.32 m_{\rm Mg}}{24.32} = w_2 m$$

于是

$$m_{\rm Ca} = \frac{w_1 - w_2}{1.1} m$$

用同样的方法还可以从金属硝酸盐的混合物中测定出铜-银合金。

3. 影响热重曲线的因素

（1）仪器的影响

① 浮力的影响　热天平在热区中，其部件在升温过程中排开空气的质量在不断减小，即浮力在减小，也就是试样的表现增重。

热天平试样周围气氛受热变轻会向上升，形成向上的热气流，作用在热天平上相当于减重，叫做对流影响。

② 坩埚的影响　热分析用的坩埚（或称试样杯、试样皿）材质，要求对试样、中间产物、最终产物和气氛都是惰性的，既不能有反应活性，也不能有催化活性。

③ 挥发物再冷凝的影响　试样热分析过程逸出的挥发物有可能在热天平其他部分再冷凝，这不但污染了样品，而且还使测得的失重量偏低，待温度进一步上升后，这些冷凝物可能再次挥发产生假失重，使 TG 曲线变形，使测定不准，也不能重复。为解决这个问题可适当向热天平通适量气体。

（2）操作条件的影响

① 升温速率的影响　这是对 TG 测定最大的影响因素。升温速率越大，温度滞后越严重，开始分解温度 $T_{\rm i}$ 及终止分解温度 $T_{\rm f}$ 都越高，温度区间也越宽。

一般进行热重法测定不要采用太高的升温速率，对传热差的高分子试样一般用 5～10℃·min^{-1}，对传热好的无机物、金属试样可用 10～20℃·min^{-1}，对作动力学分析还要低一些。

② 气氛的影响　热天平周围气氛的改变对 TG 曲线的影响也非常显著。

在流动气氛中进行 TG 测定时，流速大小、气氛纯度、进气温度等是否稳定，对 TG 曲线都有影响。一般，气流速度大，对传热和逸出气体扩散都有利，使热分解温度降低。对于真空和高压热天平，气氛压

力对 TG 也有很大影响。

（3）试样用量、粒度和装填情况的影响

试样用量多时，要经过较长时间内部才能达到分解温度。

试样粒度对 TG 曲线的影响与用量的影响相似，粒度越小，反应面积越大，反应更易进行，反应也越快，使 TG 曲线的 T_i 和 T_f 都低，反应区间也窄。

试样装填情况首先要求颗粒均匀，必要时要过筛。

（二）TG/DSC-MS 联用技术测定 $CaC_2O_4 \cdot H_2O$ 热分解过程及动力学计算

【目的要求】

1. 掌握 TG/DSC-MS 联用热分析技术，了解 STA6000 分析仪的工作原理。

2. 对实验数据进行计算并对实验图谱进行分析，求出相关动力学结果并确定热分析反应机理。

【实验原理】

热重分析（TG）法是测定样品在一定的气氛和程序温度加热条件下其质量随温度（或时间）变化的一种热分析技术。热重分析法的重要特点是定量性强，能准确地测量物质的质量变化及变化的速率，可以说，只要物质受热时发生质量的变化，就可以用热重法来研究其变化过程。示差扫描量热（DSC）法是通过差动热量补偿原理测定样品在一定气氛和加热条件下变化时的热效应的一种热分析技术。DSC 的主要特点是试样和参比物分别有独立的加热元件和测温元件，并由两个系统进行监控。其中一个用于控制升温速率，另一个用于补偿试样和惰性参比物之间的温差。TG、DSC 和其他常见的单纯的热化学分析技术如差热分析（DTA）等一样，都只能反映样品在热化学变化中某个数量性质（如质量、温差、焓变等）随温度改变而产生的变化，并不能直接准确说明过程中具体发生了什么化学变化。质谱（MS）法是将气态样品经离子源作用，产生分子正离子或碎片正离子，再被电场加速，最后在质谱分析器中按质荷比大小进行分离、记录并获得质谱图的一种分析技术。质谱法可对反应产物进行原位实时的分析。若将 TG/DSC 法与 MS 技术结合起来，即仪器联用，则可同时发挥多种实验技术的用途，从而客观准确地认识反应过程并可对反应机理进行解释和研究。

利用 TG/DSC-MS 联合分析所得的图谱和数据，不但可以分析反应过程，还可以利用仪器所带软件便捷求出反应的动力学结果，如反应级数 n、活化能 E、频率因子 A 和速率常数 k 等参数。美国 PerkinElmer 公司 STA 6000 综合热分析仪提供有 Pyris Manager 分析软件，可对 TG 或 DSC 数据进行处理分析，求出热反应过程的动力学结果。

【仪器试剂】

STA 6000 综合热分析仪 1 台；Tilon 质谱仪 1 台；Pyris Manager 动力学分析软件；微量电子天平 1 台。

$CaC_2O_4 \cdot H_2O$（A.R.）；$\alpha\text{-}Al_2O_3$（A.R.）；高纯氮气钢瓶 1 个。

【实验步骤】

1. 打开热分析仪

打开总电源，开循环冷却水阀门，然后打开 STA 6000 仪器。

2. 打开质谱仪

开气泵，打开质谱仪电源，开传送带加热装置，连接计算机。在计算机上启动 STA 6000 热分析实时程序，检查氮气气压正常后，在"诊断"栏"气体开关"选项中选中气路

2、3，调节保护气流量为 $15\text{mL}\cdot\text{min}^{-1}$，吹扫气流量为 $30\text{mL}\cdot\text{min}^{-1}$。等待质谱仪内及采样口温度和气路加热温度都稳定到 200℃ 且质量读数稳定后，将质量清零，并设定质谱仪参数。

3. 热分析步骤

打开炉子盖，称取 10mg 左右的样品放入瓷坩埚中，用镊子夹住瓷坩埚小心轻放在天平上，盖上盖子。双击"Pyris Manager"软件，点击右上角"STA 6000 离线"。设定样品信息，设置温控程序参数：点击"程序 1"，在 30℃ 保持 1min；点击"程序 2"，$CaC_2O_4\cdot H_2O$ 的起始温度 30℃，终止温度 900℃，升温速率 $10℃\cdot\text{min}^{-1}$；点击"程序 3"，在 900℃ 保持 1min；将此对话框最小化，在屏幕右侧"STA 6000 控制面板"处设置起始温度，点击上方"升温至指定温度"。待温度升至起始温度，点击"STA 6000 控制面板"处的"启动"，开始实验。利用质谱界面监测热过程不同温度时的气态产物并获得 MS 谱图；通过 TG/DSC 界面测定热过程的 TG/DSC 谱图。

4. 结束步骤

实验结束后，用镊子小心地将坩埚取出，用乙醇清洗后，放于指定位置，关闭所有仪器、电脑、循环冷却水以及氮气钢瓶。

【注意事项】

- 打开综合热分析仪后，需待仪器稳定后方可进行操作。
- 样品取量要适当，样品量太大，会使 TG 曲线偏离。
- 使用温度在 500℃ 以上，一定要使用气氛，以减少天平误差。实验过程中，气流要保持稳定。
- 坩埚轻拿轻放，以减少天平摆动。
- 测试完成后，要待炉体冷却到室温后才能关闭冷却系统。

【数据处理】

1. 解析 TG/DSC 和 MS 谱图，定性定量表达 $CaC_2O_4\cdot H_2O$ 热分解过程，写出每一步变化的温度、失重、焓变化和方程式。

2. 对 DSC 测定结果（也可选择 TG 测定结果）进行处理，求出 $CaC_2O_4\cdot H_2O$ 热分解过程中其中一步或多步变化的反应级数 n、活化能 E、频率因子 A 和速率常数 k。

手工拟合方法参见实验讨论。利用仪器自带软件拟合尝试 n 级反应机理线性拟合。

思 考 题

1. 如果分别在惰性气氛和空气气氛下测定 $CaC_2O_4\cdot H_2O$ 的热分解过程的 TG/DSC 谱图及 MS 谱图，不同条件下的结果有何不同？

2. 依据失重百分比，推断反应方程式。

3. 各个参数对曲线分别有什么影响？

【讨论】

利用热分析曲线计算反应的动力学参数的经典 Coats 法。

以 TG 数据和谱图处理为例。设某一化合物在加热过程中发生变化，其速率方程为

$$\frac{\mathrm{d}\alpha}{\mathrm{d}t}=k\cdot f(\alpha)=A\cdot\exp[-E_a/(RT)]\cdot f(\alpha)$$

式中，α 为化合物的转化率；$f(\alpha)$ 取决于变化的性质和机理。Sestak 等人提出，对于简单 n 级反应：

$$f(\alpha) = (1-\alpha)^n$$

则有

$$\frac{d\alpha}{dt} = A \cdot \exp[-E_a/(RT)] \cdot (1-\alpha)^n$$

考虑程序升温速率：

$$\beta = \frac{dT}{dt}$$

可用转化率对温度的关系来表示速率方程：

$$\frac{d\alpha}{dT} = \frac{A}{\beta} \cdot \exp[-E_a/(RT)] \cdot (1-\alpha)^n$$

这就是求得动力学参数的基本公式，如进一步作微分或积分，则可导出各种不同形式的动力学方程。Coats 等人对上式积分并作一些近似处理，假设 $20 \leqslant E_a/(RT) \leqslant 60$，得到如下结果：

当 $n=1$ 时

$$\lg\left[-\frac{\ln(1-\alpha)}{T^2}\right] = \lg\left[\frac{AR}{E_a\beta} \times \left(1-\frac{2RT}{E_a}\right)\right] - \frac{E_a}{2.303RT}$$

当 $n \neq 1$ 时

$$\lg\left[\frac{1-(1-\alpha)^{1-n}}{(1-n)T^2}\right] = \lg\left[\frac{AR}{E_a\beta} \times \left(1-\frac{2RT}{E_a}\right)\right] - \frac{E_a}{2.303RT}$$

由 TG 实验数据求得每个变化过程一系列 T 所对应的 α 值，尝试用不同的 n 值，用上述线性关系作图，由最佳线性关系确定反应级数 n，由该直线的斜率得到活化能 E_a；由上述两式分别计算得到频率因子 A 和速率常数 k。

实验九　三组分体系等温相图的绘制

【目的要求】

1. 熟悉相律，掌握用三角形坐标表示三组分体系相图的方法。
2. 掌握用溶解度法绘制相图的基本原理。
3. 绘制具有一对共轭溶液的苯-乙酸-水三组分体系的相图。

【实验原理】

对于三组分体系，当处于恒温恒压条件时，根据相律，其自由度 f^* 为：

$$f^* = 3 - \Phi$$

式中，Φ 为体系的相数。体系最大条件自由度 $f^*_{\max} = 3-1 = 2$，因此，浓度变量最多只有两个，可用平面图表示体系状态和组成间的关系，通常是用等边三角形坐标表示，称之为三元相图。如图 2-9-1 所示。

等边三角形的三个顶点分别表示纯物 A、B、C，三条边 AB、BC、CA 分别表示 A 和 B、B 和 C、C 和 A 所组成的二组分体系的组成，三角形内任何一点都表示三组分体系的组成。图 2-9-1 中，P 点的组成表示如下：

经 P 点作平行于三角形三边的直线，并交三边于 a、b、c 三点。若将三边均分成 100 等份，则 P 点的 A、B、C 组成分别为：A% = $Pa=Cb$，B% = $Pb=Ac$，C% = $Pc=Ba$。

苯-醋酸-水是属于具有一对共轭溶液的三液体体系，即三组分中二对液体 A 和 B，A 和 C 完全互溶，而另一对液体 B 和 C 只能有限度的混溶，其相图如图 2-9-2 所示。

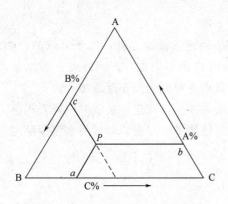

图 2-9-1　等边三角形法表示三元相图

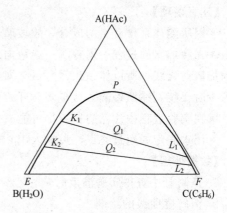

图 2-9-2　共轭溶液的三元相图

图 2-9-2 中，E、K_2、K_1、P、L_1、L_2、F 点构成溶解度曲线，K_1L_1 和 K_2L_2 是连接线。溶解度曲线内是两相区，即一层是苯在水中的饱和溶液，另一层是水在苯中的饱和溶液。曲线外是单相区。因此，利用体系在相变化时出现的清浊现象，可以判断体系中各组分间互溶度的大小。一般来说，溶液由清变浑浊时，肉眼较易分辨。所以本实验是用向均相的苯-乙酸体系中滴加水使之变成二相混合物的方法，确定二相间的相互溶解度。

【仪器试剂】

具塞锥形瓶（100mL 2 只、25mL 4 只）；酸式滴定管（20mL 1 支）；碱式滴定管（50mL，1 支）；移液管（1mL 1 支、2mL 1 支）；刻度移液管（10mL 1 支、20mL 1 支）；锥形瓶（150mL 2 只）。

冰醋酸（A. R.）；苯（A. R.）；NaOH(0.2000mol·L^{-1})；酚酞指示剂。

【实验步骤】

1. 测定互溶度曲线

在洁净的酸式滴定管内装水。

用移液管移取 10.00mL 苯及 4.00mL 乙酸，置于干燥的 100mL 具塞锥形瓶中，然后在不停地摇动下慢慢地滴加水，至溶液由清变浑浊时即为终点，记下水的体积。向此瓶中再加入 5.00mL 乙酸，使体系成为均相，继续用水滴定至终点。然后依次用同样方法加入 8.00mL、8.00mL 乙酸，分别再用水滴至终点，记录每次各组分的用量。最后一次加入 10.00mL 苯和 20.00mL 水，加塞摇动，并每间隔 5min 摇动一次，30min 后用此溶液测连接线。

另取一只干燥的 100mL 具塞锥形瓶，用移液管移入 1.00mL 苯及 2.00mL 乙酸，用水滴至终点。之后依次加入 1.00mL、1.00mL、1.00mL、1.00mL、2.00mL、10.00mL 乙酸，分别用水滴定至终点，并记录每次各组分的用量。最后加入 15.00mL 苯和 20.00mL 水，加塞摇动，每隔 5min 摇一次，30min 后用于测定另一条连接线。

2. 连接线的测定

上面所得的两份溶液，经半小时后，待二层液分清，用干燥的移液管（或滴管）分别吸取上层液约 5mL，下层液约 1mL 于已称重的 4 只 25mL 具塞锥形瓶中，再称其质量，然后用水洗入 150mL 锥形瓶中，以酚酞为指示剂，用 0.2000mol·L^{-1} 标准氢氧化钠溶液滴定各层溶液中乙酸的含量。

【注意事项】

● 因所测体系含有水的成分，故玻璃器皿均需干燥。

● 在滴加水的过程中须一滴一滴地加入，且需不停地摇动锥形瓶，由于分散的"油珠"颗粒能散射光线，所以体系出现浑浊，如在 2～3min 内仍不消失，即到终点。当体系乙酸含量少时要特别注意慢滴，含量多时开始可快些，接近终点时仍然要逐滴加入。

● 在实验过程中注意防止或尽可能减少苯和乙酸的挥发，测定连接线时取样要迅速。

● 用水滴定如超过终点，可加入 1.00mL 乙酸，使体系由浑变清，再用水继续滴定。

【数据处理】

1. 从附录中查得实验温度时苯、乙酸和水的密度。

2. 溶解度曲线的绘制

根据实验数据及试剂的密度，算出各组分的质量百分含量。图 2-9-2 中 E、F 两点数据如下：

体 系		溶 解 度				
A	B	10℃	20℃	25℃	30℃	40℃
C_6H_6	H_2O	0.163	0.175	0.180	0.190	0.206
H_2O	C_6H_6	0.036	0.050	0.060	0.072	0.102

将以上组成数据在三角形坐标纸上作图，即得溶解度曲线。

3. 连接线的绘制

(1) 计算二瓶中最后乙酸、苯、水的质量分数，标在三角形坐标纸上，即得相应的物系点 Q_1 和 Q_2。

(2) 将标出的各相乙酸含量点画在溶解度曲线上，上层乙酸含量画在含苯较多的一边，下层画在含水较多的一边，即可作出 K_1L_1 和 K_2L_2 两条连接线，它们应分别通过物系点 Q_1 和 Q_2。

思 考 题

1. 为什么根据体系由清变浑的现象即可测定相界？

2. 如连接线不通过物系点，其原因可能是什么？

3. 本实验中根据什么原理求出苯-乙酸-水体系的连接线？

4. 温度升高，体系的溶解度曲线会发生何种变化？在本实验中应注意哪些问题，以防止温度变化而影响实验的准确性？

5. 为什么说具有一对共轭溶液的三组分系统的相图对确定各区的萃取条件极为重要？

【讨论】

1. 该相图的另一种测绘方法是：在两相区内以任一比例将此三种液体混合置于一定的温度下，使之平衡，然后分析互成平衡的二共轭相的组成，在三角坐标纸上标出这些点，且连成线。此法较为烦琐。

2. 含有两固体（盐）和一液体（水）的三组分体系相图的绘制常用湿渣法。原理是平衡的固、液分离后，其滤渣总带有部分液体（饱和溶液），但它的总组成必定是在饱和溶液和纯固相组成的连接线上。因此，在定温下配制一系列不同相对比例的过饱和溶液，然后过滤，分别分析溶液和滤渣的组成，并把它们一一连成直线，这些直线的交点即为纯固相的成分，由此亦可知该固体是纯物质还是复盐。

实验十 活度系数的测定

（一）气相色谱法测定无限稀释溶液的活度系数

【目的要求】

1. 用气相色谱法测定物质的无限稀溶液的活度系数，并求出其偏摩尔混合热。
2. 了解气相色谱仪的基本构造及原理，并初步掌握色谱仪的使用方法。

【实验原理】

气相色谱主要由四部分组成：①流动相（也叫载气，如 He、N_2、H_2）；②固定相（固体吸附剂或以薄膜状态涂在担体上的固定液，如甘油、液体石蜡等）；③进样器（通常用微量注射器）；④鉴定器（用以检出从色谱柱中流出的组分，由记录仪将信号放大并记录在纸上成为多峰形的色谱图）。

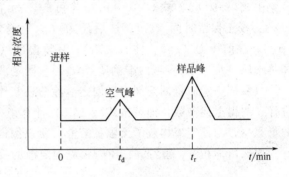

图 2-10-1 典型色谱图

在气-液色谱中固定相是液体，流动相是气体，固定液是涂渍在固体载体上的，涂渍过的载体填充在色谱柱中。当载气将被气化的样品携带进入色谱柱时，样品中的各组分在色谱柱中被逐一分离，单一组分被载气推动依次流经鉴定器。其时间与相对浓度之间的关系如图 2-10-1 所示。

设组分的保留时间为 t_r（从进样到样品峰顶的时间），死时间为 t_d（从进样到空气峰顶的时间），则组分的校正保留时间为：

$$t_r' = t_r - t_d \tag{2-10-1}$$

组分的校正保留体积为：

$$V_r' = t_r' \overline{F_c} \tag{2-10-2}$$

式中，$\overline{F_c}$ 为柱温柱压下载气的平均流速。

组分的校正保留体积 V_r' 与液相体积 V_1 的关系为：

$$V_1 c_i^l = V_r' c_i^g \tag{2-10-3}$$

式中，c_i^l 为组分 i 在液相中的浓度；c_i^g 为组分 i 在气相中的浓度。

设气相符合理想气体，则：

$$c_i^g = \frac{p_i}{RT_c} \tag{2-10-4}$$

而且，

$$c_i^l = \frac{\rho x_i}{M} \tag{2-10-5}$$

式中，p_i 为组分 i 的分压；ρ 为纯液体的密度；M 为纯液体的摩尔质量；x_i 为组分 i 的摩尔分数；T_c 为柱温。

当气液两相达到平衡时，有：

$$p_i = p_s \gamma_i x_i \qquad (2\text{-}10\text{-}6)$$

式中，p_s 为组分 i 的饱和蒸气压；γ_i 为组分 i 的活度系数。将式(2-10-4)～式(2-10-6) 代入式(2-10-3) 得：

$$V_r' = \frac{V_1 \rho R T_c}{M p_s \gamma_i} = \frac{m R T_c}{M p_s \gamma_i} \qquad (2\text{-}10\text{-}7)$$

由式(2-10-7) 得：

$$\gamma_i = \frac{m R T_c}{M p_s V_r'} = \frac{m R T_c}{M p_s t_r' \overline{F_c}} \qquad (2\text{-}10\text{-}8)$$

$$\overline{F_c} = \frac{3}{2} \left[\frac{(p_b \div p_0)^2 - 1}{(p_b \div p_0)^3 - 1} \right] \left(\frac{p_0 - p_w}{p_0} \times \frac{T_c}{T_a} F_c \right) \qquad (2\text{-}10\text{-}9)$$

由式(2-10-8)、式(2-10-9) 两式可知，为了求得 γ_i，需下列参数：载气柱后流速 (F_c)；校正保留时间 (t_r')；柱后压力 (p_0，通常是大气压)；在室温时水的饱和蒸气压 (p_w)；柱前压力 (p_b)；柱温 (T_c)；环境温度 (T_a，通常为室温)；组分 i 在柱温下的饱和蒸气压 (p_s)；固定液的准确质量 (m)；固定液的摩尔质量 (M)。

只要把一定质量的溶剂作为固定液涂渍在载体上，装入色谱柱中，用被测物质作为气相进样，测得上述参数。即可按式(2-10-8) 计算组分 i 在溶剂中的活度系数 γ_i。因加入溶质的量很少，与固定液构成了无限稀溶液，所以测得的 γ_i 为无限稀溶液的活度系数。

比保留体积 V_g 是 273.15K 时每克固定液的校正保留体积，与 V_r' 的关系为：

$$V_g = \frac{273.15 V_r'}{T_c m} \qquad (2\text{-}10\text{-}10)$$

将式(2-10-7) 代入式(2-10-10) 中，得

$$V_g = \frac{273.15 R}{M p_s \gamma_i} \qquad (2\text{-}10\text{-}11)$$

将式(2-10-11) 取对数，得

$$\ln V_g = \ln \frac{273.15 R}{M} - \ln p_s - \ln \gamma_i \qquad (2\text{-}10\text{-}12)$$

将式(2-10-12) 对 $1/T$ 微分，得

$$\frac{d \ln V_g}{d 1/T} = -\frac{d \ln p_s}{d 1/T} - \frac{d \ln \gamma_i}{d 1/T} \qquad (2\text{-}10\text{-}13)$$

由式(2-10-13) 得

$$\frac{d \ln V_g}{d 1/T} = \frac{\Delta H_v}{R} + \frac{\Delta H_{mix}}{R} \qquad (2\text{-}10\text{-}14)$$

积分式(2-10-14) 可得 $$\ln V_g = \frac{1}{T} \left(\frac{\Delta H_v}{R} + \frac{\Delta H_{mix}}{R} \right) + A \qquad (2\text{-}10\text{-}15)$$

式中，A 为积分常数；ΔH_v 为组分 i 的摩尔汽化热；ΔH_{mix} 为组分 i 的摩尔混合热。如为理想溶液，则 $\gamma_i = 1$，这时式(2-10-15) 括号内第二项为零，以 $\ln V_g$-$1/T$ 作图，由直线斜率可得 ΔH_v。如果是非理想溶液，且 ΔH_v、ΔH_{mix} 随温度变化不大，这时以 $\ln V_g$-$1/T$ 作图，由直线斜率可得两个焓变之和，即为气态组分 i 在溶剂中的摩尔溶解热。

【仪器试剂】

GC7900 型气相色谱仪 1 套；微量注射器（5μL，1 支）；秒表 1 块；皂膜流量计 1 只；氢气发生器 1 台。

正己烷（A. R.）；正庚烷（A. R.）；正辛烷（A. R.）；正二十六烷（A. R.）；正二十八烷（A. R.）；正三十烷（A. R.）；101 白色载体（80～100 目）。

【实验步骤】

1. 色谱柱的制备

准确称取一定量的固定液（正二十六烷或正二十八烷或正三十烷）于蒸发皿中，加适量乙醚稀释，按固定液与载体质量比为 20：100 称取 101 载体，将称量好的 101 载体倒入蒸发皿中并搅拌均匀，在红外灯下慢慢加热使溶剂挥发。加热时切忌温度过高，以避免固定液和载体的损失。

将涂好固定液的载体小心装入已洗净且干燥的色谱柱中。柱的一端塞以少量玻璃棉，接上真空泵，用小漏斗由柱的另一端加入载体，同时不断振动柱管，填满后同样塞以少量玻璃棉，准确记录装入色谱柱内固定液的质量。

2. 检漏

开启氢气发生器，调节两气路流速大致相同（约为 30～40mL·min^{-1}），然后堵死柱的气体出口处，用肥皂水检查各接头处，直到不漏气为止。

3. 仪器操作

（1）打开氢气发生器，调节两气路流速大致相同（约为 30～40mL·min^{-1}）并保持稳定。确认氢气通过热导池后，打开气相色谱仪和微机。

（2）启动"GC7900"应用程序，点击"连接"；设"进样口"温度为 100℃，"起始柱温"为 80℃，"TCD（热导池）温度"为 120℃（双击上面的 TCD 设为"关"，双击下面的 TCD 设为"开"并定为通道 1）。

注：每次输入数值后需按"Enter"键确认。

（3）待温度升至所需温度后，将"TCD 电流"设为 50mA，按"Enter"确认键。

（4）打开通道 1，设置"衰减"为"7"，待基线为一直线时（电压在 0～100mV，否则可通过色谱仪右侧下部的旋钮进行调整），即可进样。

（5）准备进样前应正确记录：①室温、②室压、③柱温、④柱前压（表压＋室压）、⑤柱后流速。然后用微量注射器取试样 0.2～0.5μL，再吸入约 5μL 空气，从进样口一次性注入气化室，同时点击"开始"，测量空气峰和样品峰的流出时间。每个样品重复多次，直至其中任意两次的校正保留时间误差不超过 1％，取其平均值。

（6）改变柱温，待基线为一直线时，重复（5）操作（每次升高 5℃，做 4～5 个温度值）。

（7）实验完毕，将 TCD 电流设为 0mA，进样口温度设为 20℃，起始柱温设为 20℃，TCD 温度设为 20℃。待温度降至所需温度后，关闭氢气发生器、气相色谱仪和微机。

【注意事项】

● 实验开始前，须先通入载气，确认氢气通过热导池后，打开气相色谱仪和微机。实验结束时，须待柱温和热导池温度降至室温时，再关闭氢气发生器、色谱仪和微机电源，以防烧坏热导池元件。

● 使用微量注射器时切忌把针芯拉出筒外。注入样品时，动作要迅速。

● 柱温须低于固定液的使用温度，防止固定液流失。

【数据处理】

1. 计算柱温下各溶液的无限稀活度系数。

2. 用正规溶液理论计算柱温下各溶液的无限稀活度系数并与实验值比较。

$$\ln \gamma^{\infty} = \ln \frac{V_{m,B}}{V_{m,A}} + 1 - \frac{V_{m,B}}{V_{m,A}} + \frac{V_{m,B}(\delta'_B - \delta'_A)}{RT}$$

式中，$V_{m,B}$ 为溶质的摩尔体积；$V_{m,A}$ 为溶剂的摩尔体积；δ'_i 为溶解度参数。计算公式如下：

$$\delta'_i = \left(\frac{\Delta U_m}{V}\right)^{\frac{1}{2}}_i ; \Delta U_m = \Delta H_m - RT$$

式中，ΔU_m 为摩尔蒸发内能；ΔH_m 为摩尔蒸发焓。溶剂的密度及摩尔蒸发焓见下表。

项目	正己烷	正庚烷	正辛烷	正二十六烷	正二十八烷	正三十烷
$\rho/g \cdot mL^{-1}$	0.657	0.685	0.704	0.801	0.777	0.807
$\Delta H_m/kJ \cdot mol^{-1}$	31.5	36.6	41.6	131.7	62.76	68.13

3. 以 $\ln V_g$ 对 $1/T$ 作图，求各试样的 ΔH_{mix} 值。

思 考 题

1. 为什么本实验所测得的是组分 i 在无限稀液体混合物中的活度系数？
2. 色谱法测定无限稀溶液的活度系数，是否对一切溶液都适用？

【讨论】

1. 色谱法测定无限稀溶液的活度系数基于以下假设：

(1) 因样品量非常少，可假定组分在固定液中是无限稀释的，并服从亨利定律。且因色谱柱内温差较小，可认为温度恒定；

(2) 因组分在气液两相中的量极微，且扩散迅速。气相色谱中的动态平衡与真正的静态平衡十分接近，可假定色谱柱内任何点均达到气液平衡；

(3) 将气相作为理想气体处理；

(4) 固定液将担体表面覆盖，担体不吸附组分。

2. 利用气相色谱法测定活度系数的方法简便、快速，样品用量少，且结果较准确，比经典方法用时少，误差小。

3. 色谱法测定无限稀溶液的活度系数仅限于那些由一高沸点组分和一低沸点组分组成的二元体系。此外，该方法不能测定有限浓度下的活度系数，只能测定无限稀释活度系数，且是高沸点组分液相浓度为1、低沸点组分液相浓度趋近于零时低沸点组分的无限稀释活度系数，反之则不能。

(二) 用紫外分光光度计测定萘在硫酸铵水溶液中的活度系数

【目的要求】

1. 了解紫外分光光度法测定萘在硫酸铵水溶液中活度系数的基本原理。
2. 用紫外分光光度计测定萘在硫酸铵水溶液中的活度系数，并求出极限盐效应常数。
3. 初步掌握紫外分光光度计的使用方法。

【实验原理】

化合物分子内电子能级的跃迁发生在紫外及可见区的光谱称为电子光谱或紫外-可见光谱。通常紫外-可见分光光度计的测量范围在 $200 \sim 400nm$ 的紫外区及 $400 \sim 1000nm$ 的可见区及部分红外区。

许多有机物在紫外光区具有特征的吸收光谱，而对具有 π 键电子及共轭双键的化合物特别灵敏，在紫外光区具有强烈的吸收。

因萘的水溶液符合朗伯-比尔（Lanbert-Bear）定律，可用三个不同波长（$\lambda = 267\,\text{nm}$，$\lambda = 275\,\text{nm}$，$\lambda = 283\,\text{nm}$）的光，以水作参比，测定不同相对浓度的萘水溶液的吸光度，以吸光度对萘的相对浓度作图，得到三条通过零点的直线。

$$A_0 = kc_0l \qquad (2\text{-}10\text{-}16)$$

式中，A_0 为萘在纯水中的吸光度；c_0 为萘在纯水中的溶液浓度；l 为溶液的厚度；k 为吸光系数。

对于萘的盐水溶液，用相同的波长进行测定，并绘制 A-λ 曲线，即可确定吸收峰位置（见图 2-10-2）。

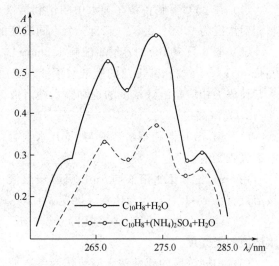

图 2-10-2　萘-硫酸铵水溶液吸收光谱

从图 2-10-2 可以看出，萘在水溶液中和盐水溶液中，都是在 $\lambda = 267\,\text{nm}$、$275\,\text{nm}$、$283\,\text{nm}$ 处出现吸收峰，吸收光谱几乎相同。说明盐（硫酸铵）的存在并不影响萘的吸收光谱，两种溶液的吸光系数是一样的。则

$$A = kcl \qquad (2\text{-}10\text{-}17)$$

式中，A 为萘在盐水溶液中的吸光度；c 为萘在盐水中的浓度。

把盐加入饱和的非电解质水溶液，非电解质的溶解度就起变化。如果盐的加入使非电解质的溶解度减小（增加非电解质的活度系数），这个现象叫盐析，反之叫盐溶。

早在 1889 年 Setschenon 提出了盐效应经验公式

$$\lg \frac{c_0}{c} = Kc_S \qquad (2\text{-}10\text{-}18)$$

式中，K 为盐析常数；c_S 为盐的浓度，$\text{mol} \cdot \text{L}^{-1}$。如果 K 是正值，则 $c_0 > c$，这就是盐析作用；如果 K 是负值，则 $c_0 < c$，这就是盐溶作用。

当纯的非电解质和它的饱和溶液成平衡时，无论是在纯水或盐溶液里，非电解质的化学势是相同的。

$$a = \gamma c = \gamma_0 c_0 \qquad (2\text{-}10\text{-}19)$$

式中，γ、γ_0 为活度系数。

$$\lg \frac{\gamma}{\gamma_0} = \lg \frac{c_0}{c} = Kc_S \qquad (2\text{-}10\text{-}20)$$

通过测定萘水溶液的吸光度与萘盐水溶液的吸光度就可以求出活度系数。

本实验是用不同浓度的硫酸铵溶液测定萘在盐溶液中的活度系数，了解萘在水中的溶解度随硫酸铵的浓度增加而下降的趋势，硫酸铵对萘起盐析作用。

【仪器试剂】

紫外分光光度计 1 台；容量瓶（50mL，6 只、25mL，3 只）；锥形瓶（25mL，6 只）；刻度移液管（25mL，1 支、10mL，1 支）。

萘（A.R.）；硫酸铵（A.R.）。

【实验步骤】

1. 溶液配置

（1）在25℃下制备萘在纯水中的饱和溶液100mL。然后取3只25mL容量瓶，分别配制相对浓度为0.75、0.5、0.25三个不同浓度的萘水溶液。

（2）取6只50mL的容量瓶配制1.2mol·L⁻¹、1.0mol·L⁻¹、0.8mol·L⁻¹、0.6mol·L⁻¹、0.4mol·L⁻¹、0.2mol·L⁻¹的硫酸铵溶液。然后将每份溶液倒出一半至25mL锥形瓶中，加入萘使成为相应盐溶液浓度的饱和萘水盐溶液。

2. 光谱测定

（1）用5mL饱和萘水溶液与5mL水混合，以水作为参比液，测定$\lambda = 260\sim290nm$间萘的吸收光谱。

用5mL饱和萘水溶液与5mL硫酸铵溶液（1mol·L⁻¹）混合，用5mL水加5mL硫酸铵溶液（1mol·L⁻¹）为参比液，测定$\lambda = 260\sim290nm$间萘的吸收光谱。

（2）以水作为参比液，分别用$\lambda = 267nm$、275nm、283nm的光测定不同相对浓度的萘水溶液的吸光度。

（3）用同浓度的硫酸铵水溶液作为参比液，在$\lambda = 267nm$、275nm、283nm波长处分别测定不同浓度的饱和萘-硫酸铵水溶液的吸光度。

【注意事项】

● 本实验所用试剂萘和硫酸铵纯度要求较高，可以通过再结晶处理来提高试剂纯度，满足实验需要。

● 萘水饱和溶液和萘的盐水饱和溶液的饱和度一定要充分，可以通过振荡器使其充分饱和。

【数据处理】

1. 根据所得不同浓度萘水溶液的吸光度值对萘溶液的相对浓度作图，得三条通过零点的直线，求出吸光系数。

2. 根据测得不同浓度的硫酸铵饱和萘溶液的吸光度计算出一系列活度系数γ值（γ_0作为1），以$\lg\gamma$对硫酸铵溶液的相应浓度作图，应呈直线关系。

3. 从图上求出极限盐效应常数K。

思 考 题

1. 本实验中把萘在纯水中的饱和溶液的活度系数假设为1，试讨论其可行性。

2. 如果用$\lambda = 267nm$、275nm、283nm的光测定萘在乙醇溶液中的含量是否可行？

3. 通过本实验是否可测定其他非电解质在盐水溶液中的活度系数？

4. 影响本实验的因素有哪些？

5. 为什么要测定（$\lambda = 260\sim290nm$）的萘水溶液及萘水盐溶液的吸收光谱？

6. 紫外吸收光谱能否用于物质的纯度检验？其原理是什么？

【讨论】

1. 盐效应表示离子与水分子之间静电力以及离子和非电解质间色散力二者大小的比较，如果静电力大于色散力结果造成盐析。

2. 从实验数据可看出，硫酸铵的加入对萘起盐析作用。萘的溶解度随硫酸铵浓度的增加而下降，活度系数增大。

3. 在研究电解质溶液时，活度系数是一个很重要的数据，它的大小反映了由于离子间相互作用所导致的电解质溶液性质偏离理想稀溶液热力学性质的程度。在电解质溶液中，正、负离子总是相伴存在的，故不能单独测得一种离子的活度，只能测出正、负离子所显示出的平均活度。对应的离子活度系数也只能测定正、负离子所表现出的平均数据。因此它的测定方法有多种，除了本实验所用的两种方法以外，还可以用溶解度法、蒸气压降低法、蒸气压平衡法（等压法）、电动势法、膜电势法、电导法、沸点升高法以及凝固点降低法等。但无论用哪种方法，测定时溶液的浓度配制均应注意其限制条件。

4. 紫外-可见分光光度法是在 190～800nm 波长范围内测定物质的吸光度，用于结构鉴别、杂质检查和定量测定的方法。应用范围包括：①定量分析，用于各种物料中微量、超微量和常量的无机和有机物质的测定；②定性和结构分析，紫外吸收光谱还可用于推断空间阻碍效应、氢键的强度、互变异构、几何异构现象等；③反应动力学研究，即研究反应物浓度随时间而变化的函数关系，测定反应速度和反应级数，探讨反应机理；④研究溶液平衡，如测定配合物的组成、稳定常数、酸碱解离常数；⑤胶体与界面化学中测定表面活性剂溶液的临界聚集浓度等。

实验十一　凝固点降低法测摩尔质量

【目的要求】

1. 测定水的凝固点降低值，计算尿素（或蔗糖等）的摩尔质量。
2. 掌握溶液凝固点的测定技术，并加深对稀溶液依数性质的理解。
3. 掌握精密数字温度（温差）测量仪的使用方法。

【实验原理】

稀溶液的凝固点低于纯溶剂的凝固点，其降低值与溶液的质量摩尔浓度成正比。即

$$\Delta T_f = T_f^* - T_f = K_f b_B \tag{2-11-1}$$

式中，ΔT_f 为凝固点降低值；T_f^* 为纯溶剂的凝固点；T_f 为溶液的凝固点；b_B 为溶液中溶质 B 的质量摩尔浓度，$mol \cdot kg^{-1}$；K_f 为溶剂的凝固点降低常数，它的数值仅与溶剂的性质有关。

若称取一定量的溶质 $m_B(g)$ 和溶剂 $m_A(g)$，配成稀溶液，则此溶液的质量摩尔浓度为

$$b = \frac{m_B}{M_B m_A} \times 10^3$$

式中，M_B 为溶质的摩尔质量。将该式代入式(2-11-1)，整理得：

$$M_B = K_f \frac{m_B}{m_A \Delta T_f} \times 10^3 \tag{2-11-2}$$

若已知某溶剂的凝固点降低常数 K_f 值，通过实验测定此溶液的凝固点降低值 ΔT_f，即可根据式(2-11-2)计算溶质的摩尔质量 M_B。

显然，全部实验操作归结为凝固点的精确测量。其方法是：将溶液逐渐冷却成为过冷溶液，然后通过搅拌或加入晶种促使溶剂结晶，放出的凝固热使体系温度回升，当放热与散热达到平衡时，温度不再改变，此固液两相平衡共存的温度，即为溶液的凝固点。本实验测纯溶剂与溶液凝固点之差，由于差值较小，所以测温采用精密数字温度（温差）测量仪。

从相律看，溶剂与溶液的冷却曲线形状不同。对纯溶剂，两相共存时，自由度 $f^* = 1-2+1=0$，冷却曲线如图 2-11-1(a) 所示，水平线段对应着纯溶剂的凝固点。对溶液，两相共存时，自由度 $f^* = 2-2+1=1$，温度仍可下降，但由于溶剂凝固时放出凝固热而使温度回升，并且回升到最高点又开始下降，其冷却曲线如图 2-11-1(b) 所示，所以不出现水平线段。由于溶剂析出后，剩余溶液浓度逐渐增大，溶液的凝固点也要逐渐下降，在冷却曲线

上得不到温度不变的水平线段。如果溶液的过冷程度不大，可以将温度回升的最高值作为溶液的凝固点；若过冷程度太大，则回升的最高温度不是原浓度溶液的凝固点，严格的做法应作冷却曲线，并按图 2-11-1(b) 中所示的方法加以校正。

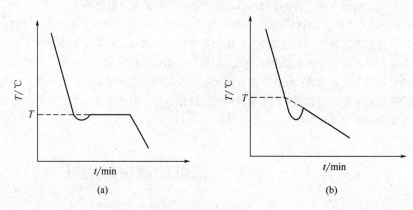

图 2-11-1　溶剂与溶液的冷却曲线

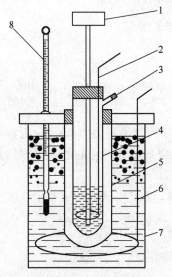

图 2-11-2　凝固点测定实验装置
1—精密数字温差测量仪；2—内管
搅棒；3—投料支管；4—凝固点管；
5—空气套管；6—寒剂搅棒；
7—冰槽；8—温度计

【仪器试剂】

凝固点测定仪 1 套；精密数字温度（温差）测量仪（0.001℃）1 台；分析天平 1 台；压片机 1 台；普通温度计（0～50℃，1 支）；移液管（50mL，1 支）。

尿素（A.R.）；蔗糖（A.R.）；粗盐；冰。

【实验步骤】

1. 调节精密数字温度（温差）测量仪

按照精密数字温度（温差）测量仪的调节方法调节测量仪，并参阅第一篇第一章有关内容。

2. 调节寒剂的温度

取适量粗盐与冰水混合，使寒剂（制冷剂）温度为 -2～$-3℃$，在实验过程中不断搅拌并不断补充碎冰，使寒剂保持此温度。

3. 溶剂凝固点的测定

仪器装置如图 2-11-2 所示。用移液管向清洁、干燥的凝固点管内加入 30mL 纯水，并记下水的温度，插入调节好的精密数字温度（温差）测量仪的温度传感器，且拉动搅拌同时应避免碰壁及产生摩擦。

先将盛水的凝固点管直接插入寒剂中，上下移动搅棒（勿拉过液面，约每秒钟一次）。使水的温度逐渐降低，当过冷到水的凝固点以后，要快速搅拌（以搅棒下端擦管底），幅度要尽可能的小，待温度回升后，恢复原来的搅拌状态，同时注意观察温差测量仪的数字变化，直到温度回升稳定为止，此温度即为水的近似凝固点。

取出凝固点管，用手捂住管壁片刻，同时不断搅拌，使管中固体全部熔化，将凝固点管放在空气套管中，缓慢搅拌，使温度逐渐降低，当温度降至近 0.7℃ 时，自支管加入少量晶种，并快速搅拌（在液体上部），待温度回升后，再改为缓慢搅拌。直到温度回升到稳定为止，重复测定三次，每次之差不超过 0.006℃，三次平均值作为纯水的凝固点。

4. 溶液凝固点的测定

取出凝固点管，如前将管中冰溶化，用压片机将尿素（或蔗糖）压成片，用分析天平精确称重（约0.48g），其质量约使凝固点下降0.3℃，自凝固点管的支管加入样品，待全部溶解后，测定溶液的凝固点。测定方法与测纯水的相同，先测近似的凝固点，再精确测定，但溶液凝固点是取回升后所达到的最高温度。重复三次，取平均值。

【注意事项】

•搅拌速度的控制是做好本实验的关键，每次测定应按要求的速度搅拌，并且测溶剂与溶液凝固点时搅拌条件要完全一致；此外，准确读取温度也是实验的关键所在，应读准至小数点后第三位。

•寒剂温度对实验结果也有很大影响，过高会导致冷却太慢，过低则测不出正确的凝固点。

•纯水过冷温度约0.7～1℃（视搅拌快慢），为了减少过冷温度，可加入少量晶种，每次加入晶种大小应尽量一致。

【数据处理】

1. 由水的密度，计算所取水的质量 m_A。
2. 由所得数据计算尿素（或蔗糖）的摩尔质量，并计算与理论值的相对误差。

思 考 题

1. 为什么要先测近似凝固点？
2. 根据什么原则考虑加入溶质的量？加入太多或太少时影响如何？
3. 为什么会产生过冷现象？如何控制过冷程度？
4. 为什么测定溶剂的凝固点时，过冷程度大一些对测定结果影响不大，而测定溶液凝固点时却必须尽量减少过冷现象？
5. 在冷却过程中，凝固点管内固液相之间和寒剂之间，有哪些热交换？它们对凝固点的测定有何影响？

【讨论】

1. 理论上，在恒压下对单组分体系只要两相平衡共存就可以达到凝固点；但实际上只有固相充分分散到液相中，也就是固液两相的接触面相当大时，平衡才能达到。例如将凝固点管放到冰浴后温度不断降低，达到凝固点后，由于固相是逐渐析出的，当凝固热放出速度小于冷却速度时，温度还可能不断下降，因而使凝固点的确定比较困难。因此采用过冷法先使液体过冷，然后突然搅拌，促使晶核产生，很快固相会骤然析出形成大量的微小结晶，这就保证了两相的充分接触；与此同时液体的温度也因为凝固热的放出开始回升，达到凝固点并保持一定的温度不变，然后又开始下降。

2. 液体在逐渐冷却过程中，当温度达到或稍低于其凝固点时，由于新相形成需要一定的能量，故结晶并不析出，这就是过冷现象。在冷却过程中，如稍有过冷现象是合乎要求的，但过冷太厉害或寒剂温度过低，则凝固热抵偿不了散热，此时温度不能回升到凝固点，在温度低于凝固点时完全凝固，就得不到正确的凝固点。因此，实验操作中必须注意掌握体系的过冷程度。

3. 当溶质在溶液中有离解、缔合、溶剂化和配合物生成等情况存在时，会影响溶质在溶剂中的表观摩尔质量。因此为获得比较准确的摩尔质量数据，常用外推法，即以公式（2-11-2）计算得到的分子量为纵坐标，以溶液浓度为横坐标作图，外推至浓度为零而求得较准确的摩尔质量数据。

实验十二　氨基甲酸铵分解反应平衡常数的测定

【目的要求】

1. 测定不同温度下氨基甲酸铵的分解压力，计算各温度下分解反应的平衡常数 K_p 及有关的热力学函数。
2. 熟悉用等压计测定平衡压力的方法。
3. 掌握氨基甲酸铵分解反应平衡常数的计算及其与热力学函数间的关系。

【实验原理】

氨基甲酸铵是合成尿素的中间产物，为白色固体，很不稳定，其分解反应式为：

$$NH_2COONH_4(s) \Longrightarrow 2NH_3(g) + CO_2(g)$$

该反应为复相反应，在封闭体系中很容易达到平衡，在常压下其平衡常数可近似表示为：

$$K_p^\ominus = \left(\frac{p_{NH_3}}{p^\ominus}\right)^2 \left(\frac{p_{CO_2}}{p^\ominus}\right) \tag{2-12-1}$$

式中，p_{NH_3}、p_{CO_2} 分别表示反应温度下 NH_3 和 CO_2 平衡时的分压；$p^\ominus$ 为标准压。在压力不大时，气体的逸度近似为 1，且纯固态物质的活度为 1，体系的总压 $p = p_{NH_3} + p_{CO_2}$。从化学反应计量方程式可知：

$$p_{NH_3} = \frac{2}{3}p，\quad p_{CO_2} = \frac{1}{3}p \tag{2-12-2}$$

将式(2-12-2) 代入式(2-12-1) 得：

$$K_p^\ominus = \left(\frac{2p}{3p^\ominus}\right)^2 \left(\frac{p}{3p^\ominus}\right) = \frac{4}{27}\left(\frac{p}{p^\ominus}\right)^3 \tag{2-12-3}$$

因此，当体系达平衡后，测量其总压 p，即可计算出平衡常数 $K_p^\ominus$。

温度对平衡常数的影响可用下式表示：

$$\frac{d\ln K_p^\ominus}{dT} = \frac{\Delta_r H_m^\ominus}{RT^2} \tag{2-12-4}$$

式中，T 为热力学温度；$\Delta_r H_m^\ominus$ 为标准反应热。氨基甲酸铵分解反应是一个热效应很大的吸热反应，温度对平衡常数的影响比较灵敏。当温度在不大的范围内变化时，$\Delta_r H_m^\ominus$ 可视为常数，由式(2-12-4) 积分得：

$$\ln K_p^\ominus = -\frac{\Delta_r H_m^\ominus}{RT} + C' \quad (C' 为积分常数) \tag{2-12-5}$$

若以 $\ln K_p^\ominus$ 对 $1/T$ 作图，得一直线，其斜率为 $-\dfrac{\Delta_r H_m^\ominus}{R}$，由此可求出 $\Delta_r H_m^\ominus$。并按下式计算 T 温度下反应的标准吉布斯自由能变化 $\Delta_r G_m^\ominus$

$$\Delta_r G_m^\ominus = -RT\ln K_p^\ominus \tag{2-12-6}$$

利用实验温度范围内反应的平均等压热效应 $\Delta_r H_m^\ominus$ 和 T 温度下的标准吉布斯自由能变化 $\Delta_r G_m^\ominus$，可近似计算出该温度下的熵变 $\Delta_r S_m^\ominus$

$$\Delta_r S_m^\ominus = \frac{\Delta_r H_m^\ominus - \Delta_r G_m^\ominus}{T} \tag{2-12-7}$$

因此通过测定一定温度范围内某温度的氨基甲酸铵的分解压（平衡总压），就可以利用

上述公式分别求出 $K_p^{\ominus}$，$\Delta_r H_m^{\ominus}$，$\Delta_r G_m^{\ominus}(T)$，$\Delta_r S_m^{\ominus}(T)$。

【仪器试剂】

玻璃恒温槽 1 套；真空泵 1 台；低压真空测压仪 1 台；等压计 1 只；样品管 1 只；缓冲瓶 1 只。

新制备的氨基甲酸铵；硅油或邻苯二甲酸二壬酯。

【实验步骤】

1. 检漏

按图 2-12-1 所示安装仪器。将烘干的小球和玻璃等压计相连，将活塞 5，6 放在合适位置，开动真空泵，当测压仪读数约为 50kPa，关闭三通活塞 5。检查系统是否漏气，待 3min 后，若测压仪读数没有变化，则表示系统不漏气，否则说明漏气，应仔细检查各接口处，直到不漏气为止。

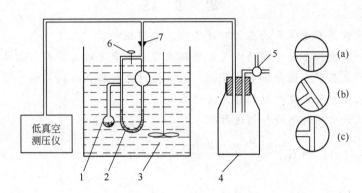

图 2-12-1　实验装置图

1—装样品的小球；2—玻璃等压计；3—玻璃恒温槽；4—缓冲瓶；

5—三通活塞；6—二通活塞；7—磨口接头

2. 装样品

确信系统不漏气后，使系统与大气相通，然后取下小球装入氨基甲酸铵，再用吸管吸取纯净的硅油或邻苯二甲酸二壬酯放入已干燥好的等压计中，使之形成液封，再按图示装好。

3. 测量

调节恒温槽温度为（25.0±0.1）℃。开启真空泵，将系统中的空气排出，约 15min 后，关闭二通活塞 6，然后缓缓开启三通活塞 5，将空气慢慢分次放入系统，直至等压计两边液面处于水平时，立即关闭三通活塞 5，若 5min 内两液面保持不变，即可读取测压仪的读数。

4. 重复测量

为了检查小球内的空气是否已完全排净，可重复步骤 3 操作，如果两次测定结果差值小于 270Pa，方可进行下一步实验。

5. 升温测量

调节恒温槽温度为（27.0±0.1）℃，在升温过程中小心地调节三通活塞，缓缓放入空气，使等压计两边液面水平保持 5min 不变，即可读取测压仪读数，然后用同样的方法继续测定 30.0℃、32.0℃、35.0℃、37.0℃时的压力差。

6. 复原

实验完毕，将空气缓缓放入系统中至测压仪读数为零，关闭仪器，切断电源、水源。

【注意事项】

● 在实验开始前，务必掌握图中两个活塞（5 和 6）的正确操作。

● 必须充分排净小球内的空气。

● 体系必须达平衡后，才能读取测压仪读数。

【数据处理】

1. 计算各温度下氨基甲酸铵的分解压。

2. 计算各温度下氨基甲酸铵分解反应的平衡常数 $K_p^{\ominus}$。

3. 根据实验数据，以 $\ln K_p^{\ominus}$ 对 $1/T$ 作图，并由直线斜率计算氨基甲酸铵分解反应的 $\Delta_r H_m^{\ominus}$。

4. 计算 25℃时氨基甲酸铵分解反应的 $\Delta_r G_m^{\ominus}$ 及 $\Delta_r S_m^{\ominus}$。

思 考 题

1. 测压仪读数是否是体系的压力？是否代表分解压？

2. 为什么一定要排净小球中的空气？若体系有少量空气对实验有何影响？

3. 如何判断氨基甲酸铵分解已达平衡？未平衡时测数据将有何影响？

4. 在实验装置中安装缓冲瓶的作用是什么？

5. 玻璃等压计中的封闭液如何选择？

6. $K_p = p_{NH_3}^2 \, p_{CO_2}$ 和 $K_p^{\ominus} = \left(\dfrac{p_{NH_3}}{p^{\ominus}}\right)\left(\dfrac{p_{CO_2}}{p^{\ominus}}\right)$ 两者有何不同？

【讨论】

氨基甲酸铵极不稳定，需自制。其制备方法为：氨和二氧化碳接触后，即能生成氨基甲酸铵。其反应式为：

$$2NH_3(g) + CO_2(g) = NH_2COONH_4(s)$$

如果氨和二氧化碳都是干燥的，则生成氨基甲酸铵；若有水存在时，则还会生成 $(NH_4)_2CO_3$ 或 NH_4HCO_3，因此在制备时必须保持氨、CO_2 及容器都是干燥的，制备氨基甲酸铵的具体操作如下：

1. 制备氨气。氨气可由蒸发氨水或将 NH_4Cl 和 NaOH 溶液加热得到，这样制得的氨气含有大量水蒸气，应依次经 CaO、固体 NaOH 脱水。也可用钢瓶里的氨气经 CaO 干燥。

2. 制备 CO_2。CO_2 可由大理石（$CaCO_3$）与工业浓 HCl 在启普发生器中反应制得，或用钢瓶里的 CO_2 气体依次经 $CaCl_2$、浓硫酸脱水。

3. 合成反应在双层塑料袋中进行，在塑料袋一端插入 1 支进氨气管，1 支进二氧化碳气管，另一端有 1 支废气导管通向室外。

4. 合成反应开始时先通入 CO_2 气体于塑料袋中，约 10min 后再通入氨气，用流量计或气体在干燥塔中的冒泡速度控制 NH_3 气流速为 CO_2 两倍，通气 2h，可在塑料袋内壁上生成固体氨基甲酸铵。

5. 反应完毕，在通风橱里将塑料袋一头橡皮塞松开，将固体氨基甲酸铵从塑料袋中倒出研细，放入密封容器内于冰箱中保存备用。

实验十三　液相反应平衡常数

【目的要求】

1. 用分光光度法测定弱电解质的电离常数。

2.掌握分光光度法测定甲基红电离常数的基本原理。

3.掌握分光光度计及 pH 计的正确使用方法。

【实验原理】

弱电解质电离常数的测定方法有电导法、电位法以及分光光度法等。本实验是利用分光光度法测定甲基红的电离常数，是基于甲基红是一种弱电解质，并且电离度较小，用一般的分析方法和物理化学方法测定得到的数据不太可靠。而分光光度法可以在同一种溶液中同时测定两种及以上的组分不需要进行分离。因此本实验是基于甲基红在电离前后具有不同颜色和对单色光的吸收特性，借助于分光光度法的原理，测定其电离常数。

甲基红在溶液中的电离可以表示为：

$$(CH_3)_2N \text{—} \text{—} N = \overset{+}{\underset{H}{N}} \text{—} \overset{CO_2^-}{\text{—}} \rightleftharpoons (CH_3)_2 \overset{+}{N} = \text{—} N = N \text{—} \overset{CO_2^-}{\underset{H}{N}} \text{—}$$

酸式（HMR）红色

$$OH^- \big\Vert H^+$$

$$(CH_3)_2N \text{—} \text{—} N = N \text{—} \overset{CO_2^-}{\text{—}}$$

碱式（MR$^-$）黄色

简写为：

$$HMR \rightleftharpoons H^+ + MR^-$$

酸式　　　　　碱式

则其电离平衡常数 K 表示为：

$$K_c = \frac{[H^+][MR^-]}{[HMR]} \tag{2-13-1}$$

或

$$pK = pH - \lg \frac{[MR^-]}{[HMR]} \tag{2-13-2}$$

由式(2-13-2) 可知，通过测定甲基红溶液的 pH 值，再根据分光光度法（多组分测定方法）测得 ［MR$^-$］ 和 ［HMR］ 值，即可求得 pK 值。

根据朗伯-比耳定律，溶液对单色光的吸收遵守下列关系式：

$$A = -\lg \frac{I}{I_0} = \lg \frac{1}{T} = \varepsilon c l \tag{2-13-3}$$

式中，A 为吸光度；I/I_0 为透光率 T；c 为溶液浓度；l 为溶液的厚度；ε 为摩尔吸光系数。

溶液中如含有一种组分，其对不同波长的单色光的吸收程度不同，如以波长（λ）为横坐标，吸光度（A）为纵坐标作图可得一条曲线，如图 2-13-1 中单组分 a 和单组分 b 的曲线均称为吸收曲线，亦称吸收光谱曲线。根据公式(2-13-3)，当溶液厚度一定时，式(2-13-3) 可写为 $A = kc$。组分 a 和 b 的吸光度则分别表示为：

$$A^a = k^a c^a \tag{2-13-4}$$

$$A^b = k^b c^b \tag{2-13-5}$$

如在该波长时，溶液遵守朗伯-比耳定律，可选用此波长进行单组分的测定。

溶液中如含有两种组分（或两种组分以上）的溶液，又具有特征的光吸收曲线，并在各组分的吸收曲线互不干扰时，可在不同波长下，对各组分进行吸光度测定。

当溶液中两种组分 a、b 各具有特征的光吸收曲线，且均遵守朗伯-比耳定律，但吸收曲

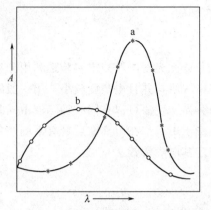

图 2-13-1 部分重合的光吸收曲线

线部分重合，如图 2-13-1 所示，则两组分（a＋b）溶液的吸光度应等于各组分吸光度之和，即吸光度具有加和性。当溶液厚度一定时，则混合溶液在波长分别为 λ_a 和 λ_b 时的吸光度 $A_{\lambda_a}^{a+b}$ 和 $A_{\lambda_b}^{a+b}$ 可表示为：

$$A_{\lambda_a}^{a+b}=A_{\lambda_a}^{a}+A_{\lambda_a}^{b}=k_{\lambda_a}^{a}c_a+k_{\lambda_a}^{b}c_b \qquad (2\text{-}13\text{-}6)$$

$$A_{\lambda_b}^{a+b}=A_{\lambda_b}^{a}+A_{\lambda_b}^{b}=k_{\lambda_b}^{a}c_a+k_{\lambda_b}^{b}c_b \qquad (2\text{-}13\text{-}7)$$

由光谱曲线可知，组分 a 代表 [HMR]，组分 b 代表 [MR⁻]，根据式（2-13-6）可得到 [MR⁻]，即：

$$c_b=\frac{A_{\lambda_a}^{a+b}-k_{\lambda_a}^{a}c_a}{k_{\lambda_a}^{b}} \qquad (2\text{-}13\text{-}8)$$

将式（2-13-8）代入式（2-13-7）则可得 [HMR]，即：

$$c_a=\frac{A_{\lambda_b}^{a+b}k_{\lambda_a}^{b}-A_{\lambda_a}^{a+b}k_{\lambda_b}^{b}}{k_{\lambda_b}^{a}k_{\lambda_a}^{b}-k_{\lambda_b}^{b}k_{\lambda_a}^{a}} \qquad (2\text{-}13\text{-}9)$$

式中，$k_{\lambda_a}^{a}$，$k_{\lambda_a}^{b}$，$k_{\lambda_b}^{a}$ 和 $k_{\lambda_b}^{b}$ 分别表示单组分在波长为 λ_a 和 λ_b 时的 k 值。而 λ_a 和 λ_b 可以通过测定单组分的光吸收曲线，分别求得其最大吸收波长。如在该波长下，各组分均遵守朗伯-比耳定律，则其测得的吸光度与单组分浓度应为线性关系，直线的斜率即为 k 值，再通过两组分的混合溶液可以测得 $A_{\lambda_a}^{a+b}$ 和 $A_{\lambda_b}^{a+b}$，根据式（2-13-8）、式（2-13-9）可以求出 [MR⁻] 和 [HMR] 值。

【仪器试剂】

分光光度计 1 台；酸度计 1 台，与酸度计配套电极 1 套（饱和甘汞电极、玻璃电极各 1 只或 1 只复合电极代替。目前多用复合电极）；容量瓶（100mL，5 只、50mL，2 只、25mL，6 只）；量筒（50mL，1 只）；烧杯（50mL，4 只）；移液管（10mL，1 支、5mL，1 支）。

95％乙醇（A.R.）；HCl（0.01mol·L⁻¹、0.1mol·L⁻¹）；甲基红（A.R.）；乙酸钠（0.05mol·L⁻¹、0.01mol·L⁻¹）；乙酸（0.02mol·L⁻¹）。

【实验步骤】

1. 制备溶液

（1）甲基红溶液　称取 0.400g 甲基红，加入 300mL 95％的乙醇，待溶后，用蒸馏水稀释至 500mL 容量瓶中。

（2）甲基红标准溶液　取 10.00mL 上述溶液，加入 50mL 95％乙醇，用蒸馏水稀释至 100mL 容量瓶中。

（3）溶液 a　取 10.00mL 甲基红标准溶液，加入 0.1mol·L⁻¹ 盐酸 10mL，用蒸馏水稀释至 100mL 容量瓶中。

（4）溶液 b　取 10.00mL 甲基红标准溶液，加入 0.05mol·L⁻¹ 乙酸钠 20mL，用蒸馏水稀释至 100mL 容量瓶中。将溶液 a、b 和空白液（蒸馏水）分别放入三个洁净的比色皿内。

2. 吸收光谱曲线的测定

接通电源，预热仪器。测定溶液 a 和溶液 b 的吸收光谱曲线，求出最大吸收峰的波长 λ_a 和 λ_b。波长从 380nm 开始，每隔 20nm 测定一次，在吸收高峰附近，每隔 5nm 测定一次，每改变一次波长都要用空白溶液校正，直至波长为 600nm 为止。作 A-λ 曲线。求出波长 λ_a 和 λ_b 值。

3. 验证朗伯-比耳定律，并求出 $k_{\lambda_a}^a$、$k_{\lambda_b}^a$、$k_{\lambda_a}^b$ 和 $k_{\lambda_b}^b$。

(1) 分别移取溶液 a 5.00mL、10.00mL、15.00mL、20.00mL 于 4 只 25mL 容量瓶中，用 0.01mol·L^{-1} 盐酸稀释至刻度，此时甲基红主要以［HMR］形式存在。

(2) 分别移取溶液 b 5.00mL、10.00mL、15.00mL、20.00mL 于 4 只 25mL 容量瓶中，用 0.01mol·L^{-1} 乙酸钠稀释至刻度，此时甲基红主要以［MR$^-$］形式存在。

(3) 在波长为 λ_a、λ_b 处分别测定上述各溶液的吸光度 A。如果在 λ_a、λ_b 处，上述溶液符合朗伯-比耳定律，则可得四条 A-c 直线，由此可求出 $k_{\lambda_a}^a$、$k_{\lambda_b}^a$、$k_{\lambda_a}^b$ 和 $k_{\lambda_b}^b$ 值。

4. 测定混合溶液的总吸光度及其 pH 值

(1) 取 4 只 100mL 容量瓶，分别配制含甲基红标准液、乙酸钠溶液和乙酸溶液的四种混合溶液，四种溶液的 pH 值约为 2、4、8 和 10，先计算所需各溶液的 mL 数。并列表：

编　号	试剂用量/mL		
	甲基红标准液	乙酸钠溶液(0.05mol·L^{-1})	乙酸溶液(0.02mol·L^{-1})

(2) 分别用 λ_a 和 λ_b 波长测定上述四个溶液的总吸光度。

(3) 测定上述四个溶液的 pH 值。

【注意事项】

● 使用分光光度计时，先接通电源，预热 20min。为了延长光电管的寿命，在不测定时，应将暗盒盖打开。仪器连续使用不应超过 2h，如使用时间长，中途间歇 0.5h 再使用。

● 使用酸度计前应预热半小时，使仪器稳定。

● 玻璃电极使用前需在蒸馏水中浸泡一昼夜。

● 使用比色皿时，应注意溶液不要装得太满，溶液约为 80% 即可。并注意比色皿上白色箭头的方向，指向光路方向。

● 实验用水最好是二次蒸馏水。

【数据处理】

1. 将实验步骤 3 和步骤 4 中的数据分别列入以下两个表中：

溶液相对浓度	$A_{\lambda a}^a$	$A_{\lambda b}^a$	$A_{\lambda a}^b$	$A_{\lambda b}^b$

编　号	$A_{\lambda a}^{a+b}$	$A_{\lambda b}^{a+b}$	pH

2. 根据实验步骤 2 测得的数据作 A-λ 图，绘制溶液 a 和溶液 b 的吸收光谱曲线，求出最大吸收峰的波长 λ_a 和 λ_b。

3. 实验步骤 3 中得到四组 A-c 关系图，从图上可求得单组分溶液 a 和溶液 b 在波长各为 λ_a 和 λ_b 时的 $k_{\lambda_a}^a$、$k_{\lambda_b}^a$、$k_{\lambda_a}^b$ 和 $k_{\lambda_b}^b$。

4. 由实验步骤 4 所测得的混合溶液的总吸光度，根据式(2-13-8)、式(2-13-9)，求出各混合溶液中［MR⁻］、［HMR］值。

5. 根据测得的 pH 值，按式（2-13-2）求出各混合溶液中甲基红的电离平衡常数。

思 考 题

1. 测定的溶液中为什么要加入盐酸、乙酸钠和乙酸？

2. 在测定吸光度时，为什么每个波长都要用空白液校正零点？理论上应该用什么溶液作为空白溶液？本实验用的是什么溶液？

3. 本实验应怎样选择比色皿？

4. 温度对本实验的测定结果有何影响，采取哪些措施可以减少温度引起的误差？

5. 所配溶液颜色太深对测定结果有无影响？

【讨论】

1. 分光光度法主要应用于微量组分的测定，也可进行高含量组分的测定及多组分分析。利用该方法测定多组分含量时可以在同一种样品中同时进行，不需要预先进行多组分的分离，故而在化学领域得到广泛应用。本实验是应用分光光度法来研究溶液中的化学反应平衡问题。该方法与电导法一样比传统的化学法、电动势法更为简单、方便，测定结果准确可靠。它的应用不局限于可见光区，对于一些无颜色的化合物，可以扩大到紫外和红外光区。不仅能够测定解离常数，还可以测定缔合常数、配合物的组成及稳定常数，以及研究化学动力学中的反应速率和机理。

2. 分光光度法是建立在物质对辐射的选择性吸收的基础上，基于电子跃迁而产生特征吸收光谱，因此在实际测定中，须将每一种单色光分别依次地通过某一溶液，作出吸收光谱曲线图，从图上找出对应于某波长的最大吸收峰。用该波长的入射光通过该溶液不仅有着最佳的灵敏度，而且在该波长附近测定的吸光度有最小的误差，这是因为在该波长的最大吸收峰附近 $dA/d\lambda = 0$，而在其他波长时 $dA/d\lambda$ 数据很大，波长稍有改变，会引入很大的误差。

实验十四　溶液偏摩尔体积的测定

（一）乙醇-水溶液偏摩尔体积的测定

【目的要求】

1. 掌握用比重瓶测定溶液密度的方法。

2. 测定指定组成的乙醇-水溶液中各组分的偏摩尔体积。

3. 理解偏摩尔量的物理意义。

【实验原理】

在多组分体系中，某组分 i 的偏摩尔体积定义为：

$$V_{i,\mathrm{m}} = \left(\frac{\partial V}{\partial n_i}\right)_{T,p,n_j(i \neq j)} \tag{2-14-1}$$

若是二组分体系，则有

$$V_{1,\mathrm{m}} = \left(\frac{\partial V}{\partial n_1}\right)_{T,p,n_2} \tag{2-14-2}$$

$$V_{2,\mathrm{m}} = \left(\frac{\partial V}{\partial n_2}\right)_{T,p,n_1} \tag{2-14-3}$$

体系总体积：

$$V = n_1 V_{1,m} + n_2 V_{2,m} \tag{2-14-4}$$

将式(2-14-4)两边同除以溶液质量 m，则：

$$\frac{V}{m} = \frac{m_1}{M_1} \times \frac{V_{1,m}}{m} + \frac{m_2}{M_2} \times \frac{V_{2,m}}{m} \tag{2-14-5}$$

令

$$\frac{V}{m} = \alpha, \quad \frac{V_{1,m}}{M_1} = \alpha_1, \quad \frac{V_{2,m}}{M_2} = \alpha_2 \tag{2-14-6}$$

式中，α 是溶液的比容；α_1，α_2 分别为组分1、2的偏质量体积。

将式(2-14-6)代入式(2-14-5)可得：

$$\alpha = w_1 \alpha_1 + w_2 \alpha_2 = (1 - w_2)\alpha_1 + w_2 \alpha_2 \tag{2-14-7}$$

式中，w_1、w_2 分别为溶液中组分1，2的质量分数。

将式(2-14-7)对 w_2 微分，可得：

$$\frac{\partial \alpha}{\partial w_2} = -\alpha_1 + \alpha_2 \quad 即 \quad \alpha_2 = \alpha_1 + \frac{\partial \alpha}{\partial w_2} \tag{2-14-8}$$

将式(2-14-8)代回式(2-14-7)，整理得：

$$\alpha = \alpha_1 + w_2 \frac{\partial \alpha}{\partial w_2} \tag{2-14-9}$$

和

$$\alpha = \alpha_2 - w_1 \frac{\partial \alpha}{\partial w_2} \tag{2-14-10}$$

所以，实验求出不同浓度溶液的比容 α（即密度的倒数），作 α-w_2 关系图，得曲线 CC'（见图 2-14-1）。如欲求 M 溶液中各组分的偏摩尔体积，可在 M 点作切线，此切线在两边的截距 AB 和 $A'B'$ 即为 α_1 和 α_2，再由关系式(2-14-6)求出 $V_{1,m}$ 和 $V_{2,m}$。

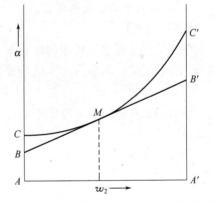

图 2-14-1　比容-质量分数关系图

【仪器试剂】

玻璃恒温槽 1 套；电子分析天平 1 台；比重瓶（5mL 或 10mL，1 只）；磨口三角瓶（50mL，4 只）。

无水乙醇（A.R.）；蒸馏水。

【实验步骤】

1. 调节恒温槽温度为（25.0±0.1）℃。

2. 配制溶液

以无水乙醇及蒸馏水为原液，在磨口三角瓶中用电子天平称重，配制含乙醇质量分数为 0，20%，40%，60%，80%，100%的乙醇水溶液，每份溶液的总质量控制在 15g（10mL 比重瓶可配制 25g）左右。配好后盖紧塞子，以防挥发。

3. 比重瓶体积的标定

用电子分析天平精确称量洁净、干燥的比重瓶，然后盛满蒸馏水置于恒温槽中恒温 10min。取出比重瓶，擦干外壁，用滤纸条擦去毛细管膨胀出来的水，迅速称重。平行测量三次。

4. 溶液比容的测定

按上述方法测定每份乙醇-水溶液的比容，测定时用待测溶液润洗比重瓶三次。

【注意事项】

●拿比重瓶时应手持其颈部。

●实验过程中毛细管里始终要充满液体，如因挥发液面下降，需在毛细管上端滴加该溶液，注意不得存留气泡。

【数据处理】

1.根据 25℃时水的密度和称重结果，求出比重瓶的容积。

2.计算所配溶液中乙醇的准确质量分数。

3.计算实验条件下各溶液的比容。

4.以比容为纵轴、乙醇的质量分数为横轴作曲线，并在 30％乙醇处作切线与两侧纵轴相交，即可求得 α_1 和 α_2。

5.求算含乙醇 30％的溶液中各组分的偏摩尔体积及 100g 该溶液的总体积。

思 考 题

1.使用比重瓶应注意哪些问题？

2.如何使用比重瓶测量粒状固体的密度？

3.为提高溶液密度测量的精度，可做哪些改进？

（二）氯化钠溶液偏摩尔体积的测定

【目的要求】

1.学习用比重瓶测定液体密度的方法。

2.测定不同浓度 NaCl 溶液的密度，计算溶液中各组分的偏摩尔体积。

3.理解偏摩尔量的物理意义。

【实验原理】

根据热力学概念，体系的体积 V 为广度性质，其偏摩尔量则为强度性质。设体系由二组分 A、B 组成，体系的总体积 V 是 n_A、n_B、温度、压力的函数，即

$$V = F(n_A, n_B, T, p) \tag{2-14-11}$$

组分 A、B 的偏摩尔体积定义为

$$V_A = \left(\frac{\partial V}{\partial n_A}\right)_{T,p,n_B} \tag{2-14-12}$$

$$V_B = \left(\frac{\partial V}{\partial n_B}\right)_{T,p,n_A} \tag{2-14-13}$$

在恒定温度和压力下

$$dV = \left(\frac{\partial V}{\partial n_A}\right)_{T,p,n_B} dn_A + \left(\frac{\partial V}{\partial n_B}\right)_{T,p,n_A} dn_B \tag{2-14-14}$$

$$dV = V_A dn_A + V_B dn_B \tag{2-14-15}$$

偏摩尔量是强度性质，与体系浓度有关，而与体系总量无关。体系总体积由式(2-14-15)积分而得

$$V = n_A V_A + n_B V_B \tag{2-14-16}$$

在恒温恒压条件下对式 (2-14-16) 微分得

$$dV = n_A dV_A + V_A dn_A + n_B dV_B + V_B dn_B$$

与式(2-14-15) 比较，可得吉布斯-杜亥姆（Gibbs-Duhem）方程

$$n_A \mathrm{d}V_A + n_B \mathrm{d}V_B = 0 \tag{2-14-17}$$

式中，V_A、V_B 不是相互独立的，V_A 的变化将引起 V_B 的变化，反之亦然。因而难以用式（2-14-15）直接求算 V_A、V_B。本实验用表观摩尔体积 Q 对 B 质量摩尔浓度平方根 $\sqrt{b_B}$ 作图法，求取二组分体系的偏摩尔体积。

在 B 为溶质、A 为溶剂的溶液中，设 V_A^* 为纯溶剂的摩尔体积；Q 定义为溶质 B 的表观摩尔体积，则

$$Q = \frac{V - n_A V_A^*}{n_B} \tag{2-14-18}$$

$$V = n_A V_A^* + n_B Q \tag{2-14-19}$$

在恒定 T、P 及 n_A 条件下，将式（2-14-18）对 n_B 偏微分，可得

$$V_B = \left(\frac{\partial V}{\partial n_B}\right)_{T,p,n_A} = Q + n_B \left(\frac{\partial Q}{\partial n_B}\right)_{T,p,n_A} \tag{2-14-20}$$

由式（2-14-16）、式（2-14-19）得

$$V_A = \frac{1}{n_A}(n_A V_A^* + n_B Q - n_B V_B) \tag{2-14-21}$$

将式（2-14-20）代入式（2-14-21）得

$$V_A = V_A^* - \frac{n_B^2}{n_A}\left(\frac{\partial Q}{\partial n_B}\right)_{T,p,n_A} \tag{2-14-22}$$

式中，b_B 为 B 的质量摩尔浓度，$b_B = n_B/(n_A M_A)$；ρ、ρ_A^* 为溶液及纯溶剂 A 的密度；M_A、M_B 为 A、B 二组分的摩尔质量。则可得

$$Q = \frac{1}{b_B}\left(\frac{1 + b_B M_B}{\rho} - \frac{1}{\rho_A^*}\right) = \frac{\rho_A^* - \rho}{b_B \rho \rho_A^*} + \frac{M_B}{\rho} \tag{2-14-23}$$

本实验测定 NaCl 水溶液中 NaCl 和水的偏摩尔体积，根据德拜-休克尔（Debye-Huckel）理论，NaCl 水溶液中 NaCl 的表观偏摩尔体积 Q 随 $\sqrt{b_B}$ 变化呈线性关系，因此作如下变换

$$\left(\frac{\partial Q}{\partial n_B}\right)_{T,p,n_A} = \frac{1}{n_A M_A}\left(\frac{\partial Q}{\partial b_B}\right)_{T,p,n_A} = \frac{1}{n_A M_A}\left(\frac{\partial Q}{\partial \sqrt{b_B}} \times \frac{\partial \sqrt{b_B}}{\partial b_B}\right)_{T,p,n_A}$$

$$= \frac{1}{2\sqrt{b_B}\, n_A M_A}\left(\frac{\partial Q}{\partial \sqrt{b_B}}\right)_{T,p,n_A} \tag{2-14-24}$$

将式（2-14-24）代入式（2-14-22）和式（2-14-23），可得

$$V_A = V_A^* - \frac{M_A b_B^{\frac{3}{2}}}{2}\left(\frac{\partial Q}{\partial \sqrt{b_B}}\right)_{T,p,n_A} \tag{2-14-25}$$

$$V_B = Q + \frac{\sqrt{b_B}}{2}\left(\frac{\partial Q}{\partial \sqrt{b_B}}\right)_{T,p,n_A} \tag{2-14-26}$$

配制不同浓度的 NaCl 溶液，测定纯溶剂和溶液的密度，求出不同 b_B 时的 Q。作 Q-$\sqrt{b_B}$ 图，可得一直线（见图 2-14-2），从直线求得斜率 $\left(\frac{\partial Q}{\partial \sqrt{b_B}}\right)_{T,p,n_A}$，由式（2-14-25）、式（2-14-26）计算 V_A、V_B。

【仪器试剂】

分析天平 1 台；玻璃恒温槽 1 套；烘干器 1 台（公用）；比重瓶（10mL，1 个、25mL，

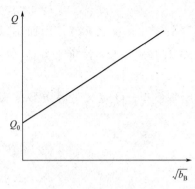

图 2-14-2　Q-$\sqrt{b_B}$ 的关系

1 个）；磨口塞锥形瓶（150mL，5 只）；烧杯（50mL，1 只、250mL，1 只）；量筒（100mL，1 个）。

NaCl（A.R.）；蒸馏水。

【实验步骤】

1. 调节恒温槽温度为 (25.0 ± 0.1)℃。

2. 配制不同组成的 NaCl 水溶液

用称量法配制质量百分比为 1%、4%、8%、12% 和 16% 的 NaCl 水溶液 100mL。先称锥形瓶（注意带盖），然后小心地加入适量的 NaCl，称重，用量筒加入所需量的蒸馏水后再称重。用减量法分别求出 NaCl 和水的质量，并求出它们的质量分数。配制溶液所需 NaCl 和水的量，应在实验前估算好。

3. 称取空比重瓶的质量

将比重瓶先用自来水洗涤，再用去离子水洗涤，烘干。在分析天平上称量空比重瓶（注意带盖），重复以上操作，使称量误差在 ±0.2mg 之内。

4. 比重瓶体积的标定

用电子分析天平精确称量洁净、干燥的比重瓶，然后盛满蒸馏水置于恒温槽中恒温 10min。取出比重瓶，擦干外壁，用滤纸条擦去毛细管膨胀出来的水，迅速称重。平行测量三次。

5. 溶液质量的测定

按上述方法测定每份 NaCl 水溶液的质量，测定时用待测溶液润洗比重瓶三次。

【注意事项】

· 拿比重瓶时应手持其颈部。

· 恒温过程中应密切注意比重瓶塞上毛细管内的液体，如因挥发液面下降，需要在毛细管上端滴加该溶液，注意不得留存气泡。

· 称量 NaCl 溶液质量时从稀到浓依次进行测定。

【数据处理】

1. 记录原始实验数据

室温：_____℃；大气压：_____ Pa；实验温度：_____℃；蒸馏水的密度：_____ kg·m^{-3}。设计表格记录质量称量数据。

2. 数据处理

按测定数据，计算每一种溶液的质量摩尔浓度 b_B、$\sqrt{b_B}$、ρ 和 Q。

3. 以 Q 对 $\sqrt{b_B}$ 作图，由图求出 Q_0 和 $\left(\dfrac{\partial Q}{\partial \sqrt{b_B}}\right)_{T,p,n_B}$。

4. 计算实验温度和大气压力下，上述溶液 $b_B=1.0000$mol·kg^{-1} 时，水和 NaCl 的偏摩尔体积以及溶液总体积。

思 考 题

1. 偏摩尔体积能小于零吗？

2. 在偏摩尔体积测定实验操作中如何减小测定误差？

【讨论】

密度（ρ）是物质的基本特性常数，其单位为 $kg \cdot m^{-3}$。它可用于鉴定化合物纯度和区别组成相似而密度不同的化合物。常用的测定方法有以下几种：

（1）比重计法　市售的成套比重计是在一定温度下标度的，根据液体相对密度的大小，选择一支比重计，在比重计所示的温度下插入待测液体中，从液面处的刻度可以直接读出该液体的相对密度。比重计测定液体的相对密度操作简单方便，但不够精确。

（2）落滴法　此法对于测定很少液体的密度特别有用，准确度比较高，可用来测定溶液中浓度的微小变化，在医院中可用于测定血液组成的改变，在同位素重水分析中是一种很有用的方法，它的缺点是液滴滴下来的介质难以选择，因此影响它的应用范围。

（3）比重天平法　比重天平有一个标准体积及质量一定的测锤，浸没于液体之中获得浮力而使横梁失去平衡。然后在横梁的 V 形槽里放置相应质量的骑码，使梁恢复平衡，从而能迅速测得液体的密度。

（4）比重瓶法　取一洁净干燥的比重瓶，在分析天平上称重为 m_0，然后用已知密度为 ρ_1 的液体（一般为蒸馏水）充满比重瓶，盖上带有毛细管的磨口塞，置于恒温槽恒温 10min 后，取出比重瓶擦干外壁，用滤纸吸去塞子上毛细管口溢出的液体，再称重得 m_1。

同样，按上述方法测定待测液体的质量 m_2，然后用下式计算待测液体的密度：

$$\rho = \frac{m_2 - m_0}{m_1 - m_0} \cdot \rho_1 \tag{2-14-27}$$

电 化 学

实验十五　电导的测定及其应用

【目的要求】

1. 了解溶液电导、电导率的基本概念，学会电导（率）仪的使用方法。

2. 掌握溶液电导（率）的测定及应用，并计算弱电解质溶液的电离常数及难溶盐溶液的 K_{sp}。

【实验原理】

1. 弱电解质电离常数的测定

AB 型弱电解质在溶液中电离达到平衡时，电离平衡常数 K_c 与原始浓度 c 和电离度 α 有以下关系：

$$K_c = \frac{c\alpha^2}{1-\alpha} \tag{2-15-1}$$

在一定温度下 K_c 是常数，因此可以通过测定 AB 型弱电解质在不同浓度时的 α 代入式 (2-15-1) 求出 K_c。

乙酸溶液的电离度可用电导法来测定，图 2-15-1 是用来测定溶液电导的电导池。

将电解质溶液注入电导池内，溶液电导（G）的大小与两电极之间的距离 l 成反比，与电极的面积 A 成正比：

$$G = \kappa A / l \tag{2-15-2}$$

式中，l/A 为电导池常数，以 K_{cell} 表示；κ 为电导率。其物理意义：在两平行且相距 1m，面积均为 $1m^2$ 的两电极间，电解质溶液的电导称为该溶液的电导率，其单位以 $S \cdot m^{-1}$ 表示。

由于电极的 l 和 A 不易精确测量，因此实验中用一种已知电导率值的溶液，先求出电导池常数 K_{cell}，然后把待测溶液注入该电导池测出其电导值，再根据式 (2-15-2) 求其电导率。

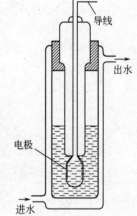

图 2-15-1　电导池

溶液的摩尔电导率是指把含有 1mol 电解质的溶液置于相距为 1m，面积均为 $1m^2$ 的两平行板电极之间的电导。以 Λ_m 表示，其单位为 $S \cdot m^2 \cdot mol^{-1}$。

摩尔电导率与电导率的关系：

$$\Lambda_m = \kappa / 1000c \tag{2-15-3}$$

式中，c 为该溶液的浓度，其单位为 $mol \cdot L^{-1}$。对于弱电解质溶液来说，可以认为：

$$\alpha = \Lambda_m / \Lambda_m^\infty \tag{2-15-4}$$

Λ_m^∞ 是溶液在无限稀释时的摩尔电导率。

将式 (2-15-4) 代入式 (2-15-1) 可得：

$$K_c = \frac{c\Lambda_m^2}{\Lambda_m^{\infty}(\Lambda_m^{\infty} - \Lambda_m)} \qquad (2\text{-}15\text{-}5)$$

或

$$c\Lambda_m = (\Lambda_m^{\infty})^2 K_c \frac{1}{\Lambda_m} - \Lambda_m^{\infty} K_c \qquad (2\text{-}15\text{-}6)$$

以 $c\Lambda_m$ 对 $1/\Lambda_m$ 作图，其直线的斜率为 $(\Lambda_m^{\infty})^2 K_c$，若已知 Λ_m^{∞} 值，可求算 K_c。

2. CaF_2（或 $BaSO_4$、$PbSO_4$）饱和溶液溶度积（K_{sp}）的测定

利用电导法能方便地求出微溶盐的溶解度，进而得到其溶度积值。CaF_2 的溶解平衡可表示为：

$$CaF_2 \rightleftharpoons Ca^{2+} + 2F^-$$

$$K_{sp} = c(Ca^{2+})[c(F^-)]^2 = 4c^3 \qquad (2\text{-}15\text{-}7)$$

微溶盐的溶解度很小，饱和溶液的浓度则很低，所以式(2-15-3)中 Λ_m 可以认为就是 Λ_m^{∞}（盐），c 为饱和溶液中微溶盐的溶解度。

$$\Lambda_m^{\infty}(\text{盐}) = \frac{\kappa_{\text{盐}}}{1000c} \qquad (2\text{-}15\text{-}8)$$

$\kappa_{\text{盐}}$ 是纯微溶盐的电导率。实验中所测定的饱和溶液的电导率值为盐与水的电导率之和。

$$\kappa_{\text{溶液}} = \kappa_{H_2O} + \kappa_{\text{盐}} \qquad (2\text{-}15\text{-}9)$$

这样，可由测得的微溶盐饱和溶液的电导率利用式(2-15-9)求出 $\kappa_{\text{盐}}$，再利用式(2-15-8)求出溶解度，最后求出 K_{sp}。

【仪器试剂】

电导（率）仪 1 台；超级恒温槽 1 台；电导池 1 只；电导电极 1 支；烧杯（250mL，2只）；容量瓶（100mL，5只）；移液管（25mL，1支、50mL，1支）；洗瓶 1只；洗耳球 1个。

$KCl(0.0100 \text{mol·L}^{-1})$；$HAc(0.1000 \text{mol·L}^{-1})$；$CaF_2$（或 $BaSO_4$、$PbSO_4$）(A. R.)。

【实验步骤】

1. HAc 电离常数的测定

（1）溶液配制 在 100mL 容量瓶中配制浓度为原始乙酸（0.1000mol·L^{-1}）浓度的 1/4、1/8、1/16、1/32、1/64 的溶液 5 份。

（2）将恒温槽温度调至 (25.0±0.1)℃ 或 (30.0±0.1)℃，按图 2-15-1 所示使恒温水流经电导池夹层。

（3）测定电导水的电导（率） 用电导水洗涤电导池和铂黑电极 2～3 次，然后注入电导水，恒温后测其电导（率）值，重复测定三次。

（4）测定电导池常数 K_{cell} 倾去电导池中蒸馏水。将电导池和铂黑电极用少量的 KCl 0.0100mol·L^{-1}溶液洗涤 2～3 次后，装入 KCl 0.0100mol·L^{-1}溶液，恒温后，用电导仪测其电导，重复测定三次。

（5）测定 HAc 溶液的电导（率） 倾去电导池中的液体，将电导池和铂黑电极用少量待测溶液洗涤 2～3 次，最后注入待测溶液。恒温约 10min，用电导（率）仪测其电导（率），每份溶液重复测定三次。按照浓度由小到大的顺序，测定 5 种不同浓度 HAc 溶液的电导（率）。

2. CaF_2（或 $BaSO_4$、$PbSO_4$）饱和溶液溶度积 K_{sp} 的测定

取约 1g CaF_2（或 $BaSO_4$、$PbSO_4$），加入约 80mL 电导水，煮沸 3～5min，静置片刻后倾掉上层清液。再加电导水、煮沸、再倾掉清液，连续进行五次。第四次和第五次的清液放

入恒温筒中恒温，分别测其电导（率）。若两次测得的电导（率）值接近（两次清液电导率差值小于 $1\mu S\cdot cm^{-1}$），则表明 CaF_2（或 $BaSO_4$、$PbSO_4$）中的杂质已清除干净，清液即为饱和 CaF_2（或 $BaSO_4$、$PbSO_4$）溶液。

实验完毕后将电极浸在盛有蒸馏水的电导池中。

【注意事项】

● 电导电极不用时，应将其浸在蒸馏水中，以免干燥致使表面发生改变。

● 实验中温度要恒定，测量必须在同一温度下进行。恒温槽的温度要控制在（25.0 ± 0.1）℃或（30.0 ± 0.1）℃。

● 测定前，必须将电导电极及电导池洗涤干净，以免影响测定结果。

【数据处理】

1. 由 KCl 溶液电导率值计算电导池常数。

2. 将实验数据列表并计算乙酸溶液的电离常数。

HAc 原始浓度：_____。

c /mol·L^{-1}	G/S	κ /S·m^{-1}	Λ_m /S·m^2·mol^{-1}	Λ_m^{-1} /S^{-1}·m^{-2}·mol	$c\Lambda_m/10^{-3}$ S·m^{-1}	α	K_c /mol·L^{-1}	$\overline{K_c}$ /mol·L^{-1}

3. 按式（2-15-6）以 $c\Lambda_m$ 对 $1/\Lambda_m$ 作图应得一直线，直线的斜率为 $(\Lambda_m^\infty)^2 K_c$，由此求得 K_c，并与上述结果进行比较。

4. 计算 CaF_2（或 $BaSO_4$、$PbSO_4$）的 K_{sp}。

G（电导水）：_____；κ（电导水）：_____。

G（溶液）/S	κ（溶液）/S·m^{-1}	G（盐）/S	κ（盐）/S·m^{-1}	c/mol·L^{-1}	K_{sp}/mol^3·L^{-3}

思 考 题

1. 为什么要测电导池常数？如何得到该常数？

2. 测电导时为什么要恒温？实验中测电导池常数和溶液电导，温度是否要一致？

3. 实验中为何用镀铂黑电极？使用时注意事项有哪些？

【讨论】

1. 电导与温度有关，通常温度升高1℃电导平均增加1.9%，即

$$G_t = G_{25}\left[1+\frac{1.9}{100}(t-25)\right]$$

2. 普通蒸馏水中常溶有 CO_2 等杂质，故存在一定电导。因此实验所测的电导值是欲测电解质和水的电导的总和。做电导实验时需要纯度较高的水，称为电导水，其制备方法通常是在蒸馏水中加入少许高锰酸钾，用石英或硬质玻璃蒸馏器再蒸馏一次。

3. 铂电极镀铂黑的目的在于减少电极极化，且增加电极的表面积，使测定电导时有较高灵敏度。

实验十六 离子迁移数的测定

当电流通过电解质溶液时，溶液中的正负离子各自向阴、阳两极迁移，由于各种离子的

迁移速率不同，各自所带过去的电量也必然不同。每种离子所带过去的电量与通过溶液的总电量之比，称为该离子在此溶液中的迁移数。若正负离子传递电量分别为 q_+ 和 q_-，通过溶液的总电量为 Q，则正负离子的迁移数分别为：

$$t_+ = q_+/Q \qquad t_- = q_-/Q$$

离子迁移数与浓度、温度、溶剂的性质有关，增加某种离子的浓度则该离子传递电量的百分数增加，离子迁移数也相应增加；温度改变，离子迁移数也会发生变化，但温度升高正负离子的迁移数差别较小；同一种离子在不同电解质中迁移数是不同的。

离子迁移数可以直接测定，方法有希托夫法（Hittorf）、界面移动法和电动势法等。

（一）希托夫法测定离子迁移数

【目的要求】

1. 掌握希托夫法测定离子迁移数的原理及方法。

2. 明确迁移数的概念。

3. 了解电量计的使用原理及方法。

【实验原理】

希托夫法测定离子迁移数的示意图如图 2-16-1 所示。将已知浓度的硫酸溶液装入迁移管中，若有 Q 库仑电量通过体系，在阴极和阳极上分别发生如下反应：

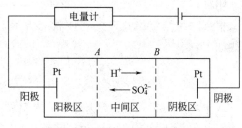

图 2-16-1 希托夫法示意图

阳极：$2OH^- \longrightarrow H_2O + \dfrac{1}{2}O_2 + 2e$

阴极：$2H^+ + 2e \longrightarrow H_2$

此时溶液中 H^+ 向阴极方向迁移，SO_4^{2-} 向阳极方向迁移。电极反应与离子迁移引起的总结果是阴极区的 H_2SO_4 浓度减少，阳极区的 H_2SO_4 浓度增加，且增加与减小的摩尔数相等。由于流过小室中每一截面的电量都相同，因此离开与进入假想中间区的 H^+ 离子数相同，SO_4^{2-} 离子数也相同，所以中间区的浓度在通电过程中保持不变。由此可得计算离子迁移数的公式如下：

$$t_{SO_4^{2-}} = \frac{\text{阴极区 } H^+ \text{减少的量(mol)} \times F}{Q} = \frac{\text{阳极区 } H^+ \text{增加的量(mol)} \times F}{Q} \qquad (2\text{-}16\text{-}1)$$

$$t_{H^+} = 1 - t_{SO_4^{2-}}$$

式中，F 为法拉第（Farady）常数；Q 为总电量。

图 2-16-1 所示的三个区域是假想分割的，实际装置必须以某种方式给予满足。图 2-16-2 的实验装置提供了这一可能，它使电极远离中间区，中间区的连接处又很细，能有效地阻止扩散，保证了中间区浓度不变。

式(2-16-1)中阴极液通电前后 H^+ 减少的量 n 可通过式(2-16-2)计算：

$$n = (c_0 - c)V \qquad (2\text{-}16\text{-}2)$$

式中，c_0 为 H^+ 原始浓度，$mol \cdot L^{-1}$；c 为通电后 H^+ 浓度，$mol \cdot L^{-1}$；V 为阴极液体积，L，由 $V = m/\rho$ 求算，其中 m 为阴极液的质量，ρ 为阴极液的密度（20℃时 $0.1mol \cdot L^{-1}$ H^+ 的 $\rho = 1.002 \times 10^3 kg \cdot m^{-3}$）。

通过溶液的总电量可用气体电量计测定，如图 2-16-3 所示，其准确度可达 $\pm 0.1\%$，它的原理实际上就是电解水（为减小电阻，水中加入几滴浓 H_2SO_4）。

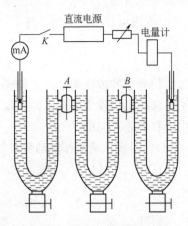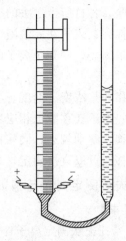

图 2-16-2　希托夫法装置图　　　图 2-16-3　气体电量计装置图

阳极：
$$2OH^- \longrightarrow H_2O + \frac{1}{2}O_2 + 2e$$

阴极：
$$2H^+ \longrightarrow H_2 - 2e$$

根据法拉第定律及理想气体状态方程，并由 H_2 和 O_2 的体积得到求算总电量（库仑）公式如下：

$$Q = \frac{4(p - p_w)VF}{3RT} \tag{2-16-3}$$

式中，p 为实验时大气压；p_w 为温度 T 时水的饱和蒸气压；V 为 H_2 和 O_2 混合气体的体积；F 为法拉第（Farady）常数。

【仪器试剂】

迁移管 1 套；铂电极 2 支；精密稳流电源 1 台；气体电量计 1 套；分析天平 1 台；碱式滴定管（25mL，1 支）；三角瓶（100mL，3 只）；移液管（10mL，3 支）；烧杯（50mL，3 只）；容量瓶（250mL，1 只）。

H_2SO_4（A. R.）；NaOH（0.1000mol·L^{-1}）。

【实验步骤】

1. 配制 0.05mol·L^{-1} 的 H_2SO_4 溶液 250mL，并用 NaOH 标准溶液标定其浓度。然后用该 H_2SO_4 溶液冲洗迁移管后，装满迁移管。

2. 打开气体电量计活塞，移动水准管，使量气管内液面升到起始刻度，关闭活塞，比平后记下液面起始刻度。

3. 按图接好线路，将稳流电源的"调压旋钮"旋至最小处。经教师检查后，打开电源开关，旋转"调压旋钮"使电流强度为 10～15mA，通电约 1.5h 后，立即夹紧两个连接处的夹子，并关闭电源。

4. 将阴极液（或阳极液）放入一个已称重的洁净干燥的烧杯中，并用少量原始 H_2SO_4 液冲洗电极及阴极管（或阳极管）一并放入烧杯中，然后称重。中间液放入另一洁净干燥的烧杯中。

5. 取 10.00mL 阴极液（或阳极液）放入三角瓶内，用标准 NaOH 溶液标定。再取 10.00mL 中间液标定，检查中间液浓度是否变化。

6. 轻弹量气管，待气体电量计气泡全部逸出、比平液面后记录其刻度。

【注意事项】

- 电量计使用前应检查是否漏气。
- 通电过程中，迁移管应避免振动。
- 中间管与阴极管、阳极管连接处不能有气泡。
- 阴极管、阳极管上端的塞子不能塞紧。

【数据处理】

1. 将所测数据列表

室温_____；大气压____；饱和水蒸气压_____；气体电量计产生气体体积 V _____；标准 NaOH 溶液浓度_____。

溶　液	$m_{烧杯}$/g	$m_{(烧杯+溶液)}$/g	$m_{溶液}$/g	V_{NaOH}/mL	$c(H^+)$/mol·L^{-1}

2. 计算通过溶液的总电量 Q。
3. 计算阴极液通电前后 H^+ 减少的量 n。
4. 计算离子的迁移数 t_{H^+} 及 $t_{SO_4^{2-}}$。

思　考　题

1. 如何保证气体电量计中测得的气体体积是在实验大气压下的体积？
2. 中间区浓度改变说明什么？如何防止？
3. 为什么不用蒸馏水而用原始溶液冲洗电极？

【讨论】

希托夫法测得的迁移数又称为表观迁移数，计算过程中假定水是不动的。由于离子的水化作用，离子迁移时实际上是附着水分子的，所以由于阴、阳离子水化程度不同，在迁移过程中会引起浓度的改变。若考虑水的迁移对浓度的影响，则算出的阳离子或阴离子的迁移数，称为真实迁移数。

（二）界面移动法测定离子迁移数

【目的要求】

1. 加深理解离子迁移数的基本概念。
2. 掌握用界面移动法测定 HCl 水溶液中离子迁移数的实验方法和技术。

【实验原理】

利用界面移动法测迁移数的实验可分为两类：一类是使用两种指示离子，造成两个界面；另一类是只用一种指示离子，有一个界面。近年来后一类方法已经代替了第一类方法，其原理介绍如下。

实验在图 2-16-4 所示的迁移管中进行。设 M^{z+} 为欲测的阳离子，M'^{z+} 为指示阳离子。为了保持界面清晰，防止由于重力而产生搅动作用，应将密度大的溶液放在下面。当有电流通过溶液时，阳离子向阴极迁移，原来的界面 aa' 逐渐上移，经过一定时间 t 到达 bb'。设 aa' 和 bb' 间的体积为 V，$t_{M^{z+}}$ 为 M^{z+} 的迁移数。据定义有：

$$t_{M^{z+}} = \frac{VFc}{Q} \tag{2-16-4}$$

式中，F 为法拉第（Farady）常数；c 为 $\left(\frac{1}{Z}M^{z+}\right)$ 的量浓度；Q 为通过溶液的总电量；

V 为界面移动的体积,可用称量充满 aa' 和 bb' 间的水的质量校正之。

本实验用 Cd^{2+} 作为指示离子,测定 $0.1000 mol \cdot L^{-1}$ HCl 中 H^+ 的迁移数。在图 2-16-5 的实验装置中,通电时,H^+ 向上迁移,Cl^- 向下迁移,在 Cd 阳极上 Cd 氧化,进入溶液生成 $CdCl_2$,逐渐顶替 HCl 溶液,在管中形成界面。由于溶液要保持电中性,且任一截面都不会中断传递电流,H^+ 迁移走后的区域,Cd^{2+} 紧紧地跟上,离子的移动速度 (v) 是相等的,即 $v_{Cd^{2+}} = v_{H^+}$,由此可得:

$$U_{Cd^{2+}} \frac{dE'}{dL} = U_{H^+} \frac{dE}{dL}$$

因为 Cd^{2+} 淌度(U)较小,即 $U_{Cd^{2+}} < U_{H^+}$。

$$\frac{dE'}{dL} > \frac{dE}{dL}$$

即在 $CdCl_2$ 溶液中电位梯度是较大的,如图 2-15-4 所示。因此若 H^+ 因扩散作用落入 $CdCl_2$ 溶液层,它就不仅比 Cd^{2+} 迁移得快,而且比界面上的 H^+ 也要快,能赶回到 HCl 层。同样,若任何 Cd^{2+} 进入低电位梯度的 HCl 溶液,它就要减速,一直到它们重又落后于 H^+ 为止,这样界面在通电过程中保持清晰。

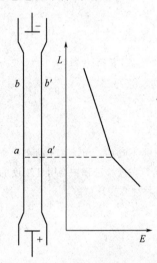

图 2-16-4　迁移管中的电位梯度

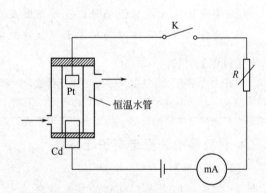

图 2-16-5　界面移动法测离子迁移数装置示意图

【仪器试剂】

精密稳流电源 1 台;滑线变阻器 1 只;毫安表 1 只;烧杯(25mL,1 只)。

HCl($0.1000 mol \cdot L^{-1}$);甲基橙(或甲基紫)指示剂。

【实验步骤】

1. 在小烧杯中倒入约 10mL $0.1000 mol \cdot L^{-1}$ HCl,加入少许甲基紫,使溶液呈深蓝色。用少许该溶液洗涤迁移管后,将溶液装满迁移管,并插入 Pt 电极。

2. 按图 2-16-5 接好线路,按通开关 K 与电源 D 相通,调节电位器 R 保持电流在 $5 \sim 7 mA$ 之间。

3. 当迁移管内蓝紫色界面达到起始刻度时,立即开动秒表,此时要随时调节电位器 R,使电流 I 保持定值。当蓝紫色界面迁移 1mL 后,再按秒表,并关闭电源开关。

【注意事项】

● 通电后由于 $CdCl_2$ 层的形成电阻加大,电流会渐渐变小,因此应不断调节电流使其保持不变。

● 通电过程中，迁移管应避免振动。

【数据处理】

计算 t_{H^+} 和 t_{Cl^-}。讨论与解释观察到的实验现象，将结果与文献值加以比较。

思　考　题

1. 本实验关键何在？应注意什么？

2. 测量某一电解质离子迁移数时，指示离子应如何选择？指示剂应如何选择？

3. 本实验过程中如停止通电，界面会逐渐变模糊，重新通电后又会变清晰，为什么？

【讨论】

离子迁移数的测定方法除以上介绍的希托夫法和界面移动法外，还有电动势法。

电动势法是通过测量具有或不具有溶液接界的浓差电池的电动势来进行的。例如测定硝酸银溶液的 t_{Ag^+} 和 $t_{NO_3^-}$ 可设计如下电池：

（1）有溶液接界的浓差电池　　$Ag \mid AgNO_3(b_1) \mid AgNO_3(b_2) \mid Ag$

总的电池反应：

$$t_{NO_3^-} AgNO_3(b_2) \longrightarrow t_{NO_3^-} AgNO_3(b_1)$$

测得电动势

$$E_1 = 2t_{NO_3^-} \frac{RT}{F} \ln \frac{\gamma_{\pm 2} b_2}{\gamma_{\pm 1} b_1}$$

（2）无溶液接界的浓差电池　　$Ag \mid AgNO_3(b_1) \parallel AgNO_3(b_2) \mid Ag$

总的电池反应：

$$Ag^+(b_2) \longrightarrow Ag^+(b_1)$$

测得电动势

$$E_2 = \frac{RT}{F} \ln \frac{(a_{Ag^+})_2}{(a_{Ag^+})_1}$$

假定溶液中价数相同的离子具有相同活度系数，则可得：

$$a_{\pm 1} = (a_{Ag^+})_1 = (a_{NO_3^-})_1 = \gamma_{\pm 1} b_1$$
$$a_{\pm 2} = (a_{Ag^+})_2 = (a_{NO_3^-})_2 = \gamma_{\pm 2} b_2$$

$$\frac{E_1}{E_2} = \frac{2t_{NO_3^-} \dfrac{RT}{F} \ln \dfrac{\gamma_{\pm 2} b_2}{\gamma_{\pm 1} b_1}}{\dfrac{RT}{F} \ln \dfrac{(a_{Ag^+})_2}{(a_{Ag^+})_1}} = 2t_{NO_3^-}$$

因此

$$t_{NO_3^-} = \frac{1}{2} \frac{E_1}{E_2}, \quad t_{Ag^+} = 1 - t_{NO_3^-}$$

实验十七　电动势的测定及其应用

电动势的测量在物理化学研究中具有重要意义。通过电池电动势的测量可以获得氧化还原体系的许多热力学函数。

电池电动势的测量必须在可逆条件下进行。首先要求电池反应本身是可逆的，同时要求电池必须在可逆情况下工作，即放电和充电过程都必须在准平衡状态下进行，此时只允许有无限小的电流通过电池。因此，需用对消法来测定电动势。其测量原理是在待测电池上并联一个大小相等、方向相反的外加电势差，这样待测电池中没有电流通过，外加电势差的大小即等于待测电池电动势。

对消法测定电池电动势常用的仪器为电位差计及标准电池、工作电源、检流计等配套仪器，有关电位差计的工作原理及使用方法请仔细阅读第一篇第四章的有关内容。本实验包括以下几部分：①电极电势的测定；②溶度积的测定；③溶液 pH 值的测定；④求电池反应的 $\Delta_r G_m$、$\Delta_r S_m$、$\Delta_r H_m$、$\Delta_r G_m^\ominus$。

（一）电极电势的测定

【目的要求】

1. 学会几种金属电极的制备方法。

2. 掌握几种金属电极的电极电势的测定方法。

【实验原理】

可逆电池的电动势可看作正、负两个电极的电势之差。设正极电势为 φ_+，负极电势为 φ_-，则：

$$E = \varphi_+ - \varphi_-$$

电极电势的绝对值无法测定，手册上所列的电极电势均为相对电极电势，即以标准氢电极（其电极电势规定为零）作为标准，与待测电极组成一电池，所测电池电动势就是待测电极的电极电势。由于氢电极使用不便，常用另外一些易制备、电极电势稳定的电极作为参比电极，如：甘汞电极、银-氯化银电极等。

本实验是测定几种金属电极的电极电势。将待测电极与饱和甘汞电极组成如下电池：

$$Hg(l)\text{-}Hg_2Cl_2(s)\,|\,KCl(\text{饱和溶液})\,\|\,M^{n+}(a_\pm)\,|\,M(s)$$

金属电极的反应为：$\qquad\qquad M^{n+} + ne \longrightarrow M$

甘汞电极的反应为：$\qquad\qquad 2Hg + 2Cl^- \longrightarrow Hg_2Cl_2 + 2e$

电池电动势为：$E = \varphi_+ - \varphi_- = \varphi_{M^{n+},M}^{\ominus} + \dfrac{RT}{nF}\ln a(M^{n+}) - \varphi(\text{饱和甘汞})$ $\qquad$ (2-17-1)

式中，$\varphi(\text{饱和甘汞}) = 0.2412 - 6.61\times10^{-4}(t-25)$（$t$ 为温度，℃），$a = \gamma_\pm b$

【仪器试剂】

电动势测量装置 1 套；银电极 1 支；铜电极 1 支；锌电极 1 支；饱和甘汞电极 1 支；盐桥玻管 3 根。

$AgNO_3$（$0.1000\,mol\cdot kg^{-1}$）；$CuSO_4$（$0.1000\,mol\cdot kg^{-1}$）；$ZnSO_4$（$0.1000\,mol\cdot kg^{-1}$）；KNO_3 饱和溶液；KCl 饱和溶液。

【实验步骤】

1. 铜、银、锌等金属电极的制备见本实验的讨论部分。

2. 测定以下三个原电池的电动势。

(1) $Hg(l)\text{-}Hg_2Cl_2(s)\,|\,\text{饱和 } KCl \text{ 溶液}\,\|\,CuSO_4(0.1000\,mol\cdot kg^{-1})\,|\,Cu(s)$

(2) $Hg(l)\text{-}Hg_2Cl_2(s)\,|\,\text{饱和 } KCl \text{ 溶液}\,\|\,AgNO_3(0.1000\,mol\cdot kg^{-1})\,|\,Ag(s)$

(3) $Zn(s)\,|\,ZnSO_4(0.1000\,mol\cdot kg^{-1})\,\|\,KCl(\text{饱和})\,|\,Hg_2Cl_2(s)\text{-}Hg(l)$

【数据处理】

由测定的电池电动势数据，利用公式（2-17-1）计算银、铜、锌的标准电极电势。其中离子平均活度系数 $\gamma_\pm$ 见附录二十九。

（二）难溶盐 AgCl 溶度积的测定

【目的要求】

1. 学会银电极、银-氯化银电极的制备方法。

2. 用电化学方法测定 AgCl 溶度积。

【实验原理】

设计电池如下：

$$Ag(s)\text{-}AgCl(s)\,|\,HCl(0.1000\,mol\cdot kg^{-1})\,\|\,AgNO_3(0.1000\,mol\cdot kg^{-1})\,|\,Ag(s)$$

银电极反应：$\qquad\qquad$ $Ag^+ + e \longrightarrow Ag$

银-氯化银电极反应：$\qquad\qquad$ $Ag + Cl^- \longrightarrow AgCl + e$

总的电池反应为：$\qquad\qquad$ $Ag^+ + Cl^- \longrightarrow AgCl$

$$E = E^{\ominus} - \frac{RT}{F}\ln\frac{1}{a_{Ag^+}a_{Cl^-}}$$

$$E^{\ominus} = E + \frac{RT}{F}\ln\frac{1}{a_{Ag^+}a_{Cl^-}} \qquad (2\text{-}17\text{-}2)$$

又 $\qquad\qquad$ $$\Delta_r G_m^{\ominus} = -nFE^{\ominus} = -RT\ln\frac{1}{K_{sp}} \qquad (2\text{-}17\text{-}3)$$

式(2-17-3)中 $n = 1$，在纯水中 AgCl 溶解度极小，所以活度积就等于溶度积。所以：

$$-E^{\ominus} = \frac{RT}{F}\ln K_{sp} \qquad (2\text{-}17\text{-}4)$$

式(2-17-4)代入式(2-17-2)得：

$$\ln K_{sp} = \ln a_{Ag^+} + \ln a_{Cl^-} - \frac{EF}{RT} \qquad (2\text{-}17\text{-}5)$$

已知 a_{Ag^+}、a_{Cl^-}，测得电池电动势 E，即可求 K_{sp}。

【仪器试剂】

电动势测量装置 1 套；Pt 电极 2 支；银电极 2 支；盐桥玻管 1 根。

$HCl(0.1000\,mol\cdot kg^{-1})$；$AgNO_3(0.1000\,mol\cdot kg^{-1})$；镀银溶液；稀 HNO_3 溶液（1∶3）；KNO_3 饱和溶液。

【实验步骤】

1. 银电极和 Ag-AgCl 电极的制备见本实验的讨论部分。

2. 测定以下电池的电动势

$\qquad$ $Ag(s)\text{-}AgCl(s)\,|\,HCl(0.1000\,mol\cdot kg^{-1})\,\|\,AgNO_3(0.1000\,mol\cdot kg^{-1})\,|\,Ag(s)$

【数据处理】

根据公式(2-17-4)计算 AgCl 的溶度积

$t\,℃$ 时 $0.1000\,mol\cdot kg^{-1}$ HCl 的 $\gamma_{\pm}$ 可按下式计算：

$$-\lg\gamma_{\pm} = -\lg 0.8027 + 1.620\times 10^{-4}t + 3.13\times 10^{-7}t^2$$

（三）测定溶液的 pH 值

【目的要求】

1. 掌握通过测定可逆电池电动势测定溶液的 pH 值的方法。

2. 了解氢离子指示电极的构成。

【实验原理】

利用各种氢离子指示电极与参比电极组成电池，即可从电池电动势算出溶液的 pH 值，常用指示电极有：氢电极、醌-氢醌电极和玻璃电极。今讨论醌-氢醌（$Q\cdot QH_2$）电极。$Q\cdot QH_2$ 为醌（Q）与氢醌（QH_2）等摩尔混合物，在水溶液中部分分解。

它在水中溶解度很小。将待测 pH 溶液用 $Q\cdot QH_2$ 饱和后，再插入一只光亮 Pt 电极就构成了 $Q\cdot QH_2$ 电极，可用它构成如下电池：

$$Hg(l)\text{-}Hg_2Cl_2(s)|饱和\ KCl\ 溶液\ \|\ 由\ Q\cdot QH_2\ 饱和的待测\ pH\ 溶液\ (H^+)|Pt\ (s)\ Q\cdot QH_2$$

电极反应为：

$$Q+2H^++2e\longrightarrow QH_2$$

因为在稀溶液中 $a_{H^+}=c_{H^+}$，所以：

$$\varphi_{Q\cdot QH_2}=\varphi_{Q\cdot QH_2}^{\ominus}-\frac{2.303RT}{F}pH$$

可见，$Q\cdot QH_2$ 电极的作用相当于一个氢电极，电池的电动势为：

$$E=\varphi_+-\varphi_-=\varphi_{Q\cdot QH_2}^{\ominus}-\frac{2.303RT}{F}pH-\varphi(饱和甘汞)$$

$$pH=[\varphi_{Q\cdot QH_2}^{\ominus}-E-\varphi(饱和甘汞)]\cdot\frac{F}{2.303RT} \qquad (2\text{-}17\text{-}6)$$

其中，$\varphi_{Q\cdot QH_2}^{\ominus}=0.6994-7.4\times10^{-4}(t-25)$，$\varphi(饱和甘汞)$ 见（一）电极电势的测定。

【仪器试剂】

电动势测量装置 1 套；Pt 电极 1 支；饱和甘汞电极 1 支；盐桥玻管 1 根。

KCl 饱和溶液；醌氢醌（固体）；未知 pH 值溶液。

【实验步骤】

测定以下电池的电动势

$$Hg(l)\text{-}Hg_2Cl_2(s)|饱和\ KCl\ 溶液\ \|\ 由\ Q\cdot QH_2\ 饱和的待测\ pH\ 溶液|Pt(s)$$

【数据处理】

根据公式(2-17-6)计算未知溶液的 pH 值。

（四）化学反应的热力学函数

【目的要求】

掌握用电动势法测化学反应的热力学函数的原理及方法。

【实验原理】

化学反应的热效应可以用量热计直接量度，也可以用电化学方法来测定。由于电池的电动势可以测定得很准，因此所得数据较热化学方法所得的结果可靠。

在恒温、恒压可逆条件下，电池所作的电功是最大有用功。利用对消法测定电池电动势 E，即可计算电池反应的 $\Delta_r G_m$、$\Delta_r S_m$、$\Delta_r H_m$。公式如下：

$$(\Delta_r G_m)_{T,p}=-nFE \qquad (2\text{-}17\text{-}7)$$

$$\Delta_r S_m=nF\left(\frac{\partial E}{\partial T}\right)_p \qquad (2\text{-}17\text{-}8)$$

$$\Delta_r H_m=-nFE+nFT\left(\frac{\partial E}{\partial T}\right)_p \qquad (2\text{-}17\text{-}9)$$

【仪器试剂】

与本实验（二）所用仪器试剂相同。

【实验步骤】

1. 设计电池如下：

$$Ag(s)\text{-}AgCl(s)\,|\,HCl(0.1000\,mol\cdot kg^{-1})\,\|\,AgNO_3(0.1000\,mol\cdot kg^{-1})\,|\,Ag(s)$$

2. 调节恒温槽温度在 20～50℃ 之间，每隔 5～10℃ 测定一次电动势。每改变一次温度，需待热平衡后才能测定。

【数据处理】

1. 步骤 1 中所得电动势 E 与热力学温度 T 作图，并由图中曲线分别求取 25℃、30℃、35℃ 温度下的 $\left(\dfrac{\partial E}{\partial T}\right)_p$。

2. 利用式（2-17-7）～式（2-17-9）和式（2-17-3），分别计算 25℃、30℃、35℃ 时的 $\Delta_r G_m$、$\Delta_r S_m$、$\Delta_r H_m$ 和 $\Delta_r G_m^{\ominus}$。

【注意事项】

- 连接仪器时，防止将正负极接错。
- 汞齐化时注意，汞蒸气有毒，用过的滤纸应放到带水的盆中，绝不允许随便丢弃。

思　考　题

1. 电位差计、标准电池、检流计及工作电池各有什么作用？如何保护及正确使用？

2. 参比电极应具备什么条件？它有什么功用？

3. 盐桥有什么作用？选用作盐桥的物质应有什么原则？

4. UJ-25 型电位差计测定电动势过程中，有时检流计向一个方向偏转，分析原因。

【讨论】

在测量金属电极的电极电势时，金属电极要加以处理。现介绍几种常用金属电极的制备方法。

1. 锌电极的制备

将锌电极在稀硫酸溶液中浸泡片刻，取出洗净，浸入汞或饱和硝酸亚汞溶液中约 10s，表面即生成一层光亮的汞齐，用水冲洗、滤纸擦干后，插入 0.1000\,mol\cdot kg^{-1} ZnSO₄ 中待用。汞齐化的目的是消除金属表面机械应力不同的影响，使它获得重复性较好的电极电势。由于硝酸亚汞有毒，如果购买的锌电极纯度很高，也可以直接用金相砂纸打磨成品锌电极至光亮即可使用。

2. 铜电极的制备

将欲镀铜电极用细砂纸轻轻打磨至露出新鲜的金属光泽，再用蒸馏水洗净作为负极，以另一铜板作正极，在镀铜液中电镀（镀铜液组成为：每升中含 125g $CuSO_4\cdot5H_2O$，25g H_2SO_4，50mL 乙醇）。线路参见图 2-17-1。控制电流为 20mA，电镀 30min 得表面呈红色的 Cu 电极，洗净后放入 0.1000\,mol\cdot kg^{-1} CuSO₄ 中备用。如果铜电极纯度很高，也可以参照锌电极的处理方法直接打磨使用。

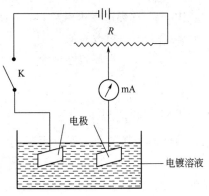

图 2-17-1　电镀线路图

3. 银电极和 Ag-AgCl 电极的制备

（1）银电极的制备　将欲镀之银电极两支用细砂纸轻轻打磨至露出新鲜的金属光泽，再用蒸馏水洗净。将欲用的两只 Pt 电极浸入稀硝酸溶液片刻，取出用蒸馏水洗净。将洗净的电极分别插入盛有镀银液（镀液组成为 100mL 水中加 1.5g 硝酸银和 1.5g 氰化钠）的小瓶中，按图 2-17-1 接好线路，并将两个小瓶串联，控制电流为 0.3mA，镀 1h，得白色紧密的镀银电极两支。

（2）Ag-AgCl 电极制备　将上面制成的一支银电极用蒸馏水洗净，作为正极，以 Pt 电极作负极，在约 1mol\cdot L^{-1} 的 HCl 溶液中电镀，线路同图 2-17-1。控制电流为 2mA 左右，镀 30min，可得呈紫褐色的 Ag-AgCl 电极，该电极不用时应保存在 KCl 溶液中，储存于暗处。

4. 通过电池电动势的测定也可以提示人们根据联系热力学和电化学关系的桥梁公式来解决热力学平衡和化学反应进程问题。

实验十八　电势-pH 曲线的测定及其应用

【目的要求】

1. 掌握电极电势、电池电动势及溶液 pH 的测定原理和方法。
2. 测定 Fe^{3+}/Fe^{2+}-EDTA 溶液在不同 pH 条件下的电极电势，绘制电势-pH 曲线。
3. 了解电势-pH 图的意义及应用。

【实验原理】

很多氧化还原反应不仅与溶液中离子的浓度有关，而且与溶液的 pH 值有关，即电极电

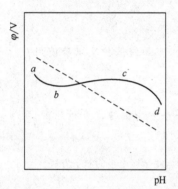

图 2-18-1　φ-pH 图

势与浓度和酸度成函数关系。如果指定溶液的浓度，则电极电势只与溶液的 pH 值有关。在改变溶液的 pH 值时测定溶液的电极电势，然后以电极电势对 pH 值作图，这样就可得到等温、等浓度的电势-pH 曲线，如图 2-18-1。

Fe^{3+}/Fe^{2+}-EDTA 配合体系在不同的 pH 值范围内，其配合产物不同，以 Y^{4-} 代表 EDTA 酸根离子。将在三个不同 pH 值的区间来讨论其电极电势的变化。

1. 在一定 pH 值范围内，Fe^{3+}/Fe^{2+} 能与 EDTA 生成稳定的配合物 FeY^{2-} 和 FeY^-，其电极反应为

$$FeY^- + e \rightleftharpoons FeY^{2-}$$

根据能斯特（Nernst）方程，其电极电势为

$$\varphi = \varphi^{\ominus} - \frac{RT}{F} \ln \frac{a_{FeY^{2-}}}{a_{FeY^-}} \tag{2-18-1}$$

式中，$\varphi^{\ominus}$ 为标准电极电势；a 为活度，$a = \gamma \cdot b$（γ 为活度系数；b 为质量摩尔浓度）。

则式（2-18-1）可改写成

$$\varphi = \varphi^{\ominus} - \frac{RT}{F} \ln \frac{\gamma_{FeY^{2-}}}{\gamma_{FeY^-}} - \frac{RT}{F} \ln \frac{b_{FeY^{2-}}}{b_{FeY^-}} = \varphi^{\ominus} - c_1 - \frac{RT}{F} \ln \frac{b_{FeY^{2-}}}{b_{FeY^-}} \tag{2-18-2}$$

式中，$c_1 = \dfrac{RT}{F} \ln \dfrac{\gamma_{FeY^{2-}}}{\gamma_{FeY^-}}$。

当溶液离子强度和温度一定时，c_1 为常数，在此 pH 范围内，该体系的电极电势只与 $b_{FeY^{2+}}/b_{FeY^-}$ 的值有关。在 EDTA 过量时，生成的配合物的浓度可近似看作为配制溶液时铁离子的浓度。即 $b_{FeY^{2-}} \approx b_{Fe^{2+}}$，$b_{FeY^-} \approx b_{Fe^{3+}}$。当 $b_{Fe^{2+}}$ 与 $b_{Fe^{3+}}$ 的比值一定时，则 φ 为一定值。曲线中出现平台区。如图 2-18-1 中的 bc 段。

2. 低 pH 时的电极反应为

$$FeY^- + H^+ + e \rightleftharpoons FeHY^-$$

则可求得：

$$\varphi = \varphi^{\ominus} - c_2 - \frac{RT}{F} \ln \frac{b_{FeHY^-}}{b_{FeY^-}} - \frac{2.303RT}{F} pH \tag{2-18-3}$$

在 $b_{Fe^{2+}}/b_{Fe^{3+}}$ 不变时，φ 与 pH 呈线性关系。如图中的 ab 段。

3. 高 pH 时的电极反应为

$$Fe(OH)Y^{2-} + e \Longleftrightarrow FeY^{2-} + OH^-$$

则可求得：

$$\varphi = \varphi^{\ominus} - \frac{RT}{F}\ln\frac{a_{FeY^{2-}} \cdot a_{OH^-}}{a_{Fe(OH)Y^{2-}}}$$

稀溶液中水的活度积 K_W 可看作水的离子积，又根据 pH 定义，则上式可写成

$$\varphi = \varphi^{\ominus} - c_3 - \frac{RT}{F}\ln\frac{b_{FeY^{2-}}}{b_{Fe(OH)Y^{2-}}} - \frac{2.303RT}{F}pH \tag{2-18-4}$$

在 $b_{Fe^{2+}}/b_{Fe^{3+}}$ 不变时，φ 与 pH 呈线性关系。如图中的 cd 段。

【仪器试剂】

电位差计（或数字电压表）1 台；数字式 pH 计 1 台；超级恒温槽 1 台；电子天平（感量 0.01g）1 台；电磁搅拌器 1 台；夹套瓶（200mL）1 只；饱和甘汞电极 1 支；复合电极 1 支；铂电极 1 支；滴管 2 支。

$FeCl_3 \cdot 6H_2O$(A. R.)；$FeCl_2 \cdot 4H_2O$(A. R.) 或 $(NH_4)_2Fe(SO_4)_2$(A. R.)；EDTA 二钠盐二水化合物（A. R.）；HCl 溶液（2mol·L^{-1}）；NaOH 溶液（2%）；N_2(g)。

【实验步骤】

1. 开启恒温槽，控制温度在 (25.0±0.1)℃[或 (30.0±0.1)℃]。

2. 配制溶液

先将夹套瓶充 50mL 蒸馏水，迅速称取 0.86g $FeCl_3 \cdot 6H_2O$ 和 0.58g $FeCl_2 \cdot 4H_2O$ [或 1.16g $(NH_4)_2Fe(SO_4)_2$]，倾入夹套瓶；再称取 3.50g EDTA 二钠盐二水化合物，用少量蒸馏水溶解，也倾入夹套瓶中。

3. 将复合电极、甘汞电极、铂电极分别插入反应器盖子上的三个孔中，浸入液面下。

4. 将复合电极的导线接到 pH 计上，测定溶液的 pH 值。在迅速搅拌下缓慢滴加 2% NaOH 溶液直至瓶中溶液 pH 达到 8 左右，注意避免局部生成 $Fe(OH)_3$ 沉淀。通入氮气将空气排尽。

将铂电极、甘汞电极分别接在数字电压表的" $+$ "、" $-$ "两端，测定两极间的电动势，此电动势是相对于饱和甘汞电极的电极电势。用滴管从反应容器的第五个孔（即氮气出气口）滴入少量 2mol·L^{-1} 的 HCl 溶液，改变溶液 pH 值，每次约改变 0.3，同时记录电极电势和 pH 值，直至溶液出现浑浊，停止实验。

【注意事项】

• 由于 $FeCl_2 \cdot 4H_2O$ 易被氧化，可以改用摩尔盐（硫酸亚铁铵 1.16g）。

• 搅拌速率必须加以控制，防止由于搅拌不均匀造成加入 NaOH 时，溶液上部出现少量的 $Fe(OH)_3$ 沉淀。

【数据处理】

1. 用表格形式记录所得的电动势 E 和 pH 值。将测得的相对于饱和甘汞电极的电极电势换算至相对标准氢电极的电极电势 φ。

2. 绘制 Fe^{3+}/Fe^{2+}-EDTA 配合体系的电势 φ-pH 曲线，由曲线确定 FeY^- 和 FeY^{2-} 稳定存在的 pH 范围。

思 考 题

1. 写出 Fe^{3+}/Fe^{2+}-EDTA 体系在电势平台区的基本电极反应及对应的 Nernst 公式。

2. 用酸度计和电位差计测电动势（参见实验十七电动势的测定及其应用）的原理，各有什么不同？

3. 查阅 $Fe-H_2O$ 体系电势-pH 图，说明 Fe 在不同条件下（电极和 pH）所处的平衡状态。

【讨论】

电势-pH 图对解决在水溶液中发生的一系列反应及平衡问题（例如元素分离，湿法冶金，金属防腐方面），得到广泛应用。本实验讨论的 Fe^{3+}/Fe^{2+}-EDTA 体系，可用于消除天然气中的有害气体 H_2S。利用 Fe^{3+}-EDTA 溶液可将天然气中 H_2S 氧化成元素硫除去，溶液中 Fe^{3+}-EDTA 配合物被还原为 Fe^{2+}-EDTA 配合物，通入空气可以使 Fe^{2+}-EDTA 氧化成 Fe^{3+}-EDTA，使溶液得到再生，不断循环使用，其反应如下：

$$2FeY^- + H_2S \xrightarrow{\text{脱硫}} 2FeY^{2-} + 2H^+ + S\downarrow$$

$$2FeY^{2-} + \frac{1}{2}O_2 + H_2O \xrightarrow{\text{再生}} 2FeY^- + 2OH^-$$

在用 EDTA 配合铁盐脱除天然气中硫时，Fe^{3+}/Fe^{2+}-EDTA 配合体系的电势-pH 曲线可以帮助选择较适宜的脱硫条件。例如，低含硫天然气 H_2S 含量约 $1\times10^{-4}\sim6\times10^{-4}\,kg\cdot m^{-3}$，在 25℃时相应的 H_2S 分压为 7.29～43.56Pa。

根据电极反应

$$S + 2H^+ + 2e \Longleftrightarrow H_2S(g)$$

在 25℃时的电极电势 φ 与 H_2S 分压 p_{H_2S} 的关系应为：

$$\varphi(V) = -0.072 - 0.02961p_{H_2S} - 0.0591pH$$

在图 2-18-1 中以虚线标出这三者的关系。

由电势-pH 图可见，对任何一定 $b_{Fe^{3+}}/b_{Fe^{2+}}$ 比值的脱硫液而言，此脱硫液的电极电势与反应 $S + 2H^+ + 2e \Longleftrightarrow H_2S(g)$ 的电极电势之差值，在电势平台区的 pH 范围内，随着 pH 的增大而增大，到平台区的 pH 上限时，两电极电势差值最大，超过此 pH，两电极电势值不再增大而为定值。这一事实表明，任何具有一定 $b_{Fe^{3+}}/b_{Fe^{2+}}$ 比值的脱硫液，在它的电势平台区的上限时，脱硫的热力学趋势达最大，超过此 pH 后，脱硫趋势保持定值而不再随 pH 增大而增加，由此可知，根据 φ-pH 图，从热力学角度看，用 EDTA 配合铁盐法脱除天然气中的 H_2S 时，脱硫液的 pH 选择在 6.5～8 之间，或高于 8 都是合理的，但 pH 不宜大于 12，否则会有 $Fe(OH)_3$ 沉淀出来。

实验十九　氯离子选择性电极的测定及其应用

【目的要求】

1. 了解氯离子选择性电极的基本性能及其测试方法。
2. 掌握用氯离子选择性电极测定氯离子浓度的基本原理。
3. 了解酸度计测量直流毫伏值的使用方法。

【实验原理】

使用离子选择性电极这一分析测量工具，可以通过简单的电势测量直接测定溶液中某一离子的活度。

本实验所用的电极是把 AgCl 和 Ag_2S 的沉淀混合物压成膜片，用塑料管作为电极管，并以全固态工艺制成。其结构如图 2-19-1 所示。

1. 电极电势与离子浓度的关系

离子选择性电极是一种以电势响应为基础的电化学敏感元件，将其插入待测液中时，在膜-液界面上产生一特定的电势响应值。电势与离子活度间的关系可用能斯特（Nernst）方程来描述。若以甘汞电极作为参比电极，则有下式成立：

$$E = E^{\ominus} - \frac{RT}{F} \ln a_{Cl^-} \qquad (2\text{-}19\text{-}1)$$

由于：

$$a_{Cl^-} = \gamma c_{Cl^-} \qquad (2\text{-}19\text{-}2)$$

根据路易斯（Lewis）经验式：

$$\lg \gamma_{\pm} = -A\sqrt{I} \qquad (2\text{-}19\text{-}3)$$

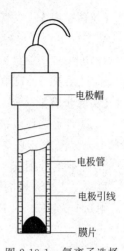

图 2-19-1　氯离子选择性电极结构示意

式中，A 为常数；I 为离子强度。在测定工作中，只要固定离子强度，则 $\gamma_{\pm}$ 可视作定值，所以式（2-19-1）可写为：

$$E = E^{\ominus} - \frac{RT}{F} \ln c_{Cl^-} \qquad (2\text{-}19\text{-}4)$$

由式（2-19-4）可知，E 与 $\ln c_{Cl^-}$ 之间呈线性关系。只要测出不同 c_{Cl^-} 值时的电势值 E，作 $E\text{-}\ln c_{Cl^-}$ 图，就可了解电极的性能，并可确定其测量范围。氯离子选择性电极的测量范围约为 $10^{-1} \sim 10^{-5}\,mol \cdot L^{-1}$。

2. 离子选择性电极的选择性及选择系数

离子选择性电极对待测离子具有特定的响应特性，但其他离子仍可对其产生一定的干扰。电极选择性的好坏常用选择系数表示。若以 i 和 j 分别代表待测离子及干扰离子，则：

$$E = E^{\ominus} \pm \frac{RT}{nF} \ln \left(a_i + k_{ij} a_j^{z_i/z_j} \right) \qquad (2\text{-}19\text{-}5)$$

式中，z_i 及 z_j 分别代表 i 和 j 离子的电荷数；k_{ij} 为该电极对 j 离子的选择系数。式中的"—"及"+"分别适用于阴、阳离子选择性电极。

由式（2-19-5）可见，k_{ij} 越小，表示 j 离子对被测离子的干扰越小，也就表示电极的选择性越好。通常把 k_{ij} 值小于 10^{-3} 者认为无明显干扰。

当 $z_i = z_j$ 时，测定 k_{ij} 最简单的方法是分别溶液法。就是分别测定在具有相同活度的离子 i 和 j 这两个溶液中该离子选择性电极的电势 E_1 和 E_2，则：

$$E_1 = E^{\ominus} \pm \frac{RT}{nF} \ln(a_i + 0) \qquad (2\text{-}19\text{-}6)$$

$$E_2 = E^{\ominus} \pm \frac{RT}{nF} \ln(0 + k_{ij} a_j) \qquad (2\text{-}19\text{-}7)$$

因为 $a_i = a_j$，所以：

$$\Delta E = E_1 - E_2 = \pm \frac{RT}{nF} \ln k_{ij} \qquad (2\text{-}19\text{-}8)$$

对于阴离子选择性电极，由式（2-19-6）、式（2-19-7）可得：

$$\ln k_{ij} = \frac{(E_1 - E_2)nF}{RT} \qquad (2\text{-}19\text{-}9)$$

【仪器试剂】

酸度计 1 台；电磁搅拌器 1 台；217 型饱和甘汞电极 1 支；氯离子选择性电极 1 支；容量瓶（1000mL，1 只、100mL，10 只）；移液管（50mL，1 支、10mL，6 支）。

KCl(A.R.)；KNO$_3$(A.R.)；Ca(Ac)$_2$ 溶液（0.1％）；风干土壤样品。

【实验步骤】

1. 氯离子选择电极在使用前，应先在 0.001mol·L^{-1} 的 KCl 溶液中活化 1h，然后在蒸馏水中充分浸泡，必要时可重新抛光膜片表面。

2. 标准溶液配制

称取一定量干燥的分析纯 KCl 配成 100mL 0.1mol·L^{-1} 的标准液，再取 6 个 100mL 容量瓶，用 0.1mol·L^{-1} 的 KNO$_3$ 溶液逐级稀释，配得 5×10^{-2}mol·L^{-1}，1×10^{-2}mol·L^{-1}，5×10^{-3}mol·L^{-1}，1×10^{-3}mol·L^{-1}，5×10^{-4}mol·L^{-1}，1×10^{-4}mol·L^{-1} 的 KCl 标准液。

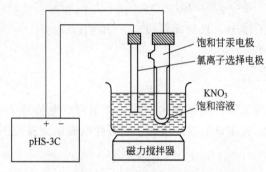

图 2-19-2　仪器装置示意图

3. 按图 2-19-2 接好仪器。

4. 标准曲线测量

(1) 仪器校正　参阅第一篇第四章有关内容。

(2) 测量　用蒸馏水清洗电极，用滤纸吸干。将电极依次从稀到浓插入标准溶液中，充分搅拌后测出各种浓度标准溶液的稳定电势值。

5. 选择系数的测定

配制 0.01mol·L^{-1} 的 KCl 和 0.01mol·L^{-1} 的 KNO$_3$ 溶液各 100mL，分别测定其电势值。

6. 自来水中氯离子含量的测定

称取 0.1011g KNO$_3$，置于 100mL 容量瓶中，用自来水稀释至刻度，测定其电势值，从标准曲线上求得相应的氯离子浓度。

7. 土壤中 NaCl 含量的测定

(1) 在干燥洁净的烧杯中用台秤称取风干土壤样品约 10g，加入 0.1％Ca(Ac)$_2$ 溶液约 100mL，搅动几分钟，静置澄清或过滤。

(2) 用干燥洁净的吸管吸取澄清液 30～40mL，放入干燥洁净的 50mL 烧杯中，测定其电势值。

【注意事项】

● 如果被测信号超出仪器的测量范围或测量端开路时，显示部分会发出闪光表示超载报警。

● 实验中测出的电势值需反号。

【数据处理】

1. 以标准溶液的 E 对 lg$c$ 作图绘制标准曲线。

2. 计算 $k_{Cl^--NO_3^-}$。

3. 从标准曲线上查出被测自来水中氯离子的浓度。

4. 按下式计算风干土壤样品中 NaCl 含量。

$$w=\frac{c_x VM}{1000m}\times100\%$$

式中，c_x 为从标准曲线上查得的样品溶液中 Cl$^-$ 浓度；V 为 0.1% Ca(Ac)$_2$ 溶液的体积；M 为 NaCl 的摩尔质量；m 为土壤质量。

思 考 题

1. 离子选择性电极测试工作中，为什么要调节溶液离子强度？怎样调节？如何选择适当的离子强度调节液？

2. 选择系数 k_{ij} 表示的意义是什么？$k_{ij} \geqslant 1$ 或 $k_{ij} = 1$，分别说明什么问题？

【讨论】

1. 为精确测得自来水和土壤中氯离子的含量，可先预测其氯离子的浓度，然后控制溶液中离子的总浓度为 0.1mol·L^{-1}，再测量溶液的电势值，从标准曲线上查出被测自来水和土壤中氯离子的浓度。

2. 离子选择性电极的基本特性

(1) 选择性　在同一电极膜上，可以有多种离子进行程度不同的交换，故膜的响应没有专一性，而只有相对的选择性。电极对不同离子的选择性一般用选择性系数表示。选择性系数并无严格的定量意义，其值往往随离子浓度和测量方式(在各种不同离子的纯盐溶液中分别测量或在混合溶液中测量)的不同而改变。因此，它只能用于估计电极对不同离子响应的相对大小，而不能用来计算其他离子的干扰所引起的电势偏差以进行校正。

(2) 测量下限　电极测定的下限决定于活性体系本身的化学性质。例如，沉淀膜电极的测量下限不可能超过沉淀本身溶解所产生的离子活度。实际上，电极的测定灵敏度往往低于理论值，因为在极稀的溶液中，电极或容器表面严重的吸附现象可使离子的活度发生根本的变化。以 AgI 沉淀膜为例，根据溶度积计算，测定 I$^-$ 的理论下限为 10^{-8} mol·L^{-1} 左右，但实际上很少能超过 10^{-7} mol·L^{-1}。但应指出，若电极欲测的低浓度是建立在某种化学平衡的基础上 (如配合物的离解等)，则电极的使用不受上述测定下限的约束。

(3) 准确度　电极测定的准确度并不很高，它受溶液组分、液体接界电势、温度等因素的影响，在实际工作中要求经常校正。根据能斯特方程，膜电势与离子活度间存在对数关系，这意味着电极测定在各种浓度下具有相同的准确度，所以，相对而言，电极测定用于测定低浓度更为有利。另外，电极测定的准确度与测定离子的价态间存在着直接关系，测定准确度随离子价态的增大而急剧下降。

(4) 响应速度　电极的响应几乎是立即的。对于大多数电极，电势均在数秒钟内达到平衡，最快的可达数十毫秒。从电极的不同类型来看，液体离子交换膜电极通常有较快的响应速度，因为离子在液相中有较大的淌度。此外，响应时间与浓度、测量顺序也有一定的关系。一般说来，电极在浓溶液中响应较快。测定由浓溶液到稀溶液或顺序相反，其响应速度亦不同，前者往往表现某种滞后现象，这可能与膜表面的吸附现象有关。

实验二十　极化曲线的测定

【目的要求】

1. 掌握准稳态恒电位法测定金属极化曲线的基本原理和测试方法。
2. 了解极化曲线的意义和应用。
3. 掌握恒电位仪或电化学工作站的使用方法。

【实验原理】

1. 极化现象与极化曲线

为了探索电极过程机理及影响电极过程的各种因素，必须对电极过程进行研究，其中极

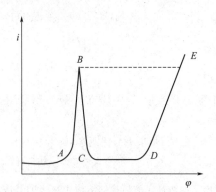

图 2-20-1 极化曲线
AB—活性溶解区；B—临界钝化点；
BC—过渡钝化区；CD—稳定钝化区；
DE—超（过）钝化区

化曲线的测定是重要方法之一。众所周知，在研究可逆电池的电动势和电池反应时，电极上几乎没有电流通过，每个电极反应都是在接近于平衡状态下进行的，因此电极反应是可逆的。但当有电流明显通过电池时，电极的平衡状态被破坏，电极电势偏离平衡值，电极反应处于不可逆状态，而且随着电极上电流密度的增加，电极反应的不可逆程度也随之增大。由于电流通过电极而导致电极电势偏离平衡值的现象称为电极的极化，描述电流密度与电极电势之间关系的曲线称作极化曲线，如图 2-20-1 所示。

金属的阳极过程是指金属作为阳极时在一定的外电势下发生的阳极溶解过程，即：

$$M \longrightarrow M^{n+} + ne^{-}$$

此过程只有在电极电势比其热力学平衡电势还正时才能发生。阳极的溶解速度随电位变正而逐渐增大，这是正常的阳极溶出，但当阳极电势正到某一数值时，其溶解速度达到最大值，此后阳极溶解速度随电势变正反而大幅度降低，这种现象称为金属的钝化现象。图 2-20-1 中曲线表明，从 A 点开始，随着电位向正方向移动，电流密度也随之增加，电势超过 B 点后，电流密度随电势增加迅速减至最小，这是因为在金属表面产生了一层电阻高、耐腐蚀的钝化膜。B 点对应的电势称为临界钝化电势，对应的电流称为临界钝化电流。电势到达 C 点以后，随着电势的继续增加，电流却保持在一个基本不变的很小的数值上，该电流称为维钝电流，直到电势升到 D 点，电流才又随着电势的上升而增大，表示阳极又发生了氧化过程，可能是高价金属离子产生，也可能是水分子放电析出氧气，DE 段称为过钝化区。

2. 极化曲线的测定

极化曲线的测定分为稳态法和暂态法。稳态极化曲线是指电极过程达稳态时电流密度与电极电位（或过电位）之间的关系曲线。电极过程达到稳态是指组成电极过程的各个基本过程都达到稳定状态，被研究体系的极化电流、电极电势、电极表面状态等基本上不随时间而改变。暂态过程是从电极开始极化到电极过程达到稳态的过程，与稳态不同，暂态考虑了时间因素。一般极化曲线测量更常用稳态法，测定稳态极化曲线可以用恒电位法和恒电流法两种方法。

（1）恒电位法

恒电位法就是将研究电极的电极电势依次恒定在不同的数值上，然后测量对应于各电位下的电流。极化曲线的测量应尽可能接近体系稳态。在实际测量中，常用的控制电位测量方法有以下两种。

① 阶跃法 将电极电势恒定在某一数值，测定相应的稳定电流值，如此逐点地测量一系列电极电势下的稳定电流值，以获得完整的极化曲线。对某些体系，达到稳态可能需要很长时间，为节省时间，提高测量重现性，人们往往自行规定每次电势恒定的时间。

② 慢扫描法 控制电极电势以较慢的速度连续地改变（扫描），并测量对应电势下的瞬时电流值，以瞬时电流与对应的电极电势作图，获得整个的极化曲线。一般来说，电极表面建立稳态的速度愈慢，则电位扫描速度也应愈慢。因此对不同的电极体系，扫描速度也不相

同。为测得稳态极化曲线，人们通常依次减小扫描速度测定若干条极化曲线，当测至极化曲线不再明显变化时，可确定此扫描速度下测得的极化曲线即为稳态极化曲线。同样，为节省时间，对于那些只是为了比较不同因素对电极过程影响的极化曲线，则选取适当的扫描速度绘制准稳态极化曲线就可以了。

上述两种方法都已经获得了广泛应用，尤其是慢扫描法，由于可以自动测绘，扫描速度可控制一定值，因而测量结果重现性好，特别适用于对比实验。

（2）恒电流法

恒电流法就是控制研究电极上的电流密度依次恒定在不同的数值下，同时测定相应的稳定电极电势值。采用恒电流法测定极化曲线时，由于种种原因，给定电流后，电极电势往往不能立即达到稳态，不同的体系，电势趋于稳态所需要的时间也不相同，因此在实际测量时一般电势接近稳定（如 1～3min 内无大的变化）即可读值，或人为自行规定每次电流恒定的时间。

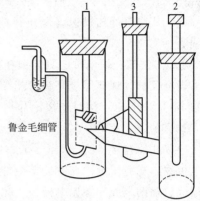

图 2-20-2　三室电解槽
1—研究电极；2—参比电极；
3—辅助电极

【仪器试剂】

电化学综合测试系统 1 套（或恒电位仪 1 台、数字电压表 1 只、毫安表 1 只）；电磁搅拌器 1 台；饱和甘汞电极 1 支；碳钢电极 2 支；镍电极 1 支；辅助电极（碳棒或铂电极）1 支；三室电解槽 1 只（见图 2-20-2）；氮气钢瓶 1 个。

$(NH_4)_2CO_3(2mol \cdot L^{-1})$；$H_2SO_4(0.5mol \cdot L^{-1})$；$H_2SO_4(0.5mol \cdot L^{-1})+KCl$（$5.0 \times 10^{-3} mol \cdot L^{-1}$）；$H_2SO_4(0.5mol \cdot L^{-1})+KCl$（$0.1mol \cdot L^{-1}$）。

【实验步骤】

Ⅰ．方法一：碳钢在碳酸铵溶液中的阳极和阴极极化曲线

碳钢预处理：用金相砂纸将碳钢研究电极打磨至镜面光亮，在丙酮中除油后，留出 $1cm^2$ 面积，用石蜡涂封其余部分。以处理后的碳钢电极为阴极，另一碳钢电极为阳极，在 $0.5mol \cdot L^{-1} H_2SO_4$ 溶液中控制电流密度为 $5mA \cdot cm^{-2}$，电解 10min，去除电极上的氧化膜，然后用蒸馏水洗净备用。

1. 阶跃法

（1）电解线路连接　将 $2mol \cdot L^{-1}(NH_4)_2CO_3$ 溶液倒入电解池中，按照图 2-20-2 所示安装好电极并与相应恒电位仪上的接线柱相接，将电流表串联在电流回路中。通电前在溶液中通入 N_2 5～10min，以除去电解液中的氧。为保证除氧效果可打开电磁搅拌器。

（2）恒电位法测定极化曲线　开启恒电位仪，先测"参比"对"研究"的自腐电位（电压表示数应该在 0.8V 以上方为合格，否则需要重新处理研究电极），然后调节恒电位仪从 +1.2V 开始，每次改变 0.02V，逐点调节电位值，同时记录其相应的电流值，直到电位达到 -1.0V 为止。

（3）恒电流法测定阳极极化曲线　采用阶跃法。恒定电流值从 0mA 开始，每次变化 0.5mA，并测量相应的电极电势值，直到所测电极电势突变后，再测定数个点为止。

2. 慢扫描法

测试仪器以 LK98-Ⅱ 为例。

（1）将测试体系的研究电极、辅助电极和参比电极分别和仪器上对应的接线柱相连。

（2）运行"LK98BⅡ"工作软件，进入主控菜单；打开主机电源开关，按下主机前面板的"RESET"键，主控菜单显示"系统自检通过"，否则应重新检查各连接线。

（3）设定实验参数。选择仪器所提供的方法中的"线性扫描伏安法"。将"参数设定"中的"初始电位"设为 $-1.2V$，"终止电位"设为 $1.0V$，"扫描速度"设为 $10mV \cdot s^{-1}$，"等待时间"设为 $120s$。选择"控制"子菜单中的"开始实验"，记录并保存实验结果。

（4）依次降低扫描速度至所得曲线不再明显变化。保存该曲线为实验测定的稳态极化曲线。

Ⅱ. 方法二：恒电位法测定镍在硫酸溶液中的钝化曲线

镍电极预处理：用金相砂纸将镍棒电极端面打磨至镜面光亮，在丙酮中除油后，在 $0.5mol \cdot L^{-1} H_2SO_4$ 溶液中浸泡片刻，然后用蒸馏水洗净备用。

1. 阶跃法

电解线路连接：将 $0.5mol \cdot L^{-1} H_2SO_4$ 溶液倒入电解池中，按照图 2-20-2 中所示安装好电极并与相应恒电位仪上的接线柱相接，将电流表串联在电流回路中（或将测试体系的研究电极、辅助电极和参比电极与电化学工作站上对应的接线连接）。通电前在溶液中通入 N_2 $5\sim10min$，以除去电解液中的氧。为保证除氧效果，可打开电磁搅拌器。开启恒电位仪，给定电位从自腐电位开始，连续逐点改变阳极电势，同时记录其相应的电流值，直到 O_2 在阳极上大量析出为止。

2. 慢扫描法

测试仪器以 CHI-660e 为例。

（1）将测试体系的研究电极、辅助电极和参比电极分别与仪器上对应的接线柱相连。

（2）打开工作软件，并做连接测试。设定实验参数。选定测试方法"LSV（线性扫描伏安法）"，其中的选项作如下设定：

Init E（V）	-0.2
Final E（V）	1.7
Scan Rate（V/s）	0.015
Sample Interval（V）	0.001
Quiet Time（sec）	120
Sensitivity（A/V）	1. e-002（或 1. e-003）

点击菜单栏 Run （或 ▶），开始实验。扫描结束后，保存文件。

（3）重新处理电极，依次降低扫描速度（即将 Scan Rate（V/s） 设定为 0.010、0.005、……），至所得曲线不再明显变化。保存该曲线为实验测定的稳态极化曲线，得到最佳扫描速度。

（4）考察 Cl^- 对镍阳极钝化的影响。重新处理电极，依次更换 $0.5mol \cdot L^{-1} H_2SO_4 + 5.0 \times 10^{-3} mol \cdot L^{-1} KCl$ 混合溶液和 $0.5mol \cdot L^{-1} H_2SO_4 + 0.1mol \cdot L^{-1} KCl$ 混合溶液，采用阶跃法或慢扫描法（慢扫描法保持以上实验中选定的最佳扫描速度）进行钝化曲线的测量。

【注意事项】

● 按照实验要求，严格进行电极处理。

● 将研究电极置于电解槽时，要注意与鲁金毛细管之间的距离每次应保持一致。研究电极与鲁金毛细管应尽量靠近，但管口离电极表面的距离不能小于毛细管本身的直径。

● 考察 Cl^- 对镍阳极钝化的影响时，测试方式和测试条件等应保持一致。

● 每次做完测试后，应确认恒电位仪或电化学综合测试系统在非工作的状态下，关闭电源，取出电极。

【数据处理】

1. 对阶跃法测试的数据应列出表格。

2. 以电流密度为纵坐标，电极电势（相对饱和甘汞）为横坐标，绘制极化曲线。

3. 讨论所得实验结果及曲线的意义，指出钝化曲线中的活性溶解区、过渡钝化区、稳定钝化区和过钝化区，并标出临界钝化电流密度（电势），维钝电流密度等数值。

4. 讨论 Cl^- 对镍阳极钝化的影响。

思 考 题

1. 比较恒电流法和恒电位法测定极化曲线有何异同，并说明原因。

2. 测定阳极钝化曲线为何要用恒电位法？

3. 做好本实验的关键有哪些？

4. 什么叫维钝电流？维钝电流为什么可以反映钝化膜防腐能力？

5. 本实验的工作电极、参比电极和辅助电极分别是什么？

6. 鲁金毛细管的作用是什么？为什么研究电极与鲁金毛细管之间的距离每次应该保持一致？

【讨论】

1. 三电极体系

极化曲线描述的是电极电势与电流密度之间的关系。被研究电极过程的电极称为研究电极或工作电极。与工作电极构成电流回路，以形成对研究电极极化的电极称为辅助电极，也叫对电极。其面积通常要较研究电极为大，以降低该电极上的极化。参比电极是测量研究电极电势的比较标准，与研究电极组成测量电池。参比电极应是一个电极电势已知且稳定的可逆电极，该电极的稳定性和重现性要好。为减少电极电势测试过程中的溶液电位降，通常两者之间以鲁金毛细管相连。鲁金毛细管应尽量但也不能无限靠近研究电极表面，以防对研究电极表面的电力线分布造成屏蔽效应。

2. 影响金属钝化过程的几个因素

金属的钝化现象是常见的，人们已对它进行了大量的研究工作。影响金属钝化过程及钝化性质的因素，可以归纳为以下几点。

（1）溶液的组成　溶液中存在的 H^+、卤素离子以及某些具有氧化性的阴离子，对金属的钝化现象起着颇为显著的影响。在中性溶液中，金属一般比较容易钝化，而在酸性或某些碱性溶液中，钝化则困难得多，这与阳极产物的溶解度有关系。卤素离子，特别是氯离子的存在，则明显地阻滞了金属的钝化过程，已经钝化了的金属也容易被它破坏（活化），而使金属的阳极溶解速度重新增大。溶液中存在的某些具有氧化性的阴离子（如 CrO_4^{2-}），则可以促进金属的钝化。

（2）金属的化学组成和结构　各种纯金属的钝化性能不尽相同，以铁、镍、铬三种金属为例，铬最容易钝化，镍次之，铁较差些。因此添加铬、镍可以提高钢铁的钝化能力及钝化的稳定性。

（3）外界因素（如温度、搅拌等）　一般来说，温度升高以及搅拌加剧，可以推迟或防止钝化过程的发生，这显然与离子的扩散有关。

化学动力学

实验二十一　蔗糖的转化

【目的要求】

1. 测定不同温度时蔗糖转化反应的速率常数和半衰期，并求算蔗糖转化反应的活化能。
2. 了解旋光仪的构造、工作原理，掌握旋光仪的使用方法。

【实验原理】

蔗糖转化反应为：$C_{12}H_{22}O_{11} + H_2O \xrightarrow{H^+} C_6H_{12}O_6 + C_6H_{12}O_6$

蔗糖　　　　　　　　葡萄糖　　果糖

该反应为二级反应，在纯水中反应速率极慢。为使水解反应加速，常以酸为催化剂。由于反应中水是大量存在的，尽管有部分水分子参加了反应，但仍可近似地认为整个反应中水的浓度是恒定的。而 H^+ 是催化剂，其浓度也保持不变。因此，蔗糖转化反应可视为一级反应。其动力学方程为

$$-\frac{dc}{dt} = kc \tag{2-21-1}$$

式中，k 为反应的速率常数；c 为时间 t 时的反应物浓度。

将式（2-21-1）积分得：
$$\ln c = -kt + \ln c_0 \tag{2-21-2}$$

式中，c_0 为反应物的初始浓度。$\ln c$ 对 t 做图为一直线，直线斜率即为 $-k$。

当 $c = \frac{1}{2}c_0$ 时，t 可用 $t_{1/2}$ 表示，即为反应的半衰期。由式（2-21-2）可得：

$$t_{1/2} = \frac{\ln 2}{k} = \frac{0.693}{k} \tag{2-21-3}$$

由于反应不断进行，实时测量反应物浓度比较困难。但蔗糖及水解产物均为旋光性物质，且它们的旋光能力不同，故可以利用体系在反应过程中旋光度的变化来衡量反应的进程。溶液的旋光度与溶液中所含旋光物质的种类、浓度、溶剂的性质、液层厚度、光源波长及温度等因素有关。

为了比较各种物质的旋光能力，引入比旋光度的概念。比旋光度可用下式表示：

$$[\alpha]_D^t = \frac{10\alpha}{lc} \tag{2-21-4}$$

式中，t 为实验温度，℃；D 为光源波长；α 为旋光度；l 为液层厚度，cm；c 为浓度，$g \cdot mL^{-1}$。

由式（2-21-4）可知，当其他条件不变时，旋光度 α 与浓度 c 成正比。即

$$\alpha = Kc \tag{2-21-5}$$

式中的 K 是一个与物质旋光能力、液层厚度、溶剂性质、光源波长、温度等因素有关

的常数。

在蔗糖的水解反应中，反应物蔗糖是右旋性物质，其比旋光度 $[\alpha]_D^{20}=66.6°$。产物中葡萄糖也是右旋性物质，其比旋光度 $[\alpha]_D^{20}=52.5°$；而产物中的果糖则是左旋性物质，其比旋光度 $[\alpha]_D^{20}=-91.9°$。因此，随着水解反应的进行，体系的右旋角不断减小，最后经过零点变成左旋，直至左旋角达到最大值。旋光度与浓度成正比，并且溶液的旋光度为各组成的旋光度之和。若反应时间为 0、t、∞ 时溶液的旋光度分别用 α_0、α_t、α_∞ 表示，则：

$$\alpha_0=K_{反}c_0（表示蔗糖未转化）\tag{2-21-6}$$

$$\alpha_\infty=K_{生}c_0（表示蔗糖已完全转化）\tag{2-21-7}$$

式(2-21-6)、式(2-21-7)中的 $K_{反}$ 和 $K_{生}$ 分别为对应反应物与产物之比例常数。

$$\alpha_t=K_{反}c+K_{生}(c_0-c)\tag{2-21-8}$$

由式(2-21-6)～式(2-21-8)三式联立可以解得：

$$c_0=\frac{\alpha_0-\alpha_\infty}{K_{反}-K_{生}}=K'(\alpha_0-\alpha_\infty)\tag{2-21-9}$$

$$c=\frac{\alpha_t-\alpha_\infty}{K_{反}-K_{生}}=K'(\alpha_t-\alpha_\infty)\tag{2-21-10}$$

将式(2-21-9)、式(2-21-10)代入式(2-21-2)即得：

$$\ln(\alpha_t-\alpha_\infty)=-kt+\ln(\alpha_0-\alpha_\infty)\tag{2-21-11}$$

由式(2-21-11)可见，以 $\ln(\alpha_t-\alpha_\infty)$ 对 t 作图为一直线，由该直线的斜率即可求得反应速率常数 k，进而可求得半衰期 $t_{1/2}$。

根据阿伦尼乌斯公式 $\ln\dfrac{k_2}{k_1}=\dfrac{E_a(T_2-T_1)}{RT_1T_2}$，可求出蔗糖转化反应的活化能 E_a。

【仪器试剂】

旋光仪1台；超级恒温槽1台；水浴锅1台；台秤1台；旋光管1只；秒表1块；烧杯（100mL，1只）；量筒（100mL，1只）；移液管（30mL，2支）；具塞三角瓶（100mL，2只）。

HCl($3mol\cdot L^{-1}$)；蔗糖（A.R.）。

【实验步骤】

1. 将恒温槽调节到 $(25.0\pm0.1)℃$；开启旋光仪预热。

2. 旋光仪零点的校正

洗净旋光管，将管子一端的盖子旋紧，向管内注入蒸馏水，把玻璃片盖好，使管内无气泡（或小气泡）存在。再旋紧套盖，勿使其漏水。用吸水纸擦净旋光管，再用擦镜纸将管两端的玻璃片擦净，放入旋光仪中盖上槽盖，校正旋光仪零点。

3. 蔗糖水解过程中 α_t 的测定

用台秤称取15g蔗糖，放入100mL烧杯中，加入75mL蒸馏水配成溶液（若溶液浑浊则需过滤）。用移液管取30mL蔗糖溶液置于100mL具塞三角瓶中。移取30mL $3mol\cdot L^{-1}$ HCl溶液于另一只100mL具塞三角瓶中，一起放入恒温槽内，恒温10min，取出两只三角瓶，将HCl迅速倒入蔗糖中，来回倒三次，使之充分混合，并且在加入HCl时开始计时。立即用少量混合液荡洗旋光管两次，将混合液装满旋光管（操作同装蒸馏水相同）。擦净后立刻置于旋光仪中，盖上槽盖。每隔一定时间，读取一次旋光度，开始时，可每3min读一次，30min后，每5min读一次，测定过程1h。

4. $\alpha\infty$ 的测定

将步骤 3 剩余的混合液置于近 60℃ 的水浴中，恒温至少 30min 以加速反应，然后冷却至实验温度，按上述操作，测定其旋光度，此值即为 $\alpha\infty$。

5. 将恒温槽调节到 （30.0±0.1）℃，按实验步骤 3、4 测定 30.0℃ 时的 α_t 及 $\alpha\infty$。

【注意事项】

● 装样品时，旋光管管盖旋至不漏液体即可，不要用力过猛，以免压碎玻璃片。

● 在测定 $\alpha\infty$ 时，通过加热加快反应速度，使转化完全。但加热温度不要超过 60℃，否则会产生副反应（高温脱水反应），此时溶液变黄。加热过程要防止水的挥发致使溶液浓度变化。

● 由于酸对仪器有腐蚀，操作时应特别注意，避免酸液滴漏到仪器上。实验结束后必须将旋光管洗净。

【数据处理】

1. 设计实验数据表，记录温度、盐酸浓度、α_t、$\alpha\infty$ 等数据，计算不同时刻的 $\ln(\alpha_t - \alpha\infty)$。

2. 以 $\ln(\alpha_t - \alpha\infty)$ 对 t 作图，由所得直线的斜率求出反应的速率常数 k。

3. 计算蔗糖转化反应的半衰期 $t_{1/2}$。

4. 由两个温度下测得的 k 值计算反应的活化能。

思 考 题

1. 实验中，为什么用蒸馏水来校正旋光仪的零点？在蔗糖转化反应过程中，所测的旋光度 α_t 是否需要零点校正？为什么？

2. 蔗糖溶液为什么可粗略配制？

3. 蔗糖的转化反应速率常数 k 与哪些因素有关？

4. 试分析本实验误差来源，怎样减少实验误差？

【讨论】

1. 测定旋光度有以下几种用途：（1）鉴定物质的纯度；（2）测定物质在溶液中的浓度或含量；（3）光学异构体的鉴别等。

2. 古根哈姆（Guggenheim）曾经推出了不需测定反应终了浓度（本实验中即为 $\alpha\infty$）就能够计算一级反应速率常数 k 的方法，他的出发点是因为一级反应在时间 t 与 $t+\Delta t$ 时反应的浓度 c 及 c' 可分别表示为：

$$c = c_0 e^{-kt} \qquad\qquad c' = c_0 e^{-k(t+\Delta t)}$$

式中，c_0 为起始浓度。由此得 $\ln(c-c') = -kt + \ln[c_0(1-e^{-k\Delta t})]$，因此如果能在一定的时间间隔 Δt 测得一系列浓度数据，则因为 Δt 为定值，以 $\ln(c-c')$ 对 t 作图，即可由直线的斜率求出 k。

实验二十二 乙酸乙酯皂化反应

【目的要求】

1. 用电导率仪测定乙酸乙酯皂化反应进程中的电导率。

2. 学会用图解法求二级反应的速率常数，并计算该反应的活化能。

3. 学会使用电导率仪和恒温水浴。

【实验原理】

乙酸乙酯皂化反应是个二级反应，其反应方程式为：

$$CH_3COOC_2H_5 + OH^- \longrightarrow CH_3COO^- + C_2H_5OH$$

当乙酸乙酯与氢氧化钠溶液的起始浓度相同时，如均为 c，则反应速率表示为：

$$\frac{dx}{dt} = k(c-x)^2 \tag{2-22-1}$$

式中，x 为时间 t 时反应物消耗掉的浓度；k 为反应速率常数。将上式积分得：

$$\frac{x}{c(c-x)} = kt \tag{2-22-2}$$

起始浓度 c 为已知，因此只要由实验测得不同时间 t 时的 x 值，以 $x/(c-x)$ 对 t 作图，若所得为一直线，证明是二级反应，并可以从直线的斜率求出 k 值。

乙酸乙酯皂化反应中，参加导电的离子有 OH^-、Na^+ 和 CH_3COO^-。由于反应体系是很稀的水溶液，可认为 CH_3COONa 是全部电离的。因此，反应前后 Na^+ 的浓度不变。随着反应的进行，仅仅是导电能力很强的 OH^- 离子逐渐被导电能力弱的 CH_3COO^- 离子所取代，致使溶液的电导率逐渐减小。因此，可用电导率仪测量皂化反应进程中电导率随时间的变化，从而达到跟踪反应物浓度随时间变化的目的。

令 G_0 为 $t=0$ 时溶液的电导，G_t 为时间 t 时混合溶液的电导，G_∞ 为 $t=\infty$（反应完毕）时溶液的电导。则稀溶液中，电导值的减少量与 CH_3COO^- 浓度成正比，设 K 为比例常数，则

$$t = t \text{ 时}, \quad x = x, \quad x = K(G_0 - G_t)$$
$$t = \infty \text{ 时}, \quad x = c, \quad c = K(G_0 - G_\infty)$$

由此可得：

$$c - x = K(G_t - G_\infty)$$

所以 $a-x$ 和 x 可以用溶液相应的电导表示，将其代入式(2-22-2)得：

$$\frac{1}{c} \frac{G_0 - G_t}{G_t - G_\infty} = kt$$

重新排列得：

$$G_t = \frac{1}{ck} \times \frac{G_0 - G_t}{t} + G_\infty \tag{2-22-3}$$

因此，只要测出不同时间溶液的电导值 G_t 和起始溶液的电导值 G_0，然后以 G_t 对 $(G_0 - G_t)/t$ 作图应得一直线，直线的斜率为 $1/(ck)$，由此便求出某温度下的反应速率常数 k 值。将电导与电导率 κ 的关系式 $G = \kappa A/l$ 代入式(2-22-3)得：

$$\kappa_t = \frac{1}{ck} \times \frac{\kappa_0 - \kappa_t}{t} + \kappa_\infty \tag{2-22-4}$$

通过实验测定不同时间溶液的电导率 κ_t 和起始溶液的电导率 κ_0，以 κ_t 对 $(\kappa_0 - \kappa_t)/t$ 作图，也得一直线，从直线的斜率也可求出反应速率常数 k 值。

如果知道不同温度下的反应速率常数 $k(T_2)$ 和 $k(T_1)$，根据 Arrhenius 公式，可计算出该反应的活化能 E_a。

$$\ln \frac{k(T_2)}{k(T_1)} = \frac{E_a}{R} \left(\frac{1}{T_1} - \frac{1}{T_2} \right) \tag{2-22-5}$$

【仪器试剂】

电导率仪 1 台；电导池 1 只；超级恒温槽 1 台；秒表 1 块；移液管（50mL，3 支、1mL，1 支）；容量瓶（250mL，1 只）；磨口三角瓶（200mL，5 只）。

NaOH（$0.0200mol \cdot L^{-1}$）；乙酸乙酯（A.R.）；电导水。

【实验步骤】

1. 配制乙酸乙酯溶液

准确配制与 NaOH 浓度（约 $0.0200mol \cdot L^{-1}$）相等的乙酸乙酯溶液。其方法是：根据室温下乙酸乙酯的密度，计算出配制 250mL $0.0200mol \cdot L^{-1}$ 的乙酸乙酯水溶液所需的乙酸乙酯的毫升数 V，然后用 1mL 移液管吸取 V mL 乙酸乙酯注入 250mL 容量瓶中，稀释至刻度即可。

2. 调节恒温槽

将恒温槽的温度调至（25.0 ± 0.1）℃或（30.0 ± 0.1）℃。

3. 调节电导率仪

电导率仪的使用参阅第一篇第四章有关内容。

4. 溶液起始电导率 κ_0 的测定

在干燥的 200mL 磨口三角瓶中，用移液管加入 50mL $0.0200mol \cdot L^{-1}$ 的 NaOH 溶液和等体积的电导水，混合均匀后，倒出少许溶液洗涤电导池和电极，然后将剩余溶液倒入电导池（盖过电极上沿并超出约 1cm），恒温约 15min，并轻轻摇动数次，然后将电极插入溶液，测定溶液电导率，直至不变为止，此数值即为 κ_0。

5. 反应时电导率 κ_t 的测定

用移液管移取 50mL $0.0200mol \cdot L^{-1}$ 的乙酸乙酯溶液于干燥的 200mL 磨口三角瓶中，用另一只移液管移取 50mL $0.0200mol \cdot L^{-1}$ 的 NaOH 溶液于另一干燥的 200mL 磨口三角瓶中。将两个三角瓶置于恒温槽中恒温 15min，并摇动数次。将恒温好的 NaOH 溶液迅速倒入盛有乙酸乙酯溶液的三角瓶中，来回倒三次，使之混合均匀，同时开动秒表，作为反应的开始时间。用少许溶液洗涤电导池和电极，然后将溶液倒入电导池中，测定溶液的电导率 κ_t，在 4min、6min、8min、10min、12min、15min、20min、25min、30min、35min、40min 各测电导率一次，记下 κ_t 和对应的时间 t。

6. 另一温度下 κ_0 和 κ_t 的测定

调节恒温槽温度为（35.0 ± 0.1）℃或（40.0 ± 0.1）℃。重复上述 4、5 步骤，测定该温度下的 κ_0 和 κ_t。但在测定 κ_t 时，按反应进行 4min、6min、8min、10min、12min、15min、18min、21min、24min、27min、30min 测其电导率。实验结束后，关闭电源，清洗电极，并置于电导水中保存待用。

【注意事项】

• 本实验需用电导水，并避免接触空气及灰尘杂质落入。

• 配好的 NaOH 溶液要防止空气中的 CO_2 气体进入。

• 乙酸乙酯溶液和 NaOH 溶液的浓度必须相同。

• 乙酸乙酯溶液需临时配制，配制时动作要迅速，以减少挥发损失。

【数据处理】

1. 将 t，κ_t，$(\kappa_0 - \kappa_t)/t$ 数据列表。

2. 以两个温度下的 κ_t 对 $(\kappa_0 - \kappa_t)/t$ 作图，分别得一直线。由直线的斜率计算各温度

下的速率常数 k。

3. 由两温度下的速率常数，根据 Arrhenius 公式计算该反应的活化能。

思 考 题

1. 为什么由 $0.0100\text{mol}\cdot\text{L}^{-1}$ 的 NaOH 溶液和 $0.0100\text{mol}\cdot\text{L}^{-1}$ 的 CH_3COONa 溶液测得的电导率可以认为是 κ_0、κ_∞？

2. 如果 NaOH 和乙酸乙酯溶液为浓溶液时，能否用此法求 k 值，为什么？

【讨论】

1. 乙酸乙酯皂化反应是吸热反应，混合后体系温度降低，所以在混合后的几分钟内所测溶液的电导率偏低，因此最好在反应 $4\sim6\text{min}$ 后开始测定，否则由 κ_t 对 $(\kappa_0-\kappa_t)/t$ 作图得到的不是直线。

2. 乙酸乙酯皂化反应还可以用 pH 法进行测定。当碱和乙酸乙酯的初始浓度不等时，设其浓度分别为 c_1 和 c_2，且 $c_1>c_2$，则其反应速率方程的积分式为：

$$\ln\frac{c_t}{c_t-c_\infty}=c_\infty kt+\ln\frac{c_1}{c_2}$$

设 $t=t$ 和 $t=\infty$ 时，体系的 $[\text{OH}^-]$ 分别为 $[\text{OH}^-]_t$、$[\text{OH}^-]_\infty$，则有：

$$-\ln\left(1-\frac{[\text{OH}^-]_\infty}{[\text{OH}^-]_t}\right)=[\text{OH}^-]_\infty kt+\ln\frac{c_1}{c_2}=A^*$$

当 c_1、c_2 较小时（一般小于 $0.01\text{mol}\cdot\text{L}^{-1}$），由于在稀溶液中体系的离子浓度变化不大，根据 pH 值的定义，在 25℃时，可用酸度计测定体系的 pH 值。即

$$\text{pH}=14+\lg[\text{OH}^-]$$

通过测定 $t=t$ 和 $t=\infty$ 时体系的 pH_t 和 pH_∞ 求得 $[\text{OH}^-]_t$ 和 $[\text{OH}^-]_\infty$。以 A^* 对 t 作图求直线的斜率，从而获得速率常数 k。

实验二十三　丙酮碘化

【目的要求】

1. 测定用酸作催化剂时丙酮碘化反应的速率常数及活化能。

2. 初步认识复杂反应机理，了解复杂反应表观速率常数的求算方法。

【实验原理】

$$\underset{A}{CH_3-\overset{O}{\overset{\|}{C}}-CH_3}+I_2\xrightarrow{H^+}\underset{E}{CH_3-\overset{O}{\overset{\|}{C}}-CH_2I}+I^-+H^+$$

一般认为该反应按以下两步进行：

$$\underset{A}{CH_3-\overset{O}{\overset{\|}{C}}-CH_3}\underset{}{\overset{H^+}{\rightleftharpoons}}\underset{B}{CH_3-\overset{OH}{\overset{|}{C}}=CH_2} \tag{2-23-1}$$

$$\underset{B}{CH_3-\overset{OH}{\overset{|}{C}}=CH_2}+I_2\longrightarrow\underset{E}{CH_3-\overset{O}{\overset{\|}{C}}-CH_2I}+I^-+H^+ \tag{2-23-2}$$

反应（2-23-1）是丙酮的烯醇化反应，它是一个很慢的可逆反应，反应（2-23-2）是烯醇的碘化反应，它是一个快速且趋于进行到底的反应。因此，丙酮碘化反应的总速率是由丙

酮烯醇化反应的速率决定，丙酮烯醇化反应的速率取决于丙酮及氢离子的浓度。如果以碘化丙酮浓度的增加来表示丙酮碘化反应的速率，则此反应的动力学方程式可表示为：

$$\frac{dc_E}{dt} = kc_A c_{H^+} \tag{2-23-3}$$

式中，c_E 为碘化丙酮的浓度；c_{H^+} 为氢离子的浓度；c_A 为丙酮的浓度；k 为丙酮碘化反应的总速率常数。

由反应（2-23-2）可知：

$$\frac{dc_E}{dt} = -\frac{dc_{I_2}}{dt} \tag{2-23-4}$$

因此，如果测得反应过程中各时刻碘的浓度，就可以求出 dc_E/dt。由于碘在可见光区有一个比较宽的吸收带，所以可利用分光光度计来测定丙酮碘化反应过程中碘的浓度随时间的变化，从而求出反应的速率常数。若在反应过程中，丙酮的浓度远大于碘的浓度且催化剂酸的浓度也足够大时，则可把丙酮和酸的浓度看作不变，把式（2-23-3）代入式（2-23-4）积分得：

$$c_{I_2} = -kc_A c_{H^+} t + B \tag{2-23-5}$$

按照朗伯-比耳（Lambert-Beer）定律，某指定波长的光通过碘溶液后的光强为 I，通过蒸馏水后的光强为 I_0，则透光率可表示为：

$$T = I/I_0 \tag{2-23-6}$$

并且透光率与碘的浓度之间的关系可表示为：

$$\lg T = -\varepsilon l c_{I_2} \tag{2-23-7}$$

式中，T 为透光率；l 为溶液的厚度；ε 为摩尔吸光系数。将式（2-23-5）代入式（2-23-7）得：

$$\lg T = k\varepsilon l c_A c_{H^+} t + B' \tag{2-23-8}$$

由 $\lg T$ 对 t 作图可得一直线，直线的斜率为 $k\varepsilon l c_A c_{H^+}$。式中 εl 可通过测定一已知浓度的碘溶液的透光率，由式（2-23-7）求得。当 c_A 与 c_{H^+} 浓度已知时，只要测出不同时刻丙酮、酸、碘的混合液对指定波长的透光率，就可以利用式（2-23-8）求出反应的总速率常数 k。

由两个或两个以上温度的速率常数，就可以根据阿伦尼乌斯（Arrhenius）关系式计算反应的活化能。

$$E_a = \frac{RT_1 T_2}{T_2 - T_1} \ln \frac{k_2}{k_1} \tag{2-23-9}$$

为了验证上述反应机理，可以进行反应级数的测定。根据总反应方程式，可建立如下关系式：

$$V = \frac{dc_E}{dt} = kc_A^\alpha c_{H^+}^\beta c_{I_2}^\gamma$$

式中，α、β、γ 分别表示丙酮、氢离子和碘的反应级数。若保持氢离子和碘的起始浓度不变，只改变丙酮的起始浓度，分别测定在同一温度下的反应速率，则：

$$\frac{V_2}{V_1} = \left(\frac{c_A'}{c_A}\right)^\alpha \qquad \alpha = \lg \frac{V_2}{V_1} \Big/ \lg \frac{c_A'}{c_A} \tag{2-23-10}$$

同理可求出 β，γ

$$\beta = \lg\frac{V_3}{V_1} \bigg/ \lg\frac{c'_{H^+}}{c_{H^+}} \qquad \gamma = \lg\frac{V_4}{V_1} \bigg/ \lg\frac{c'_{I_2}}{c_{I_2}} \qquad (2\text{-}23\text{-}11)$$

【仪器试剂】

分光光度计 1 台；超级恒温槽 1 台；容量瓶（50mL，4 只）；带有恒温夹层的比色皿 1 个；移液管（10mL，3 支）；秒表 1 块。

碘溶液（含 4%KI）；（0.0300mol·L^{-1}）；HCl（1.0000mol·L^{-1}）；丙酮（2mol·L^{-1}）。

【实验步骤】

1. 实验准备

(1) 恒温槽恒温（25.0±0.1）℃或（30.0±0.1）℃。

(2) 分光光度计预热 30min。

(3) 取四个洁净的 50mL 容量瓶，第一个装满蒸馏水；第二个用移液管移入 5.00mL I$_2$ 溶液，用蒸馏水稀释至刻度；第三个用移液管移入 5.00mL I$_2$ 溶液和 5.00mL HCl 溶液；第四个先加入少许蒸馏水，再加入 5mL 丙酮溶液。然后将四个容量瓶放在恒温槽中恒温备用。

2. 透光率 100%的校正

分光光度计波长调在 565nm；狭缝宽度 2(或 1)nm；控制面板上工作状态调在透光率挡。比色皿中装满蒸馏水，在光路中放好。恒温 10min 后调节蒸馏水的透光率为 100%。

3. 测量 εl 值

取恒温好的碘溶液注入恒温比色皿中，在（25.0±0.1）℃时，置于光路中，测其透光率。

4. 测定丙酮碘化反应的速率常数

将恒温的丙酮溶液倒入盛有酸和碘混合液的容量瓶中，用恒温好的蒸馏水洗涤盛有丙酮的容量瓶 3 次。洗涤液均倒入盛有混合液的容量瓶中，最后用蒸馏水稀释至刻度，混合均匀，倒入比色皿少许，洗涤三次倾出。然后再装满比色皿，用擦镜纸擦去残液，置于光路中，测定透光率，并同时开启秒表。以后每隔 2min 读一次透光率，直到透光率接近 100%。

5. 测定各反应物的反应级数

各反应物的用量如下：

编　号	2mol·L^{-1}丙酮溶液/mL	1.0000mol·L^{-1}盐酸溶液/mL	0.0300mol·L^{-1}碘溶液/mL
2	10	5.00	5.00
3	5	10.00	5.00
4	5	5.00	2.50

测定方法同上述步骤 4，温度仍为（25.0±0.1）℃或（30.0±0.1）℃。

6. 将恒温槽的温度升高到（35.0±0.1）℃，重复上述操作 1.（3），2，3，4，但测定时间应相应缩短，可改为 1min 记录一次。

【注意事项】

- 温度影响反应速率常数，实验时体系始终要恒温。
- 混合反应溶液时操作必须迅速准确。
- 比色皿的位置不得变化。

【数据处理】

1. 将所测实验数据列表。

2. 将 $\lg T$ 对 t 作图，得一直线，从直线的斜率，可求出反应的速率常数。

3. 利用 25.0℃ 及 35.0℃ 时的 k 值求丙酮碘化反应的活化能。

4. 反应级数的求算：由实验步骤 4、5 中测得的数据，分别以 $\ln T$ 对 t 作图，得到四条直线。求出各直线斜率，即为不同起始浓度时的反应速率，代入式（2-23-10）、式（2-23-11）可求出 α，β，γ。

思 考 题

1. 本实验中，是将丙酮溶液加到盐酸和碘的混合液中，但没有立即计时，而是当混合物稀释至 50mL，摇匀倒入恒温比色皿测透光率时才开始计时，这样做是否影响实验结果？为什么？

2. 影响本实验结果的主要因素是什么？

【讨论】

虽然在反应（2-23-1）和反应（2-23-2）中，从表观上看除 I_2 外没有其他物质吸收可见光，但实际上反应体系中却还存在着一个次要反应，即在溶液中存在着 I_2、I^- 和 I_3^- 的平衡：

$$I_2 + I^- \Longleftrightarrow I_3^- \tag{2-23-12}$$

其中 I_2 和 I_3^- 都吸收可见光。因此反应体系的吸光度不仅取决于 I_2 的浓度，而且与 I_3^- 的浓度也有关。根据朗伯-比耳定律知，含有 I_3^- 和 I_2 的溶液的总吸光度 A 可以表示为 I_3^- 和 I_2 两部分吸光度之和：

$$A = A_{I_2} + A_{I_3^-} = \varepsilon_{I_2} l c_{I_2} + \varepsilon_{I_3^-} l c_{I_3^-} \tag{2-23-13}$$

而摩尔吸光系数 ε_{I_2} 和 $\varepsilon_{I_3^-}$ 是入射光波长的函数。在特定条件下，即波长 $\lambda = 565\text{nm}$ 时，$\varepsilon_{I_2} = \varepsilon_{I_3^-}$，所以式（2-23-13）就可变为：

$$A = \varepsilon_{I_2} l (c_{I_2} + c_{I_3^-}) \tag{2-23-14}$$

也就是说，在 565nm 这一特定的波长条件下，溶液的吸光度 A 与总碘量（$I_2 + I_3^-$）成正比。因此常数 εl 就可以由测定已知浓度碘溶液的总吸光度 A 来求出。所以本实验必须选择工作波长为 565nm。

实验二十四　催化剂活性的测定

【目的要求】

1. 测量甲醇分解反应中 ZnO 催化剂的催化活性，了解反应温度对催化活性的影响。

2. 熟悉动力学实验中流动法的特点；掌握流动法测定催化剂活性的实验方法。

【实验原理】

催化剂的活性是催化剂催化能力的量度，通常用单位质量或单位体积催化剂对反应物的转化百分率来表示。多相催化时，反应在催化剂表面进行，所以催化剂比表面积（单位质量催化剂所具有的表面积）的大小对其活性起主要作用。评价测定催化剂活性的方法大致可分为静态法和流动法两种。静态法是指反应物不连续加入反应器，产物也不连续移去的实验方法；流动法则相反，反应物不断稳定地进入反应器发生催化反应，离开反应器后再分析其产物的组成。因此流动法中各种实验条件（温度、压力、流量等）必须恒定。同时应选择合理的流速，流速太大时反应物与催化剂接触时间不够，反应不完全，流速太小则气流的扩散影响显著，有时会引起副反应。

本实验采用流动法测量 ZnO 催化剂在不同温度下对甲醇分解反应的催化活性。近似认为该反应无副反应发生（即有单一的选择性），反应式为：

$$CH_3OH(气)\xrightarrow[\triangle]{ZnO\,催化剂}CO(气)+2H_2(气)$$

反应在图 2-24-1 所示的实验装置中进行。氮气的流量由毛细管流量计监控，氮气流经饱和器携带甲醇蒸汽进入管式炉中的反应管与催化剂接触而发生反应。流出反应器的混合物中有氮气、未分解的甲醇、产物一氧化碳及氢气。甲醇蒸气被冰盐浴冷凝截留在捕集器中，最后由湿式气体流量计测得的是氮气、一氧化碳、氢气的流量。若反应管中无催化剂，则测得的是氮气的流量。根据这两个流量便可计算出反应产物一氧化碳及氢气的体积，据此，可获得催化剂的活性大小。

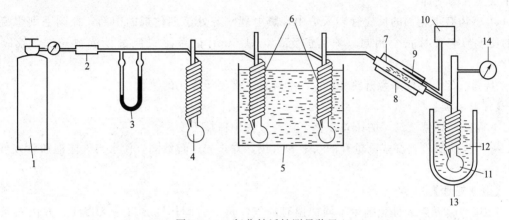

图 2-24-1　氧化锌活性测量装置

1—氮气钢瓶；2—稳流阀；3—毛细管流量计；4—缓冲瓶；5—恒温槽；6—饱和器；7—反应管；
8—管式炉；9—热电偶；10—控温仪；11—捕集器；12—冰盐冷剂；13—杜瓦瓶；14—湿式流量计

指定条件下催化剂的催化活性以每克催化剂使 100g 甲醇分解掉的克数表示。

$$催化活性=\frac{m'_{CH_3OH}}{m_{CH_3OH}}\times\frac{100}{m_{ZnO}}=\frac{n'_{CH_3OH}}{n_{CH_3OH}}\times\frac{100}{m_{ZnO}} \tag{2-24-1}$$

n_{CH_3OH} 和 n'_{CH_3OH} 分别为进入反应管及分解掉的甲醇的摩尔数。

近似认为体系的压力为实验时的大气压，因此

$$p_{体系}=p_{大气压}=p_{CH_3OH}+p_{N_2} \tag{2-24-2}$$

式中，p_{CH_3OH} 为 40℃时的甲醇的饱和蒸气压；p_{N_2} 为体系中 N_2 分压。根据道尔顿分压定律：

$$\frac{p_{N_2}}{p_{CH_3OH}}=\frac{x_{N_2}}{x_{CH_3OH}}=\frac{n_{N_2}}{n_{CH_3OH}} \tag{2-24-3}$$

可得 30min 内进入反应管的甲醇摩尔数 n_{CH_3OH}。式(2-24-3) 中，n_{N_2} 为 30min 内进入反应管的 N_2 的摩尔数可用无催化剂时 30min 内通入 N_2 的体积计算。

由理想气体状态方程　　　$p_{大气压}V_{CH_3OH}=n'_{CH_3OH}RT$

可得分解掉甲醇的摩尔数 n'_{CH_3OH}。其中 $V_{CH_3OH}=\dfrac{1}{3}V_{CO+H_2}$；$T$ 为湿式流量计上指示的温度。

【仪器试剂】

实验装置（管式炉、控温仪、饱和器、湿式流量计、氮气钢瓶等）1 套。

甲醇（A. R.）；ZnO 催化剂（实验室自制）；食盐；真空脂。

【实验步骤】

1. 检查装置各部件是否接好。调节恒温槽温度为（40.0 ±0.1）℃，杜瓦瓶中放入冰盐水。

2. 将空反应管放入炉中，按第一篇第二章有关内容中的说明开启氮气钢瓶，通过稳流阀调节气体流量（用湿式流量计检测）为（100±5）mL·min^{-1}，记下毛细管流量计的压差。开启控温仪使炉子升温到 350℃。在炉温恒定、毛细管流量计压差不变的情况下，每 5min 记录湿式流量计读数一次，连续记录 30min。

3. 用粗天平称取 4g 催化剂，取少量玻璃棉置于反应管中，为使装填均匀，一边向管内装催化剂，一边轻轻转动管子，装完后再于上部覆盖少量玻璃棉以防松散，催化剂的位置应处于反应管的中部。

4. 将装有催化剂的反应管装入炉中，热电偶刚好处于催化剂的中部，控制毛细管流量计的压差与空管时完全相同。炉温恒定后，每 5min 记录湿式流量计读数一次，连续记录 30min。

5. 调节控温仪使炉温升至 450℃，不换管，重复步骤 4 的测量。

【注意事项】

- 确保毛细管流量计的压差在整个实验过程中保持不变。
- 实验前需检查湿式流量计的水平和水位，并预先运转数圈，使水与气体饱和后方可进行计量。

【数据处理】

1. 以空管及装入催化剂后不同炉温时的气体量对时间作图，得三条直线，并由三条直线分别求出 30min 内通入 N$_2$ 的体积 V_{N_2} 和分解反应所增加的体积 V_{H_2+CO}。

2. 计算 30min 内进入反应管的甲醇质量 m_{CH_3OH}。

3. 计算 30min 内不同温度下，催化反应中分解掉甲醇的质量 m'_{CH_3OH}。

4. 计算不同温度下 ZnO 催化剂的活性。

思 考 题

1. 为什么氮气的流量要始终控制不变？
2. 冰盐冷却器的作用是什么？是否盐加得越多越好？
3. 试讨论本实验评价催化剂的方法有什么优缺点。
4. 毛细管流量计与湿式流量计两者有何异同。

【讨论】

催化剂的活性随其制备方法的不同而不同。常用催化剂的制法有沉淀法、浸渍法、热分解法等。浸渍法是制备催化剂常用的方法。它是在多孔性载体上浸渍含有活性组分的盐溶液，再经干燥、焙烧、还原等步骤而成，活性物质被吸附于载体的微孔中，催化反应就在这些微孔中进行，使用载体可使催化剂的催化表面积加大，机械强度增加，活性组分用量减少。载体对催化剂性能的影响很大，应据需要对载体的比表面积、孔结构、耐热性及形状等加以选择。Al$_2$O$_3$、SiO$_2$、活性炭等都可作为载体。

现用 ZnO 催化剂的制法是：将 10～20 目的活性氧化铝浸泡在硝酸锌的饱和溶液中（氧化铝与纯硝酸锌的质量比为 1∶2.4），24h 后烘干，将烘干物移至马弗炉中升温到有 NO$_2$ 放出时停止加热，待硝酸锌分解完毕再升温至 600℃，灼热 3h，自然冷却即可。

除 ZnO 催化剂外，雷尼铜（Raney-Cu）催化剂及利用浸渍、煅烧法制备的 CuO-ZnO-NiO/Al$_2$O$_3$ 催化剂也具有良好的活性，特别是在较低温度下，其活性更优。

实验二十五　B-Z 振荡反应

【目的要求】

1. 了解 Belousov-Zhabotinsky 反应（简称 B-Z 反应）的基本原理及研究化学振荡反应的方法。

2. 掌握在硫酸介质中以金属铈离子作催化剂时，丙二酸被溴酸氧化反应的基本原理。

3. 了解化学振荡反应的电势测定方法。

【实验原理】

有些自催化反应有可能使反应体系中某些物质的浓度随时间（或空间）发生周期性的变化，这类反应称为化学振荡反应。

最著名的化学振荡反应是 1959 年首先由 Belousov 观察发现，随后 Zhabotinsky 继续了该反应的研究。他们报道了以金属铈离子作催化剂时，柠檬酸被 HBrO$_3$ 氧化可发生化学振荡现象，后来又发现了一批溴酸盐的类似反应，人们把这类反应称为 B-Z 振荡反应。例如丙二酸在溶有硫酸铈的酸性溶液中被溴酸钾氧化的反应就是一个典型的 B-Z 振荡反应。

1972 年，Fiel、Koros、Noyes 等通过实验对上述振荡反应进行了深入研究，提出了 FKN 机理，反应由三个主过程组成：

过程 A　(1)　$Br^- + BrO_3^- + 2H^+ \longrightarrow HBrO_2 + HBrO$

(2)　$Br^- + HBrO_2 + H^+ \longrightarrow 2HBrO$

过程 B　(3)　$HBrO_2 + BrO_3^- + H^+ \longrightarrow 2BrO_2 \cdot + H_2O$

(4)　$BrO_2 \cdot + Ce^{3+} + H^+ \longrightarrow HBrO_2 + Ce^{4+}$

(5)　$2HBrO_2 \longrightarrow BrO_3^- + H^+ + HBrO$

过程 C　(6)　$4Ce^{4+} + BrCH(COOH)_2 + H_2O + HBrO \longrightarrow 2Br^- + 4Ce^{3+} + 3CO_2 + 6H^+$

过程 A 是消耗 Br$^-$，产生能进一步反应的 HBrO$_2$，HBrO 为中间产物。

过程 B 是一个自催化过程，在 Br$^-$ 消耗到一定程度后，HBrO$_2$ 才按式(3)、式(4)进行反应，并使反应不断加速，与此同时，Ce^{3+} 被氧化为 Ce^{4+}。HBrO$_2$ 的累积还受到式(5)的制约。

过程 C 为丙二酸被溴化为 BrCH(COOH)$_2$，与 Ce^{4+} 反应生成 Br$^-$ 使 Ce^{4+} 还原为 Ce^{3+}。

过程 C 对化学振荡非常重要，如果只有过程 A 和 B，就是一般的自催化反应，进行一次就完成了，正是过程 C 的存在，以丙二酸的消耗为代价，重新得到 Br$^-$ 和 Ce^{3+}，反应得以再启动，形成周期性的振荡。

该体系的总反应为：

$$2H^+ + 2BrO_3^- + 3CH_2(COOH)_2 \xrightarrow{Ce^{3+}} 2BrCH(COOH)_2 + 3CO_2 + 4H_2O$$

振荡的控制离子是 Br$^-$。

由以上介绍可见，产生化学振荡需满足以下三个条件。

（1）反应必须远离平衡态。化学振荡只有在远离平衡态，具有很大的不可逆程度时才能发生。在封闭体系中振荡是衰减的，在敞开体系中，可以长期持续振荡。

（2）反应历程中应包含有自催化的步骤。产物之所以能加速反应，因为是自催化反应，如过程 A 中的产物 $HBrO_2$ 同时又是反应物。

（3）体系必须有两个稳态存在，即具有双稳定性。

化学振荡体系的振荡现象可以通过多种方法观察到，如观察溶液颜色的变化，测定吸光度随时间的变化，测定电势随时间的变化等。

本实验通过测定离子选择性电极上的电势（U）随时间（t）变化的 U-t 曲线来观察 B-Z 反应的振荡现象（见图 2-25-1），同时测定不同温度对振荡反应的影响。根据 U-t 曲线，得到诱导期（$t_诱$）和振荡周期（$t_{1振}$，$t_{2振}$，…）。

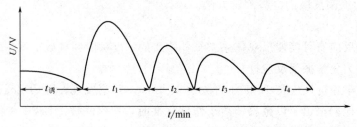

图 2-25-1　U-t 图

按照文献的方法，依据 $\ln \dfrac{1}{t_诱} = -\dfrac{E_诱}{RT} + c$ 及 $\ln \dfrac{1}{t_振} = -\dfrac{E_振}{RT} + c$ 公式，计算出表观活化能 $E_诱$、$E_振$。

【仪器试剂】

超级恒温槽 1 台；磁力搅拌器 1 台；记录仪 1 台或计算机采集系统一套；恒温反应器（50mL，1 只）；容量瓶（100mL，4 只）；移液管（10mL，4 支）。

丙二酸（A.R.）；溴酸钾（G.R.）；硫酸铈铵（A.R.）；浓硫酸（A.R.）。

【实验步骤】

1. 配制溶液。配制 $0.45 mol \cdot L^{-1}$ 丙二酸溶液 100mL，$0.25 mol \cdot L^{-1}$ 溴酸钾溶液 100mL，$3.00 mol \cdot L^{-1}$ 硫酸溶液 100mL，$4 \times 10^{-3} mol \cdot L^{-1}$ 的硫酸铈铵溶液 100mL。

2. 按图 2-25-2 连接好仪器，打开超级恒温槽，将温度调节到（25.0 ± 0.1）℃。

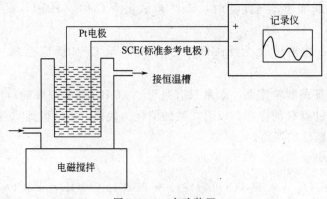

图 2-25-2　实验装置

3. 在恒温反应器中加入已配好的丙二酸溶液 10.00mL，溴酸钾溶液 10.00mL，硫酸溶液 10.00mL，恒温 10min 后加入已恒温好的硫酸铈铵溶液 10.00mL，观察溶液的颜色变化，同时记录相应的电势-时间曲线。

4. 按上述步骤改变温度为 30℃、35℃、40℃、45℃、50℃，重复上述实验。

【注意事项】

• 实验所用试剂均需用不含 Cl^- 的去离子水配制，而且参比电极不能直接使用甘汞电极。若用 217 型甘汞电极时要用 $1\ mol \cdot L^{-1}\ H_2SO_4$ 作液接，可用硫酸亚汞参比电极，也可使用双盐桥甘汞电极，外面夹套中充饱和 KNO_3 溶液，这是因为其中所含 Cl^- 会抑制振荡的发生和持续。

• 配制 $4 \times 10^{-3}\ mol \cdot L^{-1}$ 的硫酸铈铵溶液时，一定要在 $0.20\ mol \cdot L^{-1}$ 硫酸介质中配制，防止发生水解呈浑浊。

• 实验中溴酸钾试剂纯度要求高，所使用的反应容器一定要冲洗干净，磁力搅拌器中转子位置及速度都必须加以控制。

【数据处理】

1. 从 U-t 曲线中得到诱导期和第一、二振荡周期。

2. 根据 $t_{诱}$、$t_{1振}$、$t_{2振}$ 与 T 的数据，作 $\ln(1/t_{诱})$-$1/T$ 和 $\ln(1/t_{1振})$-$1/T$ 图，由直线的斜率求出表观活化能 $E_{诱}$、$E_{振}$。

思 考 题

影响诱导期和振荡周期的主要因素有哪些？

【讨论】

1. 本实验是在一个封闭体系中进行的，所以振荡波逐渐衰减。若把实验放在敞开体系中进行，则振荡波可以持续不断的进行，并且周期和振幅保持不变。

本实验也可以通过替换体系中的成分来实现，如将丙二酸换成焦性没食子酸、各种氨基酸等有机酸，如用碘酸盐、氯酸盐等替换溴酸盐，又如用锰离子、亚铁啡咯啉离子或铬离子代换铈离子等来进行实验都可以发生振荡现象，但振荡波形、诱导期、振荡周期、振幅等都会发生变化。

2. 振荡体系有许多类型，除化学振荡还有液膜振荡、生物振荡、萃取振荡等。表面活性剂在穿越油水界面自发扩散时，经常伴随有液膜（界面）物理性质的周期变化，这种周期变化称为液膜振荡。另外，在溶剂萃取体系中也发现了振荡现象。生物振荡现象在生物中很常见，如在新陈代谢过程中占重要地位的酶降解反应中，许多中间化合物和酶的浓度是随时间周期性变化的。生物振荡也包括微生物振荡。

实验二十六　计算机模拟基元反应

【目的要求】

1. 了解分子反应动态学的主要内容和基本研究方法。

2. 掌握准经典轨线法的基本思想及其结果所代表的物理含义。

3. 了解宏观反应和微观基元反应之间的统计联系。

【实验原理】

分子反应动态学是在分子和原子的水平上观察和研究化学反应的最基本过程——分子碰撞，从中揭示出化学反应的基本规律，使人们能从微观角度直接了解并掌握化学反应的本质。

本实验所介绍的准经典轨线法是一种以经典散射理论为基础的分子反应动态学计算方法。

设想一个简单的反应体系，A+BC，当 A 原子和 BC 分子发生碰撞时，可能会有以下几种情况发生：

$$A+BC \longrightarrow \begin{cases} A+BC(\text{non-reactive collision}) \\ B+AC(\text{reactive collision}) \\ C+AB(\text{reactive collision}) \\ ABC(\text{complex}) \\ A+B+C(\text{dissociation}) \end{cases}$$

准经典轨线法的基本思想是，将 A、B、C 三个原子都近似看作是经典力学的质点，通过考察它们的坐标和动量（广义坐标和广义动量）随时间的变化情况，就能知道原子之间是否发生了重新组合，即是否发生了化学反应，以及碰撞前后各原子或分子所处的能量状态，这相当于用计算机来模拟碰撞过程，所以准经典轨线法又称计算机模拟基元反应。通过计算各种不同碰撞条件下原子间的组合情况，并对所有结果作统计平均，就可以获得能够和宏观实验数据相比较的理论动力学参数。

1. 哈密顿运动方程

设一个反应有 N 个原子，它们的运动情况可以用 $3N$ 个广义坐标 q_i 和 $3N$ 个广义动量 p_i 来描述。若体系的总能量计作 H（是 q_i 和 p_i 的函数），按照经典力学，动量和坐标随时间的变化情况符合下列规律：

$$\begin{cases} \dfrac{\mathrm{d}p_i}{\mathrm{d}t} = -\dfrac{\partial H(p_1, p_2, \cdots, p_{3N}, q_1, q_2, \cdots, q_{3N})}{\partial q_i} \\ \dfrac{\mathrm{d}q_i}{\mathrm{d}t} = \dfrac{\partial H(p_1, p_2, \cdots, p_{3N}, q_1, q_2, \cdots, q_{3N})}{\partial p_i} \end{cases}$$

对于 A 原子和 BC 分子所构成的反应体系，应当有 9 个广义坐标和 9 个广义动量，构成 9 组哈密顿运动方程。根据经典力学知识，当一个体系没有受到外力作用时，整个体系的质心应当以一恒速运动，并且这一运动和体系内部所发生的反应无关。所以在考察孤立体系内部反应状况时，可以将体系的质心运动扣除。同时体系的势能在无外力作用的情况下是由体系中所有原子的静电作用引起的，所以它只和体系中原子的相对位置有关，和整个体系的空间位置无关，因此只要选取适当的坐标系，就可以扣除体系质心位置的三个坐标，将 A+BC 三个原子体系的 9 组哈密顿方程简化为 6 组方程，大大减少计算工作量。若选取正则坐标系，有三组方程描述质心运动的可以略去，还剩 6 组 12 个方程。以正则坐标表示的哈密顿能量函数表达式如下：

$$H = \frac{1}{2\mu_{A,BC}} \sum_{i=1}^{3} p_i^2 + \frac{1}{2\mu_{BC}} \sum_{i=4}^{6} p_i^2 + V(q_1, q_2, \cdots, q_6)$$

式中，$\mu_{A,BC}$ 为 A 和 BC 体系的折合质量；μ_{BC} 为 BC 分子的折合质量。若能知道 V 就得到哈密顿方程的具体表达式。

2. 位能函数 V

位能函数 $V(q_1, q_2, \cdots, q_6)$ 是一势能超面，无普遍适用的表达式，但可以通过量子化学计算出数值解，然后拟合出 LEPS 解析表达式。

3. 初值的确定

V 确定之后，方程就确定。只要知道初始 $p_i(0)$，$q_i(0)$，就可以求得任一时间的 $p_i(t)$，

$q_i(t)$。

$$\begin{cases} p_i(t) = p_i(0) + \int_0^t -\left(\dfrac{\partial H}{\partial q_i}\right) dt \\ q_i(t) = q_i(0) + \int_0^t \left(\dfrac{\partial H}{\partial p_i}\right) dt \end{cases}$$

计算机模拟计算总是以一定的实验事实为依据的。根据现有的分子束实验水平，可以控制 A 和 BC 分子的能态和速度，因此，用计算机模拟反应时可以设定。但是，由于碰撞时，BC 分子在不停地转动和振动，BC 的取向、振动位相、碰撞参数等无法控制，在模拟时让计算机随机设定，这种方法称为 Monte-Carlo 法。（设定 BC 分子初态时，给予了振动量子数 ν 和转动量子数 J，这是经典力学不可能出现的，故该方法称为准经典的）。

4. 数值积分

初值确定后，就可以求任一时刻的 $p_i(t)$、$q_i(t)$，计算机积分得到的是坐标和动量的数值解。程序中我们采用的是 Lunge-Kutta 数值积分法，其计算思想实质上是将积分化为求和。

$$\int_{x_1}^{x_2} f(x) dx = \sum_{x=x_1}^{x_2} f(x) \Delta x$$

选择适当的积分步长 Δx 是必要的，步长太小，耗时太多，增大步长虽可以缩短时间，但有可能带来较大误差。

5. 终态分析

确定一次碰撞是否已经完成，只要考察 A、B、C 的坐标，当任一原子离开其他原子的质心足够远时（＞5.0a.u.），碰撞就已经完成。然后通过分析 R_{AB}、R_{BC}、R_{CA} 的大小，确定最终产物，根据终态各原子的动量，推出分子所处的能量状态，这样就完成了一次模拟。

6. 统计平均

由于初值随机设定，导致每次碰撞结果不同。为了正确反映出真实情况，需对大量不同随机碰撞的结果进行统计平均。如对同一条件下的 A＋BC 反应模拟了 N 次，其中有 N_r 次发生了反应，则反应概率 P_r 为

$$P_r = \frac{N_r}{N}$$

7. 计算程序框图

计算程序框图见图 2-26-1。

【实验步骤】

1. 程序是在 Windows 环境下开发的，以快捷方式（默认名称为 Try）置于微机桌面，双击即可进入计算过程。

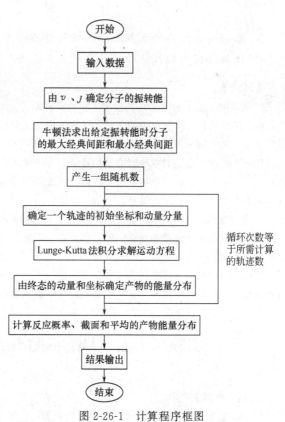

图 2-26-1 计算程序框图

2. 改变实验参数，考察各个参数对反应概率的影响。

（1）根据程序提供的参数（$v=0$、$J=0$、初始平动能＝2.0、积分步长＝10）计算 20 条 $F+H_2$ 反应轨迹。从中选出一条反应轨迹和一条非反应轨迹，通过结果菜单观察 R_{AB}、R_{BC}、R_{CA} 随时间的变化曲线。

（2）计算 100 条 $v=0$、$J=0$ 时，积分步长为 5，初始平动能为 2.0、4.0、6.0 时的反应轨线，记录反应概率、反应截面及产物的能态分布。

（3）计算 100 条初始平动能为 2.0，积分步长为 5 的条件下，v 和 J 分别为 0、1、2、3 的反应轨线，记录碰撞结果。

【注意事项】
- 严格按操作步骤进行，防止误操作。
- 模拟基元反应计算过程中，严禁中间停机，防止数据丢失。

【数据处理】
1. 选择一条反应轨迹和一条非反应轨迹，描绘出 R_{AB}、R_{BC}、R_{CA} 随时间的变化曲线。根据所绘曲线，说明在反应碰撞和非反应碰撞过程中，R_{AB}、R_{BC}、R_{CA} 的变化规律。

2. 将前面实验内容（2）～（3）的结果填入下表，计算不同反应条件下的反应概率并进行比较，讨论对于 $F+H_2$ 反应，增加平动能、转动能或振动能，哪个对 HF 的形成更为有利。

$E_t(0)/eV$	v	J	p_r	反应截面/a. u.	$\langle E_t \rangle_{产物}/eV$	$\langle E_v \rangle_{产物}/eV$	$\langle E_r \rangle_{产物}/eV$

3. 讨论分析不同反应条件下反应产物的能态分布结果。

思 考 题

1. 准经典轨线法的基本物理思想与量子力学以及经典力学概念相比较各有哪些不同？
2. 使用准经典轨线法必须具备什么先决条件？一般如何解决这一问题？

【讨论】
1. 近年来，随着分子力场的发展、模拟算法的改进和计算机硬件、软件性能的提高，计算机模拟方法已经成为化学工作者必不可少的工具。计算机模拟主要包括：量子力学、分子力学、分子动力学和蒙特卡洛等方法。其中量子力学可以提供分子中有关电子结构的信息，而分子力学描述的是原子尺度上的性质，这两种方法提供的是绝对零度时的结构特征。分子动力学可以描述不同温度下体系的性质，以及与时间变化有关的动力学信息；而蒙特卡洛方法则是通过波尔兹曼因子的引入来描述不同温度下的结构信息，但是仅仅能提供不含时间的统计信息。

2. 介观模拟。近年来出现的介观尺度上的计算机模拟填补了微观与宏观模拟之间的空白。有益于解决化学工程中的许多介观相的变化问题。例如：胶束的形成、胶体絮凝物的生成、乳化过程、流变行为、共聚物与均聚物共混的形态以及多孔介质流体等。

目前，以上模拟方法在国内外得到了广泛应用，特别在材料科学、生命科学领域得到了长足发展，如药物设计、新材料的开发等。这些模拟方法中所需的软件均已商业化，部分软件还可在网上下载。

实验二十七　Diels-Alder 反应速率常数的计算

【目的要求】
1. 加深对 Diels-Alder 反应微观机理的认识。

2. 掌握化学反应途径（微观机理）的计算方法。

3. 了解计算化学在化学反应中的作用。

【实验原理】

1. 典型 Diels-Alder 反应

狄尔斯-阿尔德（Diels-Alder）反应，又名双烯加成反应，由双烯体和亲双烯体发生 [4+2]环加成生成六元碳环，是有机合成反应中非常重要的形成碳碳键的手段之一，也是现代有机合成中常用的反应之一。Diels-Alder 反应具有很强的区域和立体选择性，呈现丰富的立体化学特征，在理论上可用分子轨道对称守恒原理进行解释。

Diels-Alder 反应一般是可逆的，这种可逆性在有机合成上有时会有很好的应用。1,3-二丁烯和乙烯的反应是一个一步反应，没有中间体，只有过渡态，是由 1,3-二丁烯的最高占据轨道（HOMO）与乙烯的最低未占据轨道（LUMO）相互作用成键而成。这个反应是一个可逆反应，是最基本的 Deiles-Alder 反应，许多学者在过去几十年间进行了大量的研究。本文简单介绍用量子化学计算寻找 1,3-二丁烯和乙烯反应（典型的 Diels-Alder 反应）的过渡态（transition state，TS），得到相应热力学函数，进而获取化学反应的速率常数。

2. 搜索过渡态

搜索优化过渡态是研究化学反应最为关键的步骤。化学反应有快有慢，有易有难，并且不同的产物有不同的产率，而这些控制因素都依赖化学反应所经历的过渡态。过渡态对应于反应路径上的鞍点（saddle point）。一个化学反应可以存在多个过渡态，对应不同的产物通道，也是有不同中间产物的原因。从反应物经过渡态到产物，通常沿"最低能量反应路径"（minimum energy reaction path，MEP）进行，把每个基元步骤的最低能量反应路径组合起来就是该反应的微观机理。化学反应机理的研究一直是理论与计算化学的重点和难点。

计算能量最低反应路径最简单的方法是从鞍点开始，从沿着负梯度（negative gradient）方向进行，采用最速下降法（steepest descent approach）得到 MEP。如果采用质量加权的坐标体系，这种方法称作内禀反应坐标方法（intrinsic reaction coordinate，IRC）。

DMol3 使用微动弹性带（nudged elastic band，NEB）方法获取 MEP。NEB 方法引入了一个虚拟的弹性力，连接反应路径上的两个相邻点，以确保路径的连续性和正确的受力方向，从而使系统收敛得到 MEP。NEB 算法的优点在于可以快速定性地寻找 MEP。

考虑到化学反应的复杂性，如图 2-27-1 所示，线性同步转变/二次同步转变（LST/QST）过渡态搜索法以反应物 R 和产物 P 作为输入点，在反应坐标中定义其中的一个局部最大点，表示为 TS。这样有三个点作为了输入点，即 R、TS 和 P。在轨迹中至少会出现一

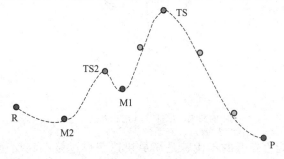

图 2-27-1 NEB 和 LST/QST 的区别

个新的极小点，M1 或者 M2，和新的极大点 TS2，以及不是极值点的反应坐标点。

传统的 NEB 方法是从两个端点开始，产生 TS 和整个反应路径，给出系列反应过程中的反应坐标点。相反，在 DMol3 中 LST/QST 是从过渡态点 TS 开始的，并从反应物和产物方向上定位可替代的极小值，因此 DMol3 中搜索过渡态的方法更多的是回答了过渡态是否真正连接了假定的反应物和产物，或者在反应路径上确实有假定的极小点。

3. 同步转变方法（synchronous transit，ST）

提供合理的初猜结构往往不易，ST 方法可以只根据反应物和产物结构自动得到过渡态结构。"同步转变"这个名字强调的是反应路径上所有坐标一起变化，这是相对于后面提到的赝坐标法来说的（即只变化指定的坐标，尽管其他坐标优化后坐标也会变化）。

ST 分为两种模型，最简单的就是 LST 模型（linear synchronous transit，线性同步转变），这个方法假设反应过程中，反应物结构的每个坐标都是同步、线性地变化到产物结构。如果反应物、产物的坐标分别以向量 A、B 表示，则反应过程中的结构坐标可表示为 $(1-x)A+xB$，x 由 0 逐渐变到 1 代表反应进度。注意 LST 并不是指反应中原子在真实空间上以直线运动，只有笛卡尔坐标下的 LST 才是如此，在内坐标下的 LST，原子在真实空间中一般以弧线运动。以 LST 的假设，反应路径在其所用坐标下的势能面图上可描述为一条直线，LST 给出的过渡态就是这条直线上能量最高点（图 2-27-2 的点 1）。LST 的问题也很明显，其假设的坐标线性变化多数是错误的，绘制在势能面图上也多数不会是直线，故给出的过渡态也有较大偏差，容易出现两个或多个虚频。

比 LST 更合理的模型是 QST（quadratic synchronous transit，二次同步转变），它假设反应路径在势能面上是一条二次曲线。QST 在 LST 得到的过渡态位置上，对 LST 直线路径的垂直方向进行线搜索找到能量极小点 A（图 2-27-2 的点 2）。QST 给出的反应路径可以用经过反应物、A、产物的二次曲线来表示，如果这条路径上能量最高点的位置恰为 A，则 A 就是 QST 方法给出的过渡态；如果不是，则以最高点作为过渡态。若想结果更精确，可以再对这个最高点向垂直于路径的方向优化，再次得到 A 并检验，反复重复这个步骤，逐步找到能量更低、更准确的过渡态。

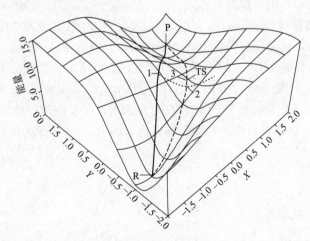

图 2-27-2　LST 与 QST 方法示意图

QST 方法在计算能力较低的年代曾是简单快速获得过渡态和反应路径的有效方法，然而如今看来其结果是相当粗糙的，已极少单独使用，不过可以将其得到的过渡态作为 AH

（Augmented Hession）法的初始猜测。

寻找反应过渡态是一项非常烦琐的任务，需要经验、技巧和化学直觉。目前多数还是根据化学知识采用"猜测、尝试"的办法寻找过渡态，这种方法更多地体现研究者的有机化学理论功底。目前也存在一些自动搜索过渡态的技术方法（如上面所说的方法），但是这些方法也依赖化学工作者的直觉，其有效性、完整性等还有有待提高的地方。

【实验步骤】

在"Materials Studio"中创建新的"Project"。打开"New Project"对话框，输入名称为"Kinetics"，点击"OK"按钮，即在"Project Explorer"下出现新的"Kinetics Project"。

1. 构建反应物和产物

从菜单栏单击"File＞Import"，弹出的目录浏览器中进入"Structures＞Organics"文件夹，选择"Benzene. msi"文件，此时苯的结构呈现在 3D 绘图区内，将其重命名为"ButadieneEthene. xsd"。

在工具栏单击计算化学键按钮旁的下拉按钮 ![icon]，选择"Convert to Kekule"，以"Kekule"方式显示化学键。

分别通过单击选中两个 C—C 单键，按 Delete 键删除，然后分别单击调整氢原子数按钮 ![icon] 和 Clean 按钮 ![icon] 进行加氢和构型优化。这样就得到了丁二烯和乙烯的结构。

2. 调整丁二烯和乙烯的相对位置

接下来调整丁二烯和乙烯的相对空间位置，以使得最有利于反应发生。单击选中丁二烯上任一原子，在空白处单击右键选择"Select Fragment"，以选中整个丁二烯分子，单击创建质心按钮旁的下拉箭头 ![icon]，从中选择"Best Fit Plane"，类似采用同样的方法得到乙烯分子所在的平面。

接下来通过角度工具将两个分子的平面平行摆放，单击工具栏"Measure/Change"按钮 ![icon] 旁边的下拉箭头，选择"Angle"，然后再分别单击丁二烯和乙烯分子的平面，这样两个平面间的角度就显示出来了。单击 ![icon] 按钮回到选择模式，选中该角度值，此时该角度被黄色高亮显示，在性质工具栏里找到"Angle Axis Type"一行，将其调整为"Through Node"，然后双击"Angle"，将角度值改为 0。

接下来将调整两个分子所在平面的距离，单击"Measure/Change"按钮 ![icon] 旁边的下拉箭头，选择"Distance"。首先单击丁二烯所在的平面，然后单击乙烯上的任一碳原子，此时显示出的是该原子到丁二烯平面的距离，单击 ![icon] 按钮回到选择模式，选中距离数值，并在性质浏览器中将该值调整为 5Å（即 0.5nm）。这样就调整好两个分子的朝向和距离了，接下来可以选中两个平面按 Delete 键将其删除了。

在此基础上可以方便地得到环己烯的结构。在项目浏览器内复制一份"ButadieneEthene. xsd"文件，并将其重命名为"Cyclohexene. xsd"，在"Cyclohexene. xsd"文件内将三个双键都改为单键：在性质浏览器内双击"Bond Type"，选择"Single"；类似地将丁二烯中间的单键改为双键。然后用画图工具 ![icon] 将丁二烯和乙烯末端的 C 原子键连起来，形成六元环。单击 Clean 按钮 ![icon] 对其进行构型优化。

3. 创建由反应物到生成物的轨迹

在搜寻过渡态之前，首先需要手动将反应物和生成物的所有原子一一对应。为方便起见，需将反应物和生成物的结构并排显示，首先单击工具栏"File｜Save Project"保存当前工作，然后单击"Window｜Close All"关闭所有窗口，再分别打开"ButadieneEthene. xsd"和"Cyclohexene Forcite GeomOpt\Cyclohex ene. xsd"文件，单击工具栏"Window｜Tile Vertically"即可并排显示。

从菜单栏打开"Tools｜Reaction Preview"对话框，由于从环己烯作为反应物来搜寻过渡态会更容易一些，这里不妨从该结构开始。将"Cyclohexene Forcite GeomOpt\Cyclohexene. xsd"和"ButadieneEthene. xsd"分别设置为反应物和产物，单击"Match…"按钮，这里程序并不能自动设置匹配原子，需要从未配对原子列表里一一选择并对应起来，单击"Set Match"按钮进行匹配，所有原子均匹配完成后，关闭该对话框，回到反应预览对话框内，选择"Base preview on reactant"并单击"Preview"按钮，会生成一条名为"Cyclohexene-Buta-dieneEthene. xtd"的轨迹（图 2-27-3）。

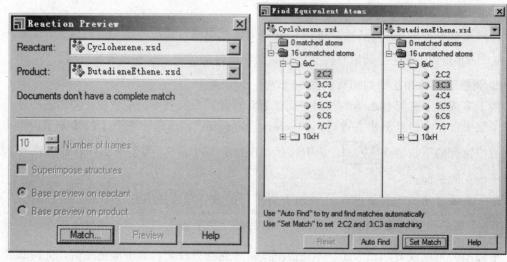

图 2-27-3　反应预览及匹配原子对话框

4. 搜寻过渡态

接下来进行搜寻过渡态的计算。保存并关闭其他文件，保持"Cyclohexene-Butadien-eEthene. xtd"文件呈激活状态，打开"DMol3"计算对话框，在"Setup"标签页将任务设置为"TS Search"，精度为中等，泛函选择"m-GGA"和"M11-L"，并勾选"Spin unre-stricted"，单击"More…"按钮，确保搜寻方案为"Complete LST/QST"，精度为中等。并勾选上优化反应物和生成物选项，最大 QST 步数为 10，并关闭对话框（图 2-27-4）。

在"Electronic"标签页中，将基组设置为"DNP＋"，单击"More…"按钮确保"SCF"标签页上勾选了"Use smearing"选项，在性质标签页，勾选上频率性质，"Job Control"标签页将作业描述修改为"TS"，然后单击"Run"进行计算。计算完成后"TS. outmol"文件内包含主要计算结果，"TS. xod"则包含反应物、产物和过渡态的信息（图 2-27-5）。

5. 计算反应速率常数

接下来通过反应动力学计算来获得速率常数。将其他窗口关闭，激活"TS. xod"文件，打开"Tools｜Vibrational Analysis"分析对话框，双击"TS"结构，并单击"Calculate"按钮

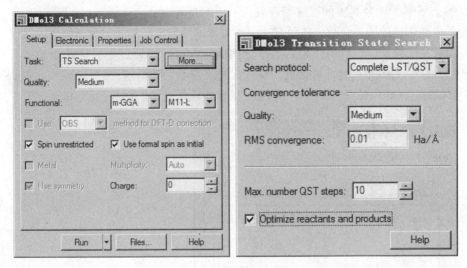

图 2-27-4　DMol3 计算模块设置（1）

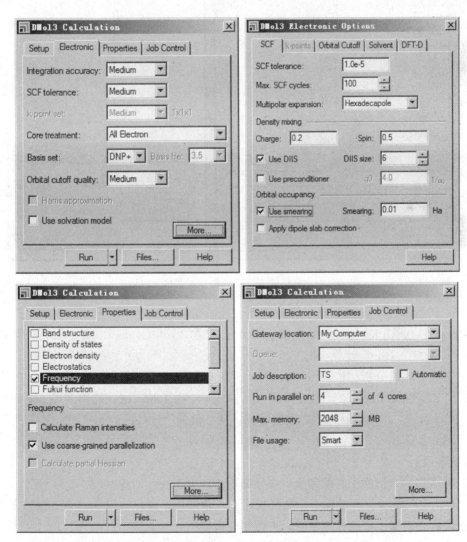

图 2-27-5　DMol3 计算模块设置（2）

计算过渡态频率，一个真实的过渡态有且仅有一个虚频。

　　为了得到正确的速率常数，需要对反应动力学计算指定反应的类型，例如该反应是异构化反应，或者是缔合反应\解离反应，还是交换反应。这一步通过划分运动单元来实现，点击"Modify｜Motion Groups"打开对话框，首先框选反应物，然后点击"Create from selection"按钮，类似的对过渡态同样操作，而将产物丁二烯和乙烯分别划分为一个运动单元（图2-27-6）。

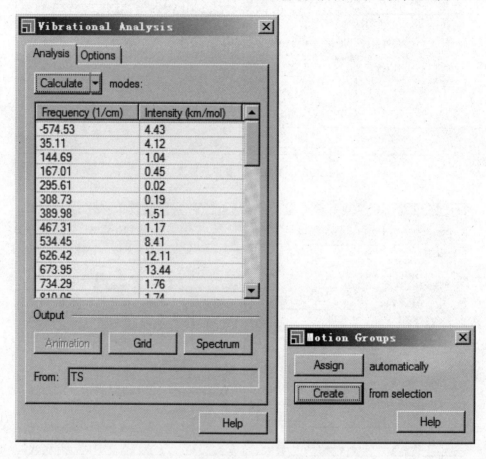

图 2-27-6　振动频率分析、划分运动单元对话框

　　打开"DMol3"计算对话框，任务选择"Reaction Kinetics"，单击"More..."按钮，勾选"Reuse Hessian for reactants and products"，在"Job Control"标签页将任务命名为"Kinetics"，点击"Run"计算（图2-27-7）。

　　计算完成后通过分析"Kinetics. xod"文件可以得到速率常数。打开"DMol3"分析模块，选择"Reaction kinetics"，温度设置为从 200.0K 到 1000.0K，取消"Apply tunneling correction"，然后单击"Calculate"按钮计算。从生成的"kenetics. std"表格中即可查到速率常数（图2-27-8）。

　　【注意事项】

　　●在反应物和产物原子匹配完成后应仔细检查，确保一一对应。

　　●"DMol3"模块计算过程中，如果程序非正常结束，应仔细检查"outmol"文件，通常在文件最后会告知出错的具体原因，再做相应调整。

　　●过渡态搜寻完成后，为了保证得到的构型的确对应于过渡态，必须作进一步的频率分

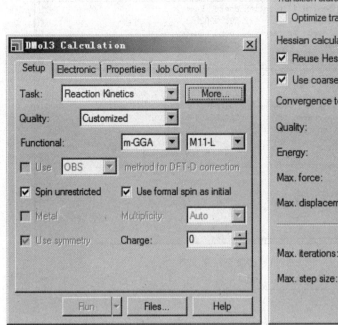

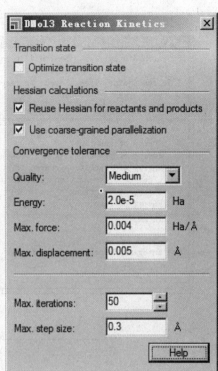

图 2-27-7　DMol3 反应动力学模块设置对话框

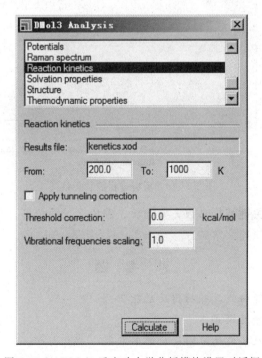

图 2-27-8　DMol3 反应动力学分析模块设置对话框

析，以考察是否只有一个虚频，一个真实的过渡态有且仅有一个虚频。

【数据处理】

1. 从过渡态结果文件中找到反应能垒（图 2-27-9），并画出该反应过程的能量折线

（图 2-27-10）。

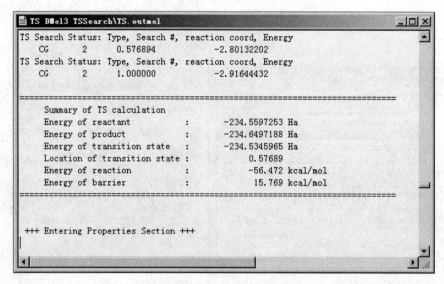

图 2-27-9　过渡态结果文件

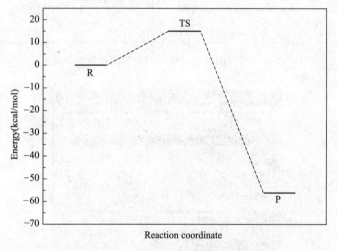

图 2-27-10　反应过程能量折线图

2. 标注出过渡态的关键结构参数，如键长、键角、二面角等，及过渡态的振动模式。

3. 计算该反应的反应速率常数。

思　考　题

1. 画出该反应的势能曲线，并指出反应能垒。

2. 标注出过渡态的振动模式。

3. 分别计算该反应及其逆反应的反应速率常数。

【讨论】

化学反应是化学研究的核心，也是理论与计算化学的难点。与计算化合物的物理性质不同，研究化学反应需要了解从反应物到产物整个反应路径上的所有信息。即使是看似简单的化学反应，其微观机理也可能非常复杂。这也是为什么到现在为止，人们对简单的化学反应，$H+H_2$，仍然在进行大量实验和理论研究的原因。对于那些更加复杂的化学反应，比如溶液中的化学反应、表面化学反应等，模拟计算会更加困难。

通常的做法是采用简化模型，缩小计算范围。比如对于溶液中的化学反应过程，通常的做法是先忽略溶剂，只研究气相中双分子反应，然后再考虑溶剂化模型，最后再研究整个溶液体系。

涉及化学反应的计算化学，其理论基础为量子力学，研究的是电子的转移，代表着化学键的形成和断裂。在计算化学中，还有另外的一种理论方法，为分子力学，研究的是原子核的运动，不涉及电子的运动，表示原子或分子的聚集。二者理论基础不同，重点关注的化学问题也不同，读者需要仔细辨别。本实验采用的是量子力学方法，涉及的是电子性质。

表面现象和胶体化学

实验二十八　溶液表面张力的测定

（一）最大泡压法

【目的要求】

1. 掌握最大泡压法（或扭力天平）测定表面张力的原理和方法，了解影响表面张力测定的因素。

2. 测定不同浓度正丁醇溶液的表面张力，计算吸附量，由表面张力的实验数据求分子的截面积及吸附层的厚度。

【实验原理】

1. 溶液中的表面吸附

从热力学观点来看，液体表面缩小是一个自发过程，这是使体系总自由能减小的过程，欲使液体产生新的表面 ΔA，就需对其做功，其大小应与 ΔA 成正比：

$$-W' = \sigma \cdot \Delta A \tag{2-28-1}$$

如果 ΔA 为 $1\mathrm{m}^2$，则 $-W' = \sigma$ 是在恒温恒压下形成 $1\mathrm{m}^2$ 新表面所需的可逆功，所以 σ 称为比表面吉布斯自由能，其单位为 $\mathrm{J \cdot m^{-2}}$。也可将 σ 看作为作用在界面上每单位长度边缘上的力，称为表面张力，其单位是 $\mathrm{N \cdot m^{-1}}$。在定温下纯液体的表面张力为定值，当加入溶质形成溶液时，表面张力发生变化，其变化的大小决定于溶质的性质和加入量的多少。溶质能降低溶剂的表面张力时，表面层中溶质的浓度比溶液内部大；反之，溶质使溶剂的表面张力升高时，它在表面层中的浓度比在内部的浓度低，这种表面浓度与内部浓度不同的现象称为溶液的表面吸附。在指定的温度和压力下，溶质的吸附量与溶液的表面张力及溶液的浓度之间的关系遵守吉布斯（Gibbs）吸附方程：

$$\Gamma = -\frac{c}{RT}\left(\frac{\mathrm{d}\sigma}{\mathrm{d}c}\right)_T \tag{2-28-2}$$

式中，Γ 为溶质在表层的吸附量；σ 为表面张力；c 为吸附达到平衡时溶质在溶液中的浓度。

当 $\left(\dfrac{\mathrm{d}\sigma}{\mathrm{d}c}\right)_T < 0$ 时，$\Gamma > 0$ 称为正吸附；当 $\left(\dfrac{\mathrm{d}\sigma}{\mathrm{d}c}\right)_T > 0$ 时，$\Gamma < 0$ 称为负吸附。吉布斯吸附等温式应用范围很广，但上述形式仅适用于稀溶液。

引起液体表面张力显著降低的物质叫表面活性物质。这类物质是由极性基团和非极性基团构成，在水溶液表面，一般极性部分指向溶液内部，而非极性部分指向空气中。表面活性物质分子在表面层中的排列，决定于其浓度大小，如图 2-28-1 所示。其中图 2-28-1 中（a）和（b）是不饱和层中分子的排列，（c）是饱和层分子的排列。

表面上被吸附分子的排列方式随其浓度而改变，当浓度足够大时，被吸附分子占据了所

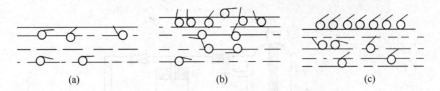

图 2-28-1　被吸附的分子在界面上的排列图

有表面，形成饱和吸附层。这种吸附层是单分子层，随着表面活性物质的分子在表面上愈益紧密的排列，其表面张力逐渐减小。以表面张力对浓度作图，可得到 σ-c 曲线，如图 2-28-2 所示，从图中可以看出，开始时 σ 随浓度增加而迅速下降，以后的变化比较缓慢。在 σ-c 曲线上任选一点 a 作切线，经过切点 a 作平行于横坐标的直线，交纵坐标于 b' 点。以 Z 表示切线和平行线在纵坐标上截距间的距离，显然

$Z = -c\left(\dfrac{\mathrm{d}\sigma}{\mathrm{d}c}\right)_T$，代入式（2-28-2），可得：

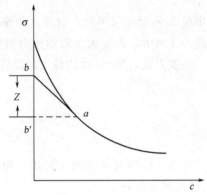

$$\Gamma = -\frac{c}{RT}\left(\frac{\mathrm{d}\sigma}{\mathrm{d}c}\right)_T = \frac{Z}{RT} \qquad (2\text{-}28\text{-}3)$$

由此可求得不同浓度下的 Γ 值。

根据朗格缪尔（Langmuir）吸附等温式：

$$\Gamma = \Gamma_\infty \frac{Kc}{1+Kc} \qquad (2\text{-}28\text{-}4)$$

图 2-28-2　表面张力-浓度关系图

式中，Γ_∞ 为饱和吸附量，即被吸附分子在表面上铺满一层时的 Γ，K 为常数。将式（2-28-4）整理可得：

$$\frac{c}{\Gamma} = \frac{Kc+1}{K\Gamma_\infty} = \frac{c}{\Gamma_\infty} + \frac{1}{K\Gamma_\infty} \qquad (2\text{-}28\text{-}5)$$

以 c/Γ 对 c 作图，得一直线，该直线的斜率为 $1/\Gamma_\infty$。

由所求得的 Γ_∞ 代入 $S_0 = \dfrac{1}{\Gamma_\infty L}$ 可求得被吸附分子的截面积（L 为阿佛伽德罗常数）。

若已知溶质的密度 ρ，分子量 M，可计算出吸附层厚度 δ

$$\delta = \frac{\Gamma_\infty M}{\rho} \qquad (2\text{-}28\text{-}6)$$

2. 最大泡压法测表面张力

装置如图 2-28-3 所示，将待测液体装于表面张力仪中，使毛细管下端端面与液面相切，液面即沿毛细管上升。打开抽气瓶的活塞缓缓放水抽气，表面张力仪中的压力 p 系统逐渐减小，毛细管内液面上压力为大气压力 $p_{大气}$，当此压力差——附加压力（$\Delta p = p_{大气} - p_{系统}$）在毛细管端面上产生的作用力稍大于毛细管口液体的表面张力时，气泡就从毛细管口脱出，此附加压力与表面张力成正比，与气泡的曲率半径成反比，满足 Laplace 公式

$$\Delta p = \frac{2\sigma}{R} \qquad (2\text{-}28\text{-}7)$$

式中，Δp 为附加压力；σ 为表面张力；R 为气泡的曲率半径。

如果毛细管半径很小，则形成的气泡基本上是球形的。当气泡开始形成时，表面几乎是平的，这时曲率半径最大；随着气泡的形成，曲率半径逐渐变小，直到形成半球形，这时曲

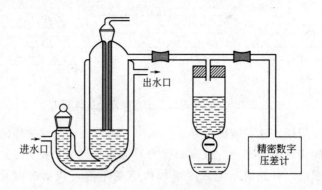

图 2-28-3 表面张力测定装置图

率半径 R 和毛细管半径 r 相等，曲率半径达最小值，根据上式这时附加压力达最大值。气泡进一步长大，R 变大，附加压力则变小，直到气泡逸出。

根据上式，$R=r$ 时的最大附加压力为：

$$\Delta p_{最大} = \frac{2\sigma}{r} \tag{2-28-8}$$

$$\sigma = \frac{r}{2} \Delta p_{最大} = K' \Delta p_{最大} \tag{2-28-9}$$

式中，K' 为仪器常数，可用已知表面张力的标准物质测得。

【仪器试剂】

最大泡压法表面张力仪 1 套；洗耳球 1 个；移液管（50mL 1 支、1mL 1 支）；烧杯（500mL，1 只）。

正丁醇（A.R.）；蒸馏水。

【实验步骤】

1. 仪器准备与检漏

将表面张力仪容器和毛细管洗净、烘干。在恒温条件下将 50mL 蒸馏水注入表面张力仪中，通过抽气调节液面，使之恰好与毛细管尖端相切。打开抽气瓶活塞，使体系内的压力降低，精密数字压差计显示一定数字时，关闭抽气瓶活塞，若 2～3min 内，压差不变，则说明体系不漏气，可以进行实验。

2. 仪器常数的测量

打开抽气瓶活塞，调节抽气速度，使气泡由毛细管尖端成单泡逸出，且每个气泡形成的时间约为 5～10s。当气泡刚脱离毛细管端的一瞬间，精密数字压差计显示最大压差时，记录最大压差，连续读取三次，取其平均值。由附录中查出实验温度下水的表面张力 σ，则仪器常数

$$K' = \frac{\sigma_水}{\Delta p_{最大}}$$

3. 表面张力随溶液浓度变化的测定

在上述体系中，用移液管移入 0.10mL 正丁醇，用洗耳球打气数次（注意打气时，务必使体系成为敞开体系），使溶液浓度均匀，然后调节液面与毛细管端相切，用测定仪器常数的方法测定最大压差。然后依次加入 0.20mL、0.20mL、0.20mL、0.50mL、0.50mL、

1.00mL、1.00mL 正丁醇，每加一次测定一次压力差 $\Delta p_{最大}$。正丁醇的量一直加到饱和为止，此时 $\Delta p_{最大}$ 几乎不再随正丁醇的加入而变化。

【注意事项】

- 仪器系统不能漏气。
- 所用毛细管必须干净、干燥，应保持垂直，其管口刚好与液面相切。
- 读取精密数字压差计的压差时，应取气泡单个逸出时的最大压力差。

【数据处理】

1. 计算仪器常数 K 和溶液表面张力 σ，绘制 σ-c 等温线。
2. 作切线求 Z，并求出 Γ、c/Γ。
3. 绘制 Γ-c、c/Γ-c 等温线，求 Γ_∞ 并计算 S_0 和 δ。

思 考 题

1. 毛细管尖端为何必须调节得恰与液面相切？否则对实验有何影响？

2. 最大泡压法测定表面张力时为什么要读最大压力差？如果气泡逸出的很快，或几个气泡一齐逸出，对实验结果有无影响？

3. 阐明毛细管应如何选择，其尖端半径大小对实验测定有何影响。若毛细管不清洁会不会影响测定结果？

（二）环法

【目的要求】

同实验（一）最大泡压法

【实验原理】

1. 溶液中的表面吸附原理　见最大泡压法。

2. 环法测表面张力

环法是应用相当广泛的方法，它可以测定纯液体溶液的表面张力；也可测定液体的界面张力。将一个金属环（如铂丝环）放在液面（或界面）上与润湿该金属环的液体相接触，则把金属环从该液体拉出所需的拉力 P 是由液体表面张力、环的内径及环的外径所决定。设环被拉起时带起一个液体圆柱（见图 2-28-4），则将环拉离液面所需总拉力 P 等于液柱的质量：

$$P = mg = 2\pi\sigma R' + 2\pi\sigma(R' + 2r) = 4\pi\sigma(R' + r) = 4\pi R\sigma \qquad (2\text{-}28\text{-}10)$$

式中，m 为液柱质量；R' 为环的内半径；r 为环丝半径；R 为环的平均半径，即 $R = R' + r$；σ 为液体的表面张力。

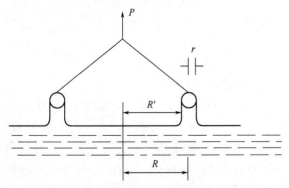

图 2-28-4　环法测表面张力的理想情况

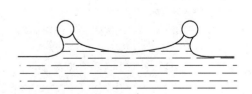

图 2-28-5　环法测表面张力的实际情况

实际上，式(2-28-10)是理想的情况，与实际不相符合，因为被环拉起的液体并非是圆柱形，而是如图2-28-5所示。实验证明，环所拉起的液体形态是R^3/V（V是圆环带起来的液体体积，可用$P=mg=V\rho g$的关系求出，ρ为液体的密度）和R/r的函数，同时也是表面张力的函数。因此式(2-28-10)必须乘上校正因子F才能得到正确结果。对于式(2-28-10)的校正方程为：

$$PF=4\pi R\sigma \tag{2-28-11}$$

$$\sigma=\frac{PF}{4\pi R} \tag{2-28-12}$$

拉力P可通过扭力丝天平测出

$$W_{扭力}=\frac{\pi\alpha r\theta}{2Ld} \tag{2-28-13}$$

式中，r为铂丝半径；L为铂丝长度；α为铂丝切变弹性系数；d为力臂长度；θ为扭转的角度。当r、L、d和α不变时，则：

$$W_{扭力}=K\theta=4\pi\sigma R \tag{2-28-14}$$

式中，K为常数；$W_{扭力}$仅与θ有关，所以σ与θ有关，测出θ即可求得σ值，该值为$\sigma_{表观}$。所以，实际的表面张力为：

$$\sigma_{实际}=\sigma_{表观}F \tag{2-28-15}$$

校正因子F可由下式计算：

$$F=0.7250+\sqrt{\frac{0.01452\sigma_{表观}}{L^2\rho}+0.04534-1.679\frac{r}{R}} \tag{2-28-16}$$

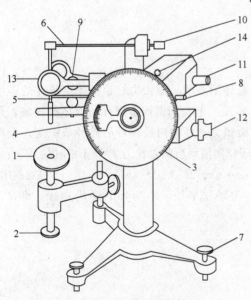

图2-28-6　扭力天平结构图

1—样品台；2—调样品座螺丝；3—刻度盘；4—游标；
5，6—臂；7—调水平螺丝；8，9—制止器；
10—游码；11—微调；12—蜗轮把手；
13—放大镜；14—水准仪

式中，L为铂环周长；ρ为溶液密度；R为铂环半径；r为铂丝半径。

环法的优点是可以快速测定表面张力。缺点是因为拉环过程环经过移动，很难避免液面的振动，这就降低了准确度。另外，环要放在液面上，如果偏差$1°$，将引起误差0.5%；如果偏差$2.1°$，误差达1.6%，因此环必须保持水平。拉环法要求接触角为零，即环必须完全被液体所润湿，否则结果偏低。

【仪器试剂】

扭力天平1台（结构见图2-28-6）；容量瓶（100mL，2只、50mL，6只）；移液管（10mL，2支、5mL，2支）。

正丁醇（A.R.）。

【实验步骤】

1. 取两个100mL容量瓶，分别配制0.80mol·L^{-1}、0.50mol·L^{-1}正丁醇水溶液。然后取6个50mL容量瓶用已配制的溶液按逐次稀释方法配制0.40mol·L^{-1}、0.30mol·L^{-1}、0.20mol·L^{-1}、0.10mol·L^{-1}、0.05mol·L^{-1}、0.02mol·L^{-1}的正丁醇水溶液。

2. 将仪器放在不受振动和平稳的地方，用横梁上的水准泡，调节螺旋 7 把仪器调到水平状态。

3. 用热洗液浸泡铂丝环和玻璃杯（或用结晶皿），然后用蒸馏水洗净，烘干。铂丝环应十分平整，洗净后不许用手触摸。

4. 将铂丝环悬挂在吊杆臂的下端，旋转蜗轮把手 12 使刻度盘指 "0"。然后把臂的制止器 8 和 9 打开，使目镜中三线重合。如果不重合，则旋转微调蜗轮把手 11 进行调整。

5. 用少量待测正丁醇水溶液洗玻璃杯，然后注入该溶液（从最稀的溶液开始测量），将玻璃杯置于平台 1 上。

6. 旋转 2 使样品台 1 升高，直到玻璃杯上液体刚好同铂丝环接触为止（注意：环与液面必须呈水平）。同时旋转旋转蜗轮把手 12 来增加钢丝的扭力，同时用样品台下旋钮 2 降低样品台位置。此操作应协调并小心缓慢地进行，确保目镜中三线始终重合，直到铂丝环离开液面为止，此时刻度盘上的读数即为待测液的表面张力值。连续测量三次，取其平均值（注意：每次测定完后，反时针旋转 12 使指针反时针返回到零，否则扭力变化很大）。

7. 更换另一浓度的溶液，按上述方法测其表面张力。

8. 记录测定时的温度。

【数据处理】

1. 将实验数据列表。

2. 根据式(2-28-16)求出校正因子 F，并求出各浓度正丁醇水溶液的 $\sigma_{实际}$。

3. 绘出 σ-c 图。在曲线上选取 6～8 个点作切线求出 Z 值。

4. 由 $\Gamma = Z/RT$ 计算不同浓度溶液的 Γ 值。绘制 Γ-c、c/Γ-c 等温线，求 Γ_∞ 并计算 S_0 和 δ。

【注意事项】

• 铂环易损坏变形，使用时要小心，切勿使其受力或碰撞。

• 游标旋转至零时，应沿逆时针方向回转，切勿旋转 360°，使扭力丝受力，而损坏仪器。

• 实验完毕，关闭仪器制止器，仔细清洗铂丝环和样品杯。

思 考 题

1. 影响本实验的主要因素有哪些？

2. 使用扭力天平时应注意哪些问题？

3. 扭力天平的铂环清洁与否对测表面张力有何影响？

【讨论】

1. 测定液体表面张力有多种方法，例如：拉脱法、滴体积法、毛细管上升法和最大泡压法等。拉脱法表面张力仪主要分为吊环法和吊片法两种，仪器有 Sigma703 数字表面张力仪、JYW-200 全自动界面张力仪等多种仪器。

2. 各种测定表面张力方法的比较

拉脱法精确度在 1% 以内，它的优点是测量快、用量少、计算简单、最大的缺点是控制温度困难，对易挥发性液体常因部分挥发使温度较室温略低。最大泡压法所用设备简单，操作和计算也简单，一般用于温度较高的熔融盐表面张力的测定，对表面活性剂此法很难测准。毛细管上升法最精确（精确度可达0.05%），但此法的缺点是对样品润湿性要求极严。滴体积法设备简单操作方便，准确度高同时温度易于控制，已在很多科研工作中开始应用，但对毛细管要求较严，要求下口平整、光滑、无破口。

3. 用表面张力方法可研究不同链长的醇类同系物及不同链长的羧酸类同系物的界面吸附现象，求出它们的截面积、吸附层厚度等，从中找出其规律性。

实验二十九　固液吸附法测定比表面积

(一) 亚甲基蓝在活性炭上的吸附

【目的要求】

1. 用溶液吸附法测定活性炭的比表面积。
2. 了解溶液吸附法测定比表面积的基本原理及测定方法。

【实验原理】

比表面积是指单位质量（或单位体积）的物质所具有的表面积，其数值与分散粒子大小有关。

测定固体比表面积的方法很多，常用的有 BET 低温吸附法、电子显微镜法和气相色谱法，但它们都需要复杂的仪器装置或较长的实验时间。而溶液吸附法则仪器简单，操作方便。本实验用亚甲基蓝水溶液吸附法测定活性炭的比表面积。此法虽然误差较大，但比较实用。

活性炭对亚甲基蓝的吸附，在一定的浓度范围内是单分子层吸附，符合朗格缪尔（Langmuir）吸附等温式。根据朗格缪尔单分子层吸附理论，当亚甲基蓝与活性炭达到吸附饱和后，吸附与脱附处于动态平衡，这时亚甲基蓝分子铺满整个活性炭粒子表面而不留下空位。此时吸附剂活性炭的比表面积可按式(2-29-1)计算：

$$S_0 = \frac{(c_0-c)G}{m} \times 2.45 \times 10^6 \qquad (2\text{-}29\text{-}1)$$

式中，S_0 为比表面积，$m^2 \cdot kg^{-1}$；c_0 为原始溶液的浓度；c 为平衡溶液的浓度；G 为溶液的加入量，kg；m 为吸附剂试样质量，kg；2.45×10^6 是 1kg 亚甲基蓝可覆盖活性炭样品的面积，$m^2 \cdot kg^{-1}$。

本实验溶液浓度的测量是借助于分光光度计来完成的，根据光吸收定律，当入射光为一定波长的单色光时，某溶液的吸光度与溶液中有色物质的浓度及溶液的厚度成正比，即：

$$A = kcl$$

式中，A 为吸光度；k 为吸光系数；c 为溶液浓度；l 为溶液厚度。

实验首先测定一系列已知浓度的亚甲基蓝溶液的吸光度，绘出 A-c 工作曲线，然后测定亚甲基蓝原始溶液及平衡溶液的吸光度，再在 A-c 曲线上查得对应的浓度值，代入式(2-29-1)计算比表面积。

【仪器试剂】

分光光度计 1 台；振荡器 1 台；分析天平 1 台；离心机 1 台；台秤（0.1g）1 台；三角烧瓶（100mL，3 只）；容量瓶（500mL，4 只、100mL，5 只）。

亚甲基蓝原始溶液（2g·L^{-1}）；亚甲基蓝标准溶液（0.1g·L^{-1}）；颗粒活性炭。

【实验步骤】

1. 活化样品

将活性炭置于瓷坩埚中放入 500℃马弗炉中活化 1h(或在真空干燥箱中 300℃活化 1h)，

然后置于干燥器中备用。

2. 溶液吸附

取 100mL 三角烧瓶 3 只，分别放入准确称量过已活化的活性炭约 0.1g，再加入 40g 浓度为 $2g \cdot L^{-1}$ 的亚甲基蓝原始溶液，塞上橡皮塞，然后放在振荡器上振荡 3h。

3. 配制亚甲基蓝标准溶液

用台秤分别称取 4g、6g、8g、10g、12g 浓度为 $0.1g \cdot L^{-1}$ 的标准亚甲基蓝溶液于 100mL 容量瓶中，用蒸馏水稀释至刻度，即得浓度分别为 $4mg \cdot L^{-1}$、$6mg \cdot L^{-1}$、$8mg \cdot L^{-1}$、$10mg \cdot L^{-1}$、$12mg \cdot L^{-1}$ 的标准溶液。

4. 原始溶液的稀释

为了准确测定原始溶液的浓度，在台秤上称取浓度为 $2g \cdot L^{-1}$ 的原始溶液 2.5g 放入 500mL 容量瓶中，稀释至刻度。

5. 平衡液处理

样品振荡 3h 后，取平衡溶液 5mL 放入离心管中，用离心机旋转 10min，得到澄清的上层溶液。取 2.5g 澄清液放入 500mL 容量瓶中，并用蒸馏水稀释到刻度。

6. 选择工作波长

用 $6mg \cdot L^{-1}$ 的标准溶液和 0.5cm 的比色皿，以蒸馏水为空白液，在 $500 \sim 700nm$ 波长范围内测量吸光度，以最大吸收时的波长作为工作波长。

7. 测量吸光度

在工作波长下，依次分别测定 $4mg \cdot L^{-1}$、$6mg \cdot L^{-1}$、$8mg \cdot L^{-1}$、$10mg \cdot L^{-1}$、$12mg \cdot L^{-1}$ 的标准溶液的吸光度，以及稀释以后的原始溶液及平衡溶液的吸光度。

【注意事项】
- 标准溶液的浓度要准确配制。
- 活性炭颗粒要均匀并干燥，且三份称重应尽量接近。
- 振荡时间要充足，以达到吸附饱和，一般不应小于 3h。

【数据处理】

1. 作 A-c 工作曲线。

2. 求亚甲基蓝原始溶液的浓度 c_0 和平衡溶液的浓度 c。从 A-c 工作曲线上查得对应的浓度，然后乘以稀释倍数 200，即得 c_0 和 c。

3. 计算比表面积，求平均值。

思 考 题

1. 比表面积的测定与温度、吸附质的浓度、吸附剂颗粒、吸附时间等有什么关系？

2. 用分光光度计测定亚甲基蓝水溶液的浓度时，为什么还要将溶液再稀释到 $mg \cdot L^{-1}$ 级浓度才进行测量？

3. 固体在稀溶液中对溶质分子的吸附与固体在气相中对气体分子的吸附有何共同点和区别？

4. 溶液产生吸附时，如何判断其达到平衡？

(二) 乙酸在活性炭上的吸附

【目的要求】

同实验（一）亚甲基蓝在活性炭上的吸附

【实验原理】

实验表明在一定浓度范围内，活性炭对有机酸的吸附符合朗格缪尔（Langmuir）吸附方程：

$$\Gamma = \Gamma_\infty \frac{Kc}{1+Kc} \tag{2-29-2}$$

式中，Γ 表示吸附量，通常指单位质量吸附剂上吸附溶质的摩尔数；Γ_∞ 表示饱和吸附量；c 表示吸附平衡时溶液的浓度；K 为常数。将式（2-29-2）整理可得如下形式：

$$\frac{c}{\Gamma} = \frac{1}{\Gamma_\infty K} + \frac{1}{\Gamma_\infty}c \tag{2-29-3}$$

作 $c/\Gamma\text{-}c$ 图，得一直线，由此直线的斜率和截距可求 Γ_∞ 和常数 K。

如果用乙酸作吸附质测定活性炭的比表面积时，可按式（2-27-4）计算：

$$S_0 = \Gamma_\infty \times 6.023 \times 10^{23} \times 2.43 \times 10^{-19} \tag{2-29-4}$$

式中，S_0 为比表面积，$m^2 \cdot kg^{-1}$；Γ_∞ 为饱和吸附量，$mol \cdot kg^{-1}$；6.023×10^{23} 为阿伏伽德罗常数；2.43×10^{-19} 为每个乙酸分子所占据的面积，m^2。

式（2-29-3）中的吸附量 Γ 可按下式计算：

$$\Gamma = \frac{(c_0 - c)V}{m} \tag{2-29-5}$$

式中，c_0 为起始浓度；c 为平衡浓度；V 为溶液的总体积，L；m 为加入溶液中吸附剂质量，kg。

【仪器试剂】

电动振荡器 1 台；具塞三角瓶（250mL，5 只）；三角瓶（150mL，5 只）；滴定管（50mL，1 支）；漏斗 1 只；移液管（5mL 1 支、15mL 1 支、30mL 1 支）。

活性炭；HAc（0.4mol·L^{-1}）；NaOH（0.1000mol·L^{-1}）；酚酞指示剂。

【实验步骤】

1. 取 5 个洗净干燥的具塞三角瓶，分别放入约 1g（准确到 0.001g）的活性炭，并将 5 个三角瓶标明号数，用滴定管分别按下列数量加入蒸馏水与乙酸溶液。

瓶　号	1	2	3	4	5
$V_{蒸馏水}$/mL	50.00	70.00	80.00	90.00	95.00
$V_{乙酸溶液}$/mL	50.00	30.00	20.00	10.00	5.00

2. 将各瓶溶液配好以后，用磨口瓶塞塞好，摇动三角瓶，使活性炭均匀悬浮于乙酸溶液中，然后将瓶放在振荡器上，盖好固定板，振荡 30min。

3. 振荡结束后，用干燥漏斗过滤，为了降低滤纸吸附影响，将开始过滤的约 5mL 滤液弃去，其余溶液滤于干燥三角瓶中。

4. 从 1、2 号瓶中各取 15.00mL，从 3、4、5 号瓶中各取 30.00mL 的乙酸溶液，用标准 NaOH 溶液滴定，以酚酞为指示剂，每瓶滴 2 份，求出吸附平衡后乙酸的浓度。

5. 用移液管取 5.00mL 原始 HAc 溶液并标定其准确浓度。

【注意事项】

- 溶液的浓度配制要准确。
- 活性炭颗粒要均匀并干燥。

【数据处理】

1. 计算各瓶中乙酸的起始浓度 c_0，平衡浓度 c 及吸附量 Γ（mol·kg^{-1}）。
2. 以吸附量 Γ 对平衡浓度 c 作曲线。
3. 作 c/Γ-c 图，并求出 Γ_∞ 和常数 K。
4. 由 Γ_∞ 计算活性炭的比表面积。

思 考 题

比表面积测定与哪些因素有关，为什么？

【讨论】

1. 测定固体比表面积时所用溶液中溶质的浓度要选择适当，即初始溶液的浓度以及吸附平衡后的浓度都选择在合适的范围内。既要防止初始浓度过高导致出现多分子层吸附，又要避免平衡后的浓度过低使吸附达不到饱和。如亚甲基蓝在活性炭上的吸附实验中原始溶液的浓度为 2g·L^{-1} 左右，平衡溶液的浓度不小于 1mg·L^{-1}。

2. 按朗格缪尔吸附等温线的要求，溶液吸附必须在等温条件下进行，使盛有样品的三角瓶置于恒温器中振荡，使之达到平衡。本实验是在空气浴中将盛有样品的三角瓶置于振荡器上振荡。实验过程中温度会有变化，这样会影响测定结果。

实验三十　溶胶的制备及电泳

【目的要求】

1. 掌握电泳法测定 $Fe(OH)_3$ 及 Sb_2S_3 溶胶电动电势的原理和方法。
2. 掌握 $Fe(OH)_3$ 及 Sb_2S_3 溶胶的制备及纯化方法。
3. 明确求算 ζ 公式中各物理量的意义。

【实验原理】

溶胶系指极细的固体颗粒分散在液体介质中的分散体系，其颗粒大小约在 1nm～1μm，相界面很大，具有强烈的聚结趋势，因而是热力学不稳定体系。但由胶体体系的动力学性质可知，强烈的布朗运动使得溶胶分散相质点不易沉降，而具有一定的动力学稳定性。此外，由于多种原因胶体质点表面常带有电荷，带有相同符号电荷的质点不易聚结，从而提高了体系的稳定性。

溶胶的制备方法可分为分散法和凝聚法。分散法是用适当方法把较大的物质颗粒变为胶体大小的质点；凝聚法是先制成难溶物的分子（或离子）的过饱和溶液，再使之相互结合成胶体粒子而得到溶胶。$Fe(OH)_3$ 溶胶的制备采用的是化学凝聚法，即通过化学反应使生成物呈过饱和状态，然后粒子再结合成溶胶，其结构式可表示为：

$$\{m[Fe(OH)_3]nFeO^+(n-x)Cl^-\}^{x+}\cdot xCl^-$$

制成的胶体体系中常有其他杂质存在，而影响其稳定性，因此必须纯化。常用的纯化方法是半透膜渗析法。

在胶体分散体系中，由于胶体本身的电离或胶粒对某些离子的选择性吸附，使胶粒的表面带有一定的电荷。在外电场作用下，胶粒向异性电极定向移动，这种胶粒向正极或负极移动的现象称为电泳。紧密层的外界面与本体溶液之间的电位差称为电动电势或 ζ 电位。电动电势的大小直接影响胶粒在电场中的移动速度。原则上，任何一种胶体的电动现象都可以用来测定电动电势，其中最方便的是用电泳现象中的宏观法来测定，也就是通过观察溶胶与另一种不含胶粒的导电液体的界面在电场中移动速度来测定电动电势。电动电势 ζ 与胶粒的性质、介质成分及胶体的浓度有关。

在电泳仪两极间加上电位差 $U(V)$ 后，在 $t(s)$ 时间内溶胶界面移动的距离为 $d(m)$，即溶胶电泳速度 $v(m \cdot s^{-1})$ 为：

$$v = d/t$$

相距为 $L(m)$ 的两极间的电位梯度平均值 $H(V \cdot m^{-1})$ 为：

$$H = U/L \tag{2-30-1}$$

从实验求得胶粒电泳速度后，可按下式求 $\zeta(V)$ 电位：

$$\zeta = \frac{K\pi\eta}{\varepsilon H} \cdot v \tag{2-30-2}$$

式中，K 为与胶粒形状有关的常数（对于球形粒子 $K = 5.4 \times 10^{10} \, V^2 \cdot s^2 \cdot kg^{-1} \cdot m^{-1}$；对于棒形粒子 $K = 3.6 \times 10^{10} \, V^2 \cdot s^2 \cdot kg^{-1} \cdot m^{-1}$，本实验胶粒为棒形）；$\eta$ 为介质的黏度 $(kg \cdot m^{-1} \cdot s^{-1})$；$\varepsilon$ 为介质的介电常数。

【仪器试剂】

超级恒温槽 1 台；直流稳压电源 1 台；电导率仪 1 台；直流电压表 1 台；万用电炉 1 台；电泳管 1 只；秒表 1 块；铂电极 2 支；锥形瓶（250mL 1 只）；烧杯（800mL 1 只、250mL 1 只、100mL 1 只），容量瓶（100mL 1 只）。

火棉胶；$FeCl_3$ 溶液（10%）；KCNS 溶液（1%）；$AgNO_3$ 溶液（1%）；稀盐酸溶液；酒石酸锑钾溶液（0.5%）；硫化亚铁。

【实验步骤】

方法一　$Fe(OH)_3$ 溶胶的制备及纯化

1. $Fe(OH)_3$ 溶胶的制备及纯化

(1) 半透膜的制备　在一个内壁洁净、干燥的 250mL 锥形瓶中，加入约 100mL 火棉胶液，小心转动锥形瓶，使火棉胶液黏附在锥形瓶内壁上形成均匀薄层，倾出多余的火棉胶。此时锥形瓶仍需倒置，并不断旋转，待剩余的火棉胶流尽，使瓶中的乙醚蒸发直到闻不出气味为止（此时用手轻触火棉胶膜，已不黏手）。然后再往瓶中注满水（加水的时间应适宜，如加水过早，因胶膜中的溶剂未完全挥发掉，胶膜呈乳白色，强度差；如加水过迟，则胶膜变干、脆，不易取出），浸泡 10min。倒出瓶中的水，在瓶口剥开部分膜，在膜与瓶壁之间注入蒸馏水，使膜脱离瓶壁，轻轻取出，在膜袋中注入水，观察是否有漏洞。制好的半透膜不用时，要浸放在蒸馏水中。

(2) 用水解法制备 $Fe(OH)_3$ 溶胶　在 250mL 烧杯中，加入 100mL 蒸馏水，加热至沸，慢慢滴入 5mL 10% $FeCl_3$ 溶液，并不断搅拌，加完后继续保持沸腾 3～5min，即可得到红棕色的 $Fe(OH)_3$ 溶胶。

(3) 用热渗析法纯化 $Fe(OH)_3$ 溶胶　将制得的 $Fe(OH)_3$ 溶胶，注入半透膜内用线拴住袋口，置于 800mL 的清洁烧杯中，杯中加蒸馏水约 300mL，维持温度在 60℃ 左右，进行渗析。每 20min 换一次蒸馏水，4 次后取出 1mL 渗析水，分别用 1% $AgNO_3$ 及 1% KCNS 溶液检查是否存在 Cl^- 及 Fe^{3+}，如果仍存在，应继续换水渗析，直到检查不出为止，将纯化过的 $Fe(OH)_3$ 溶胶移入一清洁干燥的 100mL 小烧杯中待用。

2. 盐酸辅助液的制备

调节恒温槽温度为（25.0±0.1）℃，用电导率仪测定 $Fe(OH)_3$ 溶胶在 25℃时的电导率，然后配制与之相同电导率的盐酸溶液。方法是根据附录三十所给出的 25℃时盐酸电导率-浓度关系，用内插法求算与该电导率对应的盐酸浓度，并在 100mL 容量瓶中配制该浓度的盐酸溶液。

3. 仪器的安装及电泳的测定

电泳仪如图 2-30-1 所示。首先将干净的电泳管用盐酸辅助液冲洗几次，并固定在铁架台上，关闭活塞。通过漏斗往电泳管中加入渗析后的溶胶，然后小心打开活塞，使溶胶上升到活塞孔的上端口，立即关闭活塞。将 15mL 盐酸辅助液注入 U 形管，缓慢打开活塞，溶胶即缓缓流入 U 形管中，与盐酸辅助液之间形成一清晰界面（活塞不要全部打开，一定要慢，否则得不到清晰的溶胶界面，需要重做），同时不断向漏斗中补充溶胶，待盐酸辅助液上升到能浸没 U 形管上端的两电极为止。关闭活塞，将电极接于精密稳压电源，打开电源迅速调节输出电压为 45V，记下界面所在刻度。等电泳进行 1h，记下界面向下移动的距离，同时记下电压的读数，并量出两铂电极经 U 形管中心的距离（不是水平距离）。

实验结束后，拆除线路。用自来水清洗电泳管多次，最后用蒸馏水洗三次。

方法二　Sb_2S_3 溶胶的制备及电泳

1. Sb_2S_3 溶胶的制备

将一只 250mL 锥形瓶用蒸馏水洗净，倒入 50mL 0.5% 酒石酸锑钾溶液，把制备 H_2S 的小锥形瓶（100mL）及导气管洗净，并向其中放入适量的硫化亚铁，在通风橱内，向小锥形瓶中加入 10mL 盐酸（1∶1），用导气管将 H_2S 通入酒石酸锑钾溶液中。至溶液的颜色不再加深为止，即得 Sb_2S_3 溶胶。制备毕，将剩余的硫化亚铁及 HCl 倒入回收瓶，洗净锥形瓶及导气管。

2. 配制 HCl 溶液

见 $Fe(OH)_3$ 溶胶的制备及电泳中有关内容。

3. 装置仪器和连接线路

见 $Fe(OH)_3$ 溶胶的制备及电泳中有关内容。

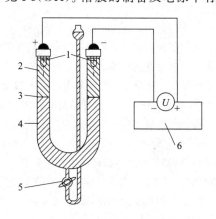

图 2-30-1　电泳仪装置图 I

1—Pt 电极；2—HCl 辅助液；3—溶胶界面；4—溶胶；
5—活塞；6—可调直流稳压电源

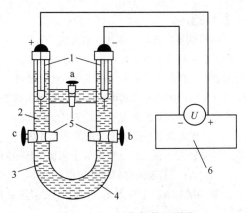

图 2-30-2　电泳仪装置图 II

1—Pt 电极；2—HCl 辅助液；3—溶胶；4—电泳管；
5—活塞；6—可调直流稳压电源

4. 测定溶胶电泳速度

装置如图 2-30-2 所示，接通直流稳压电源 6，迅速调节输出电压为 100V（注意：实验中随时观察，使电压稳定在 100V，并不要振动电泳管）。关闭活塞 a，同时打开活塞 b 和 c，当溶胶界面达到电泳管正极部分零刻度时，开始计时。分别记下溶胶界面移动到 0.50cm、1.00cm、1.50cm、2.00cm 等刻度时所用时间。实验结束时，测量两个铂电极在溶液中的实际距离，关闭电源，拆除线路。用自来水洗电泳管多次，最后用蒸馏水洗三次。

【注意事项】

● 利用式（2-30-2）求算 ζ 电位时，有关 η 数值从附录十中查得。对于水的介电常数，应考虑温度校正，由以下公式求得：

$$\ln\varepsilon_t = 4.474226 - 4.54426 \times 10^{-3}t$$

● 在 $Fe(OH)_3$ 溶胶实验中制备半透膜时，一定要使整个锥形瓶的内壁上均匀地附着一层火棉胶液，在取出半透膜时，一定要借助水的浮力将膜托出。

● 制备 $Fe(OH)_3$ 溶胶时，$FeCl_3$ 一定要逐滴加入，并不断搅拌。

● 纯化 $Fe(OH)_3$ 溶胶时，换水后要渗析一段时间再检查 Fe^{3+} 及 Cl^- 的存在。

● 量取两电极的距离时，要沿电泳管的中心线量取。

【数据处理】

1. 将实验数据记录如下：

电泳时间 t(s)；外电场在两极间的电位差 U(V)；两电极间距离 L(m)；溶胶液面移动距离 d(m)。

2. 将数据代入式（2-30-1）和式（2-30-2）中计算 ζ 电势。

思 考 题

1. 本实验中所用的稀盐酸溶液的电导率为什么必须和所测溶胶的电导率相等或尽量接近？

2. 电泳的速率与哪些因素有关？

3. 在电泳测定中如不用辅助液体，把两电极直接插入溶胶中会发生什么现象？

4. 溶胶胶粒带何种符号的电荷？为什么它会带此种符号的电荷？

【讨论】

1. 电泳的实验方法有多种。本实验方法称为界面移动法，适用于溶胶或大分子溶液与分散介质能形成界面的体系。此外还有显微电泳法和区域电泳法。显微电泳法用显微镜直接观察质点电泳的速度，要求研究对象必须在显微镜下能明显观察到，此法简便、快速，样品用量少，在质点本身所处的环境下测定，适用于粗颗粒的悬浮体和乳状液。区域电泳法是以惰性而均匀的固体或凝胶作为被测样品的载体进行电泳，以达到分离与分析电泳速度不同的各组分的目的。该法简便易行，分离效率高，用样品少，还可避免对流影响，现已成为分离与分析蛋白质的基本方法。

2. 本实验还可研究电泳管两极上所加电压不同，对 $Fe(OH)_3$ 溶胶胶粒 ζ 电位的测定有无影响。

3. $Fe(OH)_3$ 溶胶纯化时除使用渗析法外，还可采用强酸强碱离子交换树脂除去其他离子的方法。

4. 如果辅助液的电导率 κ_0 与溶胶的电导率 κ 相差较大，则在整个电泳管内的电位降是不均匀的，这时需用下式求 H

$$H = \frac{U}{\frac{\kappa}{\kappa_0}(L - L_K) + L_K}$$

式中，L_K 为溶胶两界面间的距离。

实验三十一 粒度测定

【目的要求】

1. 了解激光衍射法测定颗粒粒度的方法。
2. 用激光粒度仪测定颗粒样品直径大小及分布。
3. 了解激光粒度仪的工作原理及操作方法。
4. 学会超声波清洗器的使用方法。

【实验原理】

颗粒粒径的测量方法主要有筛分法、沉降法、显微镜法、电感应法（库尔特法）和光散射法。激光粒度仪是根据颗粒能使激光产生散射测试粒度分布的。由于激光具有很好的单色性和极强的方向性，所以一束平行的激光在没有阻碍的无限空间中将会照射到无限远的地方。当光束遇到颗粒时，一部分光将发生散射现象，散射光的传播方向将与主光束的传播方向形成一个夹角 θ，散射角 θ 的大小与颗粒的大小有关，颗粒越大，θ 角越小；颗粒越小，θ 角越大，如图 2-31-1 所示。散射光的强度代表该粒径颗粒的数量，当颗粒是均匀、各向同性的圆球时，可以根据 Maxwell 电磁波方程严格地推算出散射光场的强度分布，称为 Mie 散射理论。在不同角度上测量散射光的强度，就可以得到样品的粒度分布。

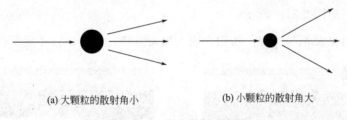

(a) 大颗粒的散射角小   (b) 小颗粒的散射角大

图 2-31-1　激光散射示意图

激光粒度仪测量原理如图 2-31-2 所示。由激光器（一般为 He-Ne 激光器）发出的光束经滤波、扩束、准值后变成一束平行光，在该平行光束没有照射到颗粒的情况下，光束经过富氏透镜后将汇聚到焦点上，如图 2-31-2 中点 E 所示。当通过某种特定的方式将颗粒均匀

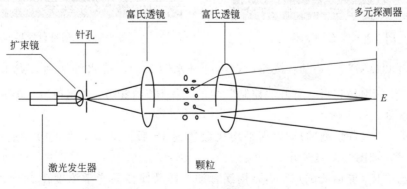

图 2-31-2　激光粒度仪测量原理示意图

地放置到平行光束中时，激光发生散射，为了有效地测量不同角度上的散射光的光强，需要运用光学手段对散射光进行处理。在适当位置放置一个富氏透镜，在该富氏透镜的后焦面上放置一组多元光电探测器，这样不同角度的散射光通过富氏透镜就会照射到多元光电探测器上，多元光电探测器把散射光能转换成相应的电信号，在这些电信号里包含有颗粒粒径大小及分布的信息。电信号经放大和模数转换后传输到计算机，通过软件用 Mie 散射理论对这些信号进行处理，就会准确地得到所测试样品的粒度分布。

【仪器试剂】

激光粒度仪（Winner 2005）1 台；超声波清洗器（KQ-500DE 型）1 台；表面皿；牛角匙；烧杯（300mL）；滴管。

硫酸钡（A. R.）；硫酸铅（A. R.）。

【实验步骤】

1. 样品准备

（1）取一角匙样品放入表面皿内，加入适量水将样品调成糊状，用牛角匙背面将样品研开，目的是将样品分散成一个一个的小颗粒，而不是将样品研碎。

（2）将分散好的样品放入 300mL 烧杯中，加入约 200mL 水，将烧杯放入超声波清洗器中超声分散约 30min，目的是将样品进一步分散。

2. 粒度的测定

（1）打开激光粒度仪，预热 15min。

（2）打开微机，启动"Winner 2005"应用程序，点击"连接"［　］按钮，使激光粒度仪与微机相连，如图 2-31-3 所示。

（3）点击"信息设置"［　］按钮，输入相关信息，如图 2-31-4 所示。

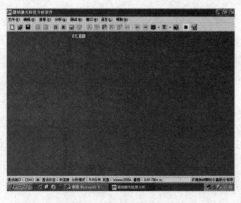

图 2-31-3　连接界面

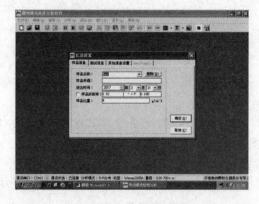

图 2-31-4　信息设置界面

（4）打开"控制"［　］按钮，点击"进水"（10s），待水注满后，点击"排气泡"（9s，3 次）。待气泡排完后，打开"控制"中的"循环"（120s）、"超声"（120s）和"搅拌"（速度 6），如图 2-31-5 所示。

（5）打开"B（背景测试）"，当平均次数达到 10 后（屏幕下方正中显示），点击"R（能谱测试）"，如图 2-31-6 所示。

（6）点击"R（能谱测试）"后，用滴管加入样品使样品光学浓度在 10～30 之间（屏幕右侧显示），如图 2-31-7 所示。观察屏幕下方测试图，当图形基本稳定后（约数秒），点

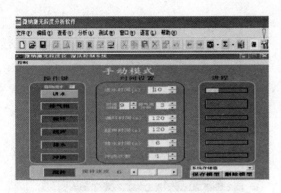

图 2-31-5　控制选择界面

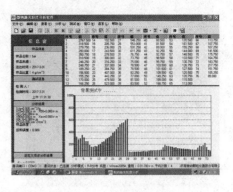

图 2-31-6　背景测试界面

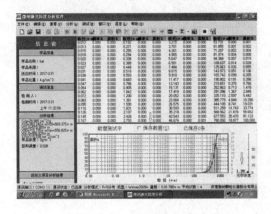

图 2-31-7　能谱测试界面 1

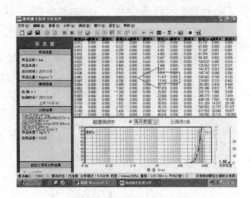

图 2-31-8　能谱测试界面 2

击"保存数据（S）"（屏幕正中显示），当存储十余条后，点击数据区域任意一处即可停止实验，如图 2-31-8 所示。

（7）双击数据区域任意处可出现图 2-31-9 所示页面。选择数据重现性好的 D50 区域（点击一条，按住 Shift 键点击另一条），点击菜单栏"Σ"中的"平均"，即得到实验结果，如图 2-31-10 所示。

图 2-31-9　实验数据显示界面

图 2-31-10　实验数据选择界面

将实验结果保存。

（8）打开"控制"中的"排水"（6s），完成后，打开"冲洗"（3 次），对仪器进行洗涤，如图 2-31-11 所示。

图 2-31-11　控制选择界面

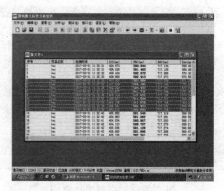

图 2-31-12　实验数据选择

（9）打印：打开文件，点击图中任一区域，界面进入数据显示，双击 D50 平均值，如图 2-31-12 所示，界面见图 2-31-13，打印报告。

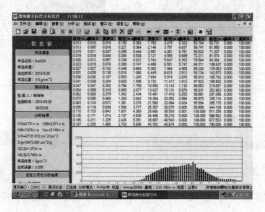

图 2-31-13　打印输出界面

【注意事项】

- 颗粒分散一定要均匀。
- 实验完毕，样品池一定要清洗干净，防止颗粒黏附，影响实验结果。

思 考 题

影响测量结果的因素有哪些？

【讨论】

对于不同尺寸的颗粒，可采用不同的测量方法。一般来说，颗粒直径大于 4nm 的颗粒可采用离心沉降法进行测定，但如果颗粒密度较低（<1g·cm^{-3}），由于其沉降速度较慢，所以很难测出 20nm 以下的颗粒直径，此时可采用电子显微镜观察和测量。

对于 1μm 以上的颗粒，可采用沉降分析法测其颗粒大小，根据斯托克斯公式，当一球形颗粒在均匀介质中匀速下降时，所受阻力为 $6\pi r\eta v$，其重力为 $\frac{4}{3}\pi r^3(\rho_{颗粒} - \rho_{介质})g$，在匀速下沉时两种作用力相等，即

$$6\pi r\eta v = \frac{4}{3}\pi r^3(\rho_{颗粒} - \rho_{介质})g \tag{2-31-1}$$

$$r = \sqrt{\frac{9}{2g} \times \frac{\eta v}{\rho_{颗粒} - \rho_{介质}}} = \sqrt{\frac{9}{2g} \times \frac{\eta}{\rho_{颗粒} - \rho_{介质}}} \times \sqrt{\frac{h}{t}} \tag{2-31-2}$$

$$d = 2r = 2\sqrt{\frac{9}{2g} \times \frac{\eta}{\rho_{颗粒} - \rho_{介质}}} \times \sqrt{\frac{h}{t}} \qquad (2\text{-}31\text{-}3)$$

式中，r 为颗粒半径，cm；d 为颗粒直径，cm；g 为重力加速度，$980\text{cm}\cdot\text{s}^{-2}$；$\rho_{颗粒}$ 为颗粒密度，$\text{g}\cdot\text{cm}^{-3}$；$\rho_{介质}$ 为介质密度，$\text{g}\cdot\text{cm}^{-3}$；$v$ 为沉降速度，$\text{cm}\cdot\text{s}^{-1}$；$\eta$ 为介质黏度，P（$1\text{P}=10^{-1}\text{Pa}\cdot\text{s}$）；$h$ 为沉降高度，cm。称量不同时间 t_i 颗粒的沉降量 m_i 所作的曲线称为沉降曲线。

图 2-31-14 表示颗粒直径相等体系的沉降曲线，其为一过原点的直线。颗粒以等速下沉，OA 表示沉降正在进行，AB 表示沉降已结束，沉降时间 t_i 所对应的沉降量为 m_i，总沉降量为 m_C，颗粒沉降完的时间为 t_C，将 t_C 和 h 的数值代入式(2-31-3) 可求出颗粒的直径。

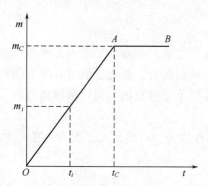

图 2-31-14　颗粒直径相等体系的沉降曲线

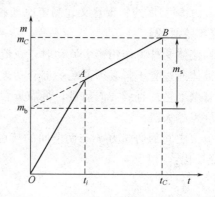

图 2-31-15　两种颗粒体系的沉降曲线

图 2-31-15 表示两种颗粒直径体系的沉降曲线，其形状为一折线。OA 段表示两种不同直径的颗粒同时沉降，斜率大；至 t_i 时，直径大的颗粒沉降完毕，直径小的颗粒继续沉降，斜率变小；至 t_C 时，较小直径的颗粒也沉降完毕，总沉降量为 m_C。直径大的颗粒的沉降量为 m_b，直径小的颗粒的沉降量为 m_s，二者之和为 m_C。将 t_i、t_C 及 h 代入式 (2-31-3)，可求出两种颗粒的直径。

图 2-31-16 表示颗粒直径连续分布体系的沉降曲线，在沉降时间 t_1 时，对应的沉降量为 m_1。其分为两部分，一为直径 $\geqslant d_1$ 在 t_1 时刚好沉降完的所有颗粒，它的沉降量为 $m_{b,1}$，即对应 t_1 时曲线的切线在纵轴上的截距值；另一部分为直径 $< d_1$ 在 t_1 时继续沉降的颗粒，其已沉降的部分为 $m_{s,1}$。

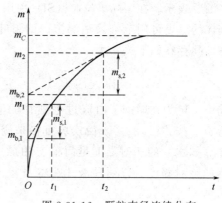

图 2-31-16　颗粒直径连续分布
体系的沉降曲线

$$m_{s,1} = t_1 \frac{\text{d}m}{\text{d}t} \qquad (2\text{-}31\text{-}4)$$

$$m_{b,1} = m_1 - m_{s,1} = m_1 - t_1 \frac{\text{d}m}{\text{d}t} \qquad (2\text{-}31\text{-}5)$$

如果沉降是完全进行到底的，那么总沉降量 m_C 即样品总量。$w_1 = \dfrac{m_{b,1}}{m_C} \times 100\%$，即为直径 $\geqslant d_1$ 的颗粒在样品中所占的百分含量，$w_2 = \dfrac{m_{b,2}}{m_C} \times 100\%$，即为直径 $\geqslant d_2$ 的颗粒在样品中所占的百分含量，$w_{2-1} = \dfrac{m_{b,2} - m_{b,1}}{m_C} \times 100\%$，即为直径介于 d_1 和 d_2 之间的所有颗粒在样品中所占的百分含量。

实验三十二　黏度的测定和应用

（一）溶液黏度的测定

【目的要求】

1. 掌握用奥氏黏度计测量溶液黏度的方法。
2. 了解黏度的物理意义、测定原理和方法。

【实验原理】

当流体受外力作用产生流动时，在流动着的液体层之间存在着切向的内部摩擦力。如果要使液体通过管子，必须消耗一部分功来克服这种流动的阻力。在流速低时管子中的液体沿着与管壁平行的直线方向前进，最靠近管壁的液体实际上是静止的，与管壁距离越远，流动的速度也越大。

流层之间的切向力 f 与两层间的接触面积 A 和速度差 Δv 成正比，而与两层间的距离 Δx 成反比：

$$f = \eta A \frac{\Delta v}{\Delta x} \tag{2-32-1}$$

式中，η 是比例系数，称为液体的黏度系数，简称黏度。黏度系数的单位在 C.G.S. 制中用"泊"表示，在国际单位制（SI）中用 Pa·s 表示，1 泊 $=10^{-1}$ Pa·s。

液体的黏度可用毛细管法测定。泊肃叶（Poiseuille）得出液体流出毛细管的速度与黏度系数之间存在如下关系式：

$$\eta = \frac{\pi p r^4 t}{8VL} \tag{2-32-2}$$

式中，V 为在时间 t 内流过毛细管的液体体积；p 为管两端的压力差；r 为管半径；L 为管长。按式（2-32-2）由实验直接来测定液体的绝对黏度是困难的，但测定液体对标准液体（如水）的相对黏度是简单实用的。在已知标准液体的绝对黏度时，即可算出被测液体的绝对黏度。设两种液体在本身重力作用下分别流经同一毛细管，且流出的体积相等，则

$$\eta_1 = \frac{\pi r^4 p_1 t_1}{8VL}$$

$$\eta_2 = \frac{\pi r^4 p_2 t_2}{8VL} \tag{2-32-3}$$

$$\frac{\eta_1}{\eta_2} = \frac{p_1 t_1}{p_2 t_2}$$

式中，$p = hg\rho$，其中 h 为推动液体流动的液位差；ρ 为液体密度；g 为重力加速度。如果每次取用试样的体积一定，则可保持 h 在实验中的情况相同，因此可得：

$$\frac{\eta_1}{\eta_2} = \frac{\rho_1 t_1}{\rho_2 t_2} \tag{2-32-4}$$

若已知标准液体的黏度和密度，则可得到被测液体的黏度。本实验是以纯水为标准液体，利用奥氏黏度计测定指定温度下乙醇的黏度。

【仪器试剂】

玻璃恒温槽 1 套；奥氏黏度计 1 支；移液管（10mL，2 支）；吹风机 1 只。

无水乙醇（A.R.）。

【实验步骤】

1. 将奥氏黏度计（图 2-32-1）用洗液和蒸馏水洗干净，然后烘干备用。

2. 调节恒温槽至（25.0±0.1）℃。

3. 用移液管取 10mL 无水乙醇放入黏度计中，然后把黏度计垂直固定在恒温槽中，恒温 5～10min。

4. 用打气球接于 D 管并堵塞 2 管，向管内打气。待液体上升至 C 球的 2/3 处，停止打气，打开管口 2。利用秒表测定液体流经 m_1 至 m_2 所需的时间。重复同样操作，测定 5 次，要求各次的时间相差不超过 0.3s，取其平均值。

5. 将黏度计中的乙醇倾入回收瓶中，用热风吹干。再用移液管取 10mL 蒸馏水放入黏度计中，与前述步骤相同，测定蒸馏水流经 m_1 至 m_2 所需的时间，重复同样操作，要求同前。

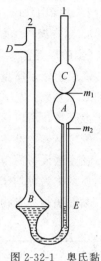

图 2-32-1 奥氏黏
度计

【注意事项】

●实验过程中，恒温槽的温度要保持恒定。加入样品后待恒温才能进行测定，因为液体的黏度与温度有关，一般温度变化不超过±0.2℃。

●黏度计要垂直浸入恒温槽中，实验中不要振动黏度计，因为倾斜会造成液位差变化，引起测量误差，同时会使液体流经时间 t 变大。

●黏度计必须洁净，先用经 2 号砂心漏斗过滤过的洗液浸泡一天。若用洗液洗不干净，则改用 5% 的氢氧化钠乙醇溶液浸泡，再用水冲洗干净，直至毛细管壁不挂水珠，洗干净的黏度计置于 110℃ 烘箱中烘干。

【数据处理】

1. 将实验数据列表。

2. 从附录中查阅所需数据，利用式(2-32-4)求出乙醇的黏度。

思 考 题

1. 影响毛细管法测定黏度的因素是什么？

2. 为什么黏度计要垂直地置于恒温槽中？

3. 为什么用奥氏黏度计时，加入标准物及被测物的体积应相同？为什么测定黏度时要保持温度恒定？

【讨论】

1. 毛细管黏度计的毛细管内径选择，可根据所测物质的黏度而定，内径太细，容易堵塞，内径太粗，测量误差太大，一般选择测水时流经毛细管的时间大于 100s，在 120s 左右为宜。

2. 可以用旋转黏度计法测液体的黏度，该法所测黏度为动力黏度（mPa·s），公式为：$\eta = ka$，式中，η 为动力黏度；k 为系数；a 为黏度计指针所指读数（偏转角度）。

根据仪器特点选择合适的量程、系数、转子及转速进行物质的黏度测定。

（二）黏度法测定高聚物的摩尔质量

【目的要求】

1. 了解黏度法测定高聚物摩尔质量的基本原理和公式。

2. 掌握用乌氏（Ubbelohde）黏度计测定高聚物溶液黏度的原理与方法。

3. 测定聚丙烯酰胺或聚乙烯醇的摩尔质量。

【实验原理】

高聚物摩尔质量不仅反映了高聚物分子的大小，而且直接关系到它的物理性能，是个重要的基本参数。与一般的无机物或低分子的有机物不同，高聚物多是摩尔质量大小不同的大分子混合物，所以通常所测高聚物摩尔质量是一个统计平均值。

测定高聚物摩尔质量的方法很多，而不同方法所得平均摩尔质量也有所不同。比较起来，黏度法设备简单，操作方便，并有很好的实验精度，是常用的方法之一。用该法求得的摩尔质量称为黏均摩尔质量。

黏度法测高聚物摩尔质量时，常用名词的物理意义，如表 2-32-1。

表 2-32-1　常用名词的物理意义

符号	名称与物理意义
η_0	纯溶剂的黏度，溶剂分子与溶剂分子间的内摩擦表现出来的黏度
η	溶液的黏度，溶剂分子与溶剂分子之间、高聚物分子与高聚物分子之间和高聚物分子与溶剂分子之间三者内摩擦的综合表现
η_r	相对黏度，$\eta_r = \eta/\eta_0$，溶液黏度对溶剂黏度的相对值
η_{sp}	增比黏度，$\eta_{sp} = (\eta - \eta_0)/\eta_0 = \eta/\eta_0 - 1 = \eta_r - 1$，反映了高聚物分子与高聚物分子之间，纯溶剂与高聚物分子之间的内摩擦效应
η_{sp}/c	比浓黏度，单位浓度下的增比黏度
$[\eta]$	特性黏度，$\lim\limits_{c \to 0} \dfrac{\eta_{sp}}{c} = [\eta]$，反映了高聚物分子与溶剂分子之间的内摩擦，其单位是浓度 c 单位的倒数

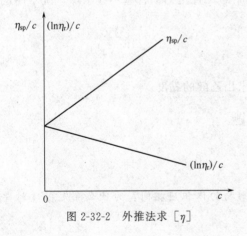

图 2-32-2　外推法求 $[\eta]$

在足够稀的高聚物溶液里，η_{sp}/c 与 c 和 $(\ln\eta_r)/c$ 与 c 之间分别符合下述经验公式：

$$\frac{\eta_{sp}}{c} = [\eta] + \kappa[\eta]^2 c \qquad (2\text{-}32\text{-}5)$$

$$\frac{\ln\eta_r}{c} = [\eta] + \beta[\eta]^2 c \qquad (2\text{-}32\text{-}6)$$

式中，κ 和 β 分别称为 Huggins 和 Kramer 常数。这是两个直线方程，因此我们获得 $[\eta]$ 的方法如图 2-32-2 所示。一种方法是以 η_{sp}/c 对 c 作图，外推到 $c \to 0$ 的截距值；另一种是以 $(\ln\eta_r)/c$ 对 c 作图，也外推到 $c \to 0$ 的截距值，两条线应会合于一点，这也可校核实验的可靠性。

在一定温度和溶剂条件下，特性黏度 $[\eta]$ 和高聚物摩尔质量 $\overline{M}$ 之间的关系通常用带有两个参数的 Mark-Houwink 经验方程式来表示：

$$[\eta] = K\,\overline{M}^\alpha \qquad (2\text{-}32\text{-}7)$$

式中，$\overline{M}$ 为黏均摩尔质量；K 为比例常数；α 是与分子形状有关的经验参数。K 和 α

值与温度、高聚物、溶剂性质有关，也和摩尔质量大小有关。K 值受温度的影响较明显，而 α 值主要取决于高聚物分子线团在某温度下，某溶剂中舒展的程度，其数值介于 $0.5\sim1$ 之间。K 与 α 的数值可通过其他绝对方法确定，例如渗透压法、光散射法等，由黏度法只能测定 $[\eta]$。

可以看出高聚物摩尔质量的测定最后归结为特性黏度 $[\eta]$ 的测定。本实验采用毛细管法测定黏度，通过测定一定体积的液体流经一定长度和半径的毛细管所需时间而获得。所使用的乌氏黏度计如图 2-32-3 所示，当液体在重力作用下流经毛细管时，其流动遵守泊肃叶(Poiseuille)定律：

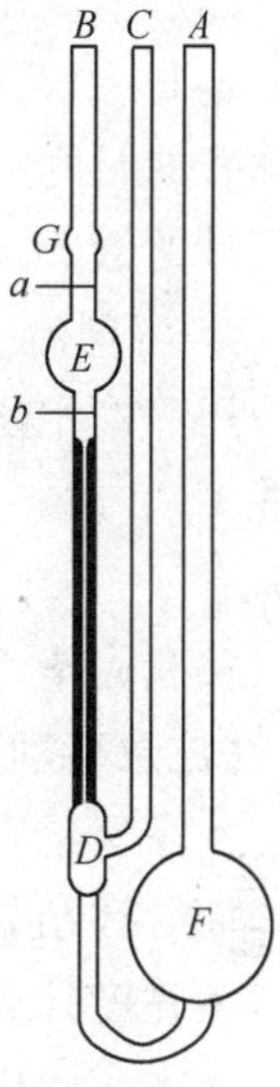

$$\frac{\eta}{\rho} = \frac{\pi h g r^4 t}{8VL} - m\frac{V}{8\pi Lt} \tag{2-32-8}$$

式中，η 为液体的黏度；ρ 为液体的密度；L 为毛细管的长度；r 为毛细管的半径；t 为 V 体积液体的流出时间；h 为流过毛细管液体的平均液柱高度；V 为流经毛细管的液体体积；m 为毛细管末端校正的参数（一般在 $r/L \ll 1$ 时，可以取 $m=1$）。

对于某一支指定的黏度计而言，式(2-32-8)中许多参数是一定的，因此可以改写成：

$$\frac{\eta}{\rho} = At - \frac{B}{t} \tag{2-32-9}$$

式中，$B<1$，当流出的时间 t 在 2min 左右（大于 100s）时，该项（亦称动能校正项）可以忽略，即 $\eta = A\rho t$。

又因通常测定是在稀溶液中进行（$c<1\times10^{-2}\,g\cdot mL^{-1}$），溶液的密度和溶剂的密度近似相等，因此可将 η_r 写成：

$$\eta_r = \frac{\eta}{\eta_0} = \frac{t}{t_0} \tag{2-32-10}$$

图 2-32-3 乌氏黏度计

式中，t 为测定溶液黏度时液面从 a 刻度流至 b 刻度的时间；t_0 为纯溶剂流过的时间。所以通过测定溶剂和溶液在毛细管中的流出时间，从式(2-32-10)求得 η_r，再由图 2-32-2 求得 $[\eta]$。

【仪器试剂】

玻璃恒温槽 1 套；分析天平 1 台；乌氏黏度计 1 支；移液管 (10mL，2 支、5mL，1 支)；秒表 1 只；洗耳球 1 个；橡皮管夹 2 个；橡皮管（约 5cm 长，2 根）；吊锤 1 个。

聚丙烯酰胺（或聚乙烯醇）；$NaNO_3$（$3mol\cdot L^{-1}$、$1mol\cdot L^{-1}$）。

【实验步骤】

1. 黏度计的洗涤

先用热洗液（经砂芯漏斗过滤）将黏度计浸泡，再用自来水、蒸馏水分别冲洗几次，每次都要注意反复流洗毛细管部分，洗好后烘干备用。

2. 调节恒温槽温度至 $(30.0\pm0.1)\,℃$，在黏度计的 B 管和 C 管上都套上橡皮管，然后将其垂直放入恒温槽，使水面完全浸没 G 球，并用吊锤检查是否垂直。

3. 溶液流出时间的测定

用移液管分别吸取已知浓度的聚丙烯酰胺溶液 10.00mL 和 $NaNO_3$ 溶液（$3mol\cdot L^{-1}$）5.00mL，由 A 管注入黏度计中，在 C 管处用洗耳球打气，使溶液混合均匀，浓度记为 c_1，恒温 15min，进行测定。测定方法如下：将 C 管用夹子夹紧使之不通气，在 B 管处用洗耳球将溶液从 F 球经 D 球、毛细管、E 球抽至 G 球 2/3 处，解去 C 管夹子，让 C 管通大气，此时 D 球内的溶液即回入 F 球，使毛细管以上的液体悬空。毛细管以上的液体下落，当液面流经 a 刻度时，立即按秒表开始计时，当液面降至 b 刻度时，再按秒表，测得刻度 a、b 之间的液体流经毛细管所需时间。重复这一操作至连续三次间隔不大于 0.3s，取三次的平均值即为 t_1。

然后依次由 A 管用移液管加入 5.00mL、5.00mL、10.00mL、15.00mL NaNO$_3$ 溶液（1mol·L^{-1}），将溶液稀释，使溶液浓度分别为 c_2、c_3、c_4、c_5，用同法测定每份溶液流经毛细管的时间 t_2、t_3、t_4、t_5。应注意每次加入 NaNO$_3$ 溶液后，要充分混合均匀，并抽洗黏度计的 E 球和 G 球，使黏度计内溶液各处的浓度相等。

4. 溶剂流出时间的测定

用蒸馏水洗净黏度计，尤其要反复流洗黏度计的毛细管部分。用 1mol·L^{-1} NaNO$_3$ 溶液洗 1~2 次，然后由 A 管加入约 15mL 1mol·L^{-1} NaNO$_3$ 溶液。用同法测定溶剂流出的时间 t_0。

实验完毕，黏度计一定要用蒸馏水洗干净。

【注意事项】
- 高聚物在溶剂中溶解缓慢，配制溶液时必须保证其完全溶解，否则会影响溶液起始浓度，而导致结果偏低。
- 黏度计必须洁净，高聚物溶液中若有絮状物不能将它移入黏度计中。
- 本实验中溶液的稀释是直接在黏度计中进行的，因此每加入一次溶剂进行稀释时必须混合均匀，并抽洗 E 球和 G 球。
- 实验过程中恒温槽的温度要恒定，溶液每次稀释恒温后才能测量。
- 黏度计要垂直放置，实验过程中不要振动黏度计，否则影响结果的准确性。

【数据处理】
1. 将所测的实验数据及计算结果填入下表中：
原始溶液浓度 c_0 _____（g·mL^{-1}）；恒温温度 t _____（℃）

c/g·mL^{-1}	t_1/s	t_2/s	t_3/s	t平均/s	η_r	$\ln\eta_r$	η_{sp}	η_{sp}/c	$(\ln\eta_r)/c$
c_i									

2. 作 η_{sp}/c-c 及 $(\ln\eta_r)/c$-c 图，并外推到 $c \to 0$ 求得截距，即为 $[\eta]$。
由公式(2-32-7)计算聚丙烯酰胺的黏均摩尔质量 $\overline{M}$。其中 K、α 值查附录二十五。

思 考 题

1. 与奥氏黏度计相比，乌氏黏度计有何优点？本实验能否用奥氏黏度计？
2. 乌氏黏度计中支管 C 有何作用？除去支管 C 是否可测定黏度？
3. 乌氏黏度计的毛细管太粗或太细有什么缺点？
4. 为什么用 $[\eta]$ 来求算高聚物的摩尔质量？它和纯溶剂黏度有无区别？
5. 分析 η_{sp}/c-c 及 $(\ln\eta_r)/c$-c 作图缺乏线性的原因？

【讨论】
1. 高聚物分子链在溶液中所表现出的一些行为会影响 $[\eta]$ 的测定：
(1) 聚电解质行为，即某些高聚物链的侧基可以电离，电离后的高聚物链有相互排斥作用，随 c 减小，

η_{sp}/c 却反常增大。通常可以加入少量小分子电解质作为抑制剂，利用同离子效应加以抑制。

（2）某些高聚物在溶液中会发生降解，会使 $[\eta]$ 和 $\overline{M}$ 结果偏低，可加入少量的抗氧剂加以抑制。

2. 以 $\eta_{sp}/c\text{-}c$ 及 $(\ln\eta_r)/c\text{-}c$ 作图缺乏线性的影响因素：

（1）温度的波动　一般而言，对于不同的溶剂和高聚物，温度的波动对黏度的影响不同。溶液黏度与温度的关系可以用 Andraole 方程 $\eta=Ae^{B/RT}$ 表示，式中，A 与 B 对于给定的高聚物和溶剂是常数；R 为气体常数。因此，这要求恒温槽具有很好的控温精度。

（2）溶液的浓度　随着浓度的增加，高聚物分子链之间的距离逐渐缩短，因而分子链间作用力增大，当浓度超过一定限度时，高聚物溶液的 η_{sp}/c 或$(\ln\eta_r)/c$ 与 c 的关系不呈线性。通常选用 $\eta_r=1.2\sim2.0$ 的浓度范围。

（3）测定过程中因为毛细管垂直发生改变以及微粒杂质局部堵塞毛细管而影响流经时间。

3. 黏度测定中异常现象的近似处理。在严格操作的情况下，有时会出现图 2-32-4 所示的反常现象，目前不能清楚的解释其原因，只能作一些近似处理。式(2-32-5) 物理意义明确，其中 κ 和 η_{sp}/c 值与高聚物结构（如高聚物的多分散性及高聚物链的支化等）和形态有关；式(2-32-6) 则基本上是数学运算式，含义不太明确。因此，图中的异常现象就应该以 η_{sp}/c 与 c 的关系为基准来求得高聚物溶液的特性黏度 $[\eta]$。

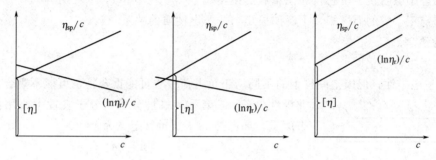

图 2-32-4　测定中的反常现象示意图

结 构 化 学

实验三十三　偶极矩的测定

（一）小电容仪测定偶极矩

【目的要求】

1. 掌握溶液法测定偶极矩的原理、方法和计算。
2. 熟悉小电容仪、折射仪和比重瓶的使用。
3. 测定正丁醇的偶极矩，了解偶极矩与分子电性质的关系。

【实验原理】

1. 偶极矩与极化度

分子呈电中性，但因空间构型的不同，正负电荷中心可能重合，也可能不重合，前者为非极性分子，后者称为极性分子，分子极性大小用偶极矩 $\boldsymbol{\mu}$ 来度量，如图 2-33-1 所示其定义为

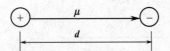

图 2-33-1　偶极矩示意图

$$\boldsymbol{\mu} = q\boldsymbol{d} \tag{2-33-1}$$

式中，q 为正、负电荷中心所带的电荷量；d 为正、负电荷中心间的距离，$\boldsymbol{\mu}$ 是一个矢量，其方向规定从正到负。偶极矩的 SI 单位是库〔仑〕·米（C·m）。而过去习惯使用的单位是德拜（D），$1D = 3.338 \times 10^{-30} C\cdot m$。

在不存在外电场时，非极性分子虽因振动，正负电荷中心可能发生相对位移而产生瞬时偶极矩，但宏观统计平均的结果，实验测得的偶极矩为零。具有永久偶极矩的极性分子，由于分子热运动的影响，偶极矩在空间各个方向的取向概率相等，偶极矩的统计平均值仍为零，即宏观上亦测不出其偶极矩。

当将极性分子置于均匀的外电场中，分子将沿电场方向转动，同时还会发生电子云对分子骨架的相对移动和分子骨架的变形，称为极化。极化的程度用摩尔极化度 $\boldsymbol{P}$ 来度量。$\boldsymbol{P}$ 是转向极化度（$\boldsymbol{P}_{转向}$）、电子极化度（$\boldsymbol{P}_{电子}$）和原子极化度（$\boldsymbol{P}_{原子}$）之和

$$\boldsymbol{P} = \boldsymbol{P}_{转向} + \boldsymbol{P}_{电子} + \boldsymbol{P}_{原子} \tag{2-33-2}$$

其中

$$\boldsymbol{P}_{转向} = \frac{4}{9}\pi L \frac{\mu^2}{kT} \tag{2-33-3}$$

式中，L 为阿伏伽德罗常数；k 为玻耳兹曼常数；T 为热力学温度。

由于 $\boldsymbol{P}_{原子}$ 在 $\boldsymbol{P}$ 中所占的比例很小，所以在不很精确的测量中可以忽略 $\boldsymbol{P}_{原子}$，式（2-33-2）可写成

$$\boldsymbol{P} = \boldsymbol{P}_{转向} + \boldsymbol{P}_{电子} \tag{2-33-4}$$

在 $\nu \approx 10^{15}\,s^{-1}$ 的高频电场（紫外、可见光）中，由于极性分子的转向和分子骨架变形跟不上电场的变化，故 $\boldsymbol{P}_{转向} = 0$，所以测得的 $\boldsymbol{P}$ 即为 $\boldsymbol{P}_{电子}$。只要在低频电场（$\nu < 10^{10}\,s^{-1}$）

或静电场中测得 P，由式（2-33-4）可求得 $P_{转向}$，再由式（2-33-3）计算 μ。

通过测定偶极矩，可以了解分子中电子云的分布和分子对称性，判断几何异构体和分子的立体结构。

2. 溶液法测定偶极矩

所谓溶液法就是将极性待测物溶于非极性溶剂中进行测定，然后外推到无限稀释。因为在无限稀的溶液中，极性溶质分子所处的状态与它在气相时十分相近，此时分子的偶极矩可按下式计算：

$$\mu = 0.0426 \times 10^{-30} \sqrt{(P_2^\infty - R_2^\infty)T} \quad (\text{C·m}) \tag{2-33-5}$$

式中，P_2^∞ 和 R_2^∞ 分别表示无限稀时极性分子的摩尔极化度和摩尔折射度（习惯上用摩尔折射度表示折射法测定的 $P_{电子}$）；T 为热力学温度。

本实验是将正丁醇溶于非极性的环己烷中形成稀溶液，然后在低频电场中测量溶液的介电常数和溶液的密度求得 P_2^∞；在可见光下测定溶液的 R_2^∞，然后由式（2-33-5）计算正丁醇的偶极矩。

（1）极化度的测定　无限稀时，溶质的摩尔极化度 P_2^∞ 的公式为：

$$P = P_2^\infty = \lim_{x_2 \to 0} P_2 = \frac{3\varepsilon_1 \alpha}{(\varepsilon_1 + 2)^2} \times \frac{M_1}{\rho_1} + \frac{\varepsilon_1 - 1}{\varepsilon_1 + 2} \times \frac{M_2 - \beta M_1}{\rho_1} \tag{2-33-6}$$

式中，ε_1、ρ_1、M_1 分别为溶剂的介电常数、密度和摩尔质量；M_2 为溶质的摩尔质量；α 和 β 为常数，可通过稀溶液的近似公式求得：

$$\varepsilon_{溶} = \varepsilon_1(1 + \alpha x_2) \tag{2-33-7}$$

$$\rho_{溶} = \rho_1(1 + \beta x_2) \tag{2-33-8}$$

式中，$\varepsilon_{溶}$ 和 $\rho_{溶}$ 分别为溶液的介电常数和密度；x_2 为溶质的摩尔分数。

无限稀释时，溶质的摩尔折射度 R_2^∞ 的公式为：

$$P_{电子} = R_2^\infty = \lim_{x_2 \to 0} R_2 = \frac{n_1^2 - 1}{n_1^2 + 2} \cdot \frac{M_2 - \beta M_1}{\rho_1} + \frac{6n_1^2 M_1 \gamma}{(n_1^2 + 2)^2 \rho_1} \tag{2-33-9}$$

式中，n_1 为溶剂的折射率；γ 为常数，可由稀溶液的近似公式求得：

$$n_{溶} = n_1(1 + \gamma x_2) \tag{2-33-10}$$

式中，$n_{溶}$ 为溶液的折射率。

（2）介电常数的测定　介电常数 ε 可通过测量电容来求算：

$$\varepsilon = C/C_0 \tag{2-33-11}$$

式中，C_0 为电容器在真空时的电容；C 为充满待测液时的电容，由于空气的电容非常接近于 C_0，故式（2-33-11）改写成：

$$\varepsilon = C/C_{空} \tag{2-33-12}$$

由于整个测试系统存在分布电容，所以实测的电容 $C'_{溶}$ 是样品电容 $C_{溶}$ 和分布电容 C_d 之和，即

$$C'_{溶} = C_{溶} + C_d \tag{2-33-13}$$

显然，为了求 $C_{溶}$ 首先就要确定 C_d 值，方法是：先测定无样品时空气的电容 $C'_{空}$，则有

$$C'_{空} = C_{空} + C_d \tag{2-33-14}$$

再测定一已知介电常数（$\varepsilon_{标}$）的标准物质的电容 $C'_{标}$，则有

$$C'_{标}=C_{标}+C_{d}=\varepsilon_{标}\,C_{空}+C_{d} \tag{2-33-15}$$

由式（2-33-14）和式（2-33-15）可得：

$$C_{d}=\frac{\varepsilon_{标}\,C'_{空}-C'_{标}}{\varepsilon_{标}-1} \tag{2-33-16}$$

将 C_{d} 代入式（2-33-13）和式（2-33-14）即可求得 $C_{溶}$ 和 $C_{空}$。这样就可计算待测液的介电常数。

【仪器试剂】

小电容测量仪 1 台；阿贝折射仪 1 台；超级恒温槽 1 台；电吹风 1 只；比重瓶（10mL，1 只）；滴瓶 5 只；滴管 1 支。

环己烷（A. R.）；正丁醇摩尔分数分别为 0.04，0.06，0.08，0.10 和 0.12 的五种正丁醇-环己烷溶液。

【实验步骤】

1. 折射率的测定

在 25℃条件下，用阿贝折射仪分别测定环己烷和五份溶液的折射率。

2. 密度的测定

在 25℃条件下，用比重瓶分别测定环己烷和五份溶液的密度。

3. 电容的测定

（1）将 PCM-1A 精密电容测量仪通电，预热 20min。

（2）将电容仪与电容池连接线先接一根（只接电容仪，不接电容池），调节零电位器使数字表头指示为零。

（3）将两根连接线都与电容池接好，此时数字表头上所示值即为 $C'_{空}$ 值。

（4）用 2mL 移液管移取 2mL 环己烷加入到电容池中，盖好，数字表头上所示值即为 $C'_{标}$。

（5）将环己烷倒入回收瓶中，用冷风将样品室吹干后再测 $C'_{空}$ 值，与前面所测的 $C'_{空}$ 值之差应小于 0.02pF，否则表明样品室有残液，应继续吹干，然后装入溶液，同样方法测定五份溶液的 $C'_{溶}$。

【数据处理】

1. 将所测数据列表。

2. 根据式（2-33-16）和式（2-33-14）计算 C_{d} 和 $C_{空}$。其中环己烷的介电常数与温度 t 的关系式为：$\varepsilon_{标}=2.023-0.0016(t-20)$。

3. 根据式（2-33-13）和式（2-33-12）计算 $C_{溶}$ 和 $\varepsilon_{溶}$。

4. 分别作 $\varepsilon_{溶}$-x_{2} 图、$\rho_{溶}$-x_{2} 图和 $n_{溶}$-x_{2} 图，由各图的斜率求 α、β、γ。

5. 根据式（2-33-6）和式（2-33-9）分别计算 $\boldsymbol{P}_{2}^{\infty}$ 和 $\boldsymbol{R}_{2}^{\infty}$。

6. 最后由式（2-33-5）求算正丁醇的 $\boldsymbol{\mu}$。

【注意事项】

• 每次测定前要用冷风将电容池吹干，并重测 $C'_{空}$，与原来的 $C'_{空}$ 值相差应小于 0.02pF。严禁用热风吹样品室。

• 测 $C'_{溶}$ 时，操作应迅速，池盖要盖紧，防止样品挥发和吸收空气中极性较大的水汽。装样品的滴瓶也要随时盖严。

- 每次装入量严格相同，样品过多会腐蚀密封材料渗入恒温腔，实验无法正常进行。
- 注意不要用力扭曲电容仪连接电容池的电缆线，以免损坏。

思 考 题

1. 本实验测定偶极矩时做了哪些近似处理？
2. 准确测定溶质的摩尔极化度和摩尔折射度时，为何要外推到无限稀释？
3. 试分析实验中误差的主要来源，如何改进？

【讨论】

从偶极矩的数据可以了解分子的对称性，判别其几何异构体和分子的主体结构等问题。

偶极矩一般是通过测定介电常数、密度、折射率和浓度来求算的。对介电常数的测定除电桥法外，其他主要还有拍频法和谐振法等，对于气体和电导很小的液体以拍频法为好；有相当电导的液体用谐振法较为合适；对于有一定电导但不大的液体用电桥法较为理想。虽然电桥法不如拍频法和谐振法精确，但设备简单，价格便宜。

测定偶极矩的方法除用介电常数等测定外，还有多种其他方法，如分子射线法、分子光谱法、温度法以及利用微波谱的斯塔克效应等。

（二）WTX-1 型偶极矩仪测定偶极矩

【目的要求】

1. 掌握偶极矩的概念及测定方法。
2. 了解 WTX-1 型偶极矩仪的使用方法。
3. 掌握用环己烷做溶剂测定正丁醇偶极矩的方法。

【实验原理】

偶极矩的理论最初由 Debye 于 1912 年提出，其定义参见小电容仪测定偶极矩中的实验原理，测量工作开始于 20 世纪 20 年代，分子偶极矩通常可用微波波谱法、分子束法、介电常数法和其他一些间接方法来进行测量。由于前两种方法在仪器上受到的局限性较大，因而文献上发表的偶极矩数据绝大多数来自于介电常数法，由测量介电常数的方法来计算分子的偶极矩至今已发展成多种不同的独立方程式，本实验所用公式是由 Smith 提出的，称为 Smith 方程，其形式为：

$$\mu^2 = \frac{27kT}{4\pi L} \times \frac{M_2}{d_1(\varepsilon_1+2)^2}(a_s - a_n) \tag{2-33-17}$$

式中，k 为玻耳兹曼常数；L 为阿伏伽德罗常数；M_2 为待测物分子量；d_1 为溶剂的密度；ε_1 为溶剂的介电常数；$a_s = (\varepsilon_{12}-\varepsilon_1)/w_2$；$a_n = (n_{12}^2-n_1^2)/w_2$；$\varepsilon_{12}$ 为溶液的介电常数；n_1 为溶剂的折射率；n_{12} 为溶液的折射率；w_2 为溶质的质量分数，$w_2 =$ 溶质质量/溶液质量。a_s 和 a_n 可通过不同溶液的 $(\varepsilon_{12}-\varepsilon_1)$-$w_2$ 与 $(n_{12}^2-n_1^2)$-w_2 图来求取，在大多数情况下这是两条直线，其斜率值即为 a_s 与 a_n。另外，求取 a_s 与 a_n 的一个更简便和更精确的方法便是用最小二乘法通过下列二式来计算：

$$a_s = \frac{\sum \varepsilon_{12}w_2 - \sum \varepsilon_1 w_2}{\sum w_2^2} \tag{2-33-18}$$

$$a_n = \frac{\sum n_{12}^2 w_2 - \sum n_1^2 w_2}{\sum w_2^2} \tag{2-33-19}$$

如果某样品的实验数据表明各溶液的 $\Delta\varepsilon$、Δn^2 对 w_2 的关系不是直线，而是曲线，那就很难用式(2-33-18) 和式(2-33-19) 的计算方法求值，这时可用抛物线型近似来求得 a_s 与 a_n：

$$a_s = \frac{\sum\varepsilon_{12}w_2\sum w_2^4 - \varepsilon_1(\sum w_2\sum w_2^4 - \sum w_2^2\sum w_2^3) - \sum\varepsilon_{12}w_2^2\sum w_2^3}{\sum w_2^2\sum w_2^4 - (\sum w_2^3)^2} \tag{2-33-20}$$

$$a_n = \frac{\sum n_{12}^2 w_2\sum w_2^4 - n_1^2(\sum w_2\sum w_2^4 - \sum w_2^2\sum w_2^3) - \sum n_{12}^2 w_2^2\sum w_2^3}{\sum w_2^2\sum w_2^4 - (\sum w_2^3)^2} \tag{2-33-21}$$

由于折射率可由阿贝折射仪测出，ε_1 为常数，因此只要得到 ε_{12} 值，即可算出 a_s 和 a_n，进而求出偶极矩的数值。

本实验所用仪器为 WTX-1 型偶极矩仪，它所测出的是样品的频率数 f。样品的介电常数 ε 和 f 之间有下列关系：

$$\varepsilon = B\frac{1}{f} + A = B\tau + A \tag{2-33-22}$$

式中，A 和 B 为仪器常数，不同仪器有不同值，在同一台仪器上对两种已知介电常数的不同溶剂进行测量时便会得到：

$$\Delta\varepsilon = B\Delta\tau \tag{2-33-23}$$

如果以不同溶剂对应的 $\Delta\varepsilon$ 与其相应的 $\Delta\tau$ 作图，或用线性回归法均可求出 B 值，然后，只要测出本实验所用溶剂环己烷的 f_1 值及任意溶液的 f_{12} 值，就可由下式求得 ε_{12}：

$$\varepsilon_{12} = \varepsilon_1 + B\left(\frac{1}{f_{12}} - \frac{1}{f_1}\right) \tag{2-33-24}$$

【仪器试剂】

WTX-1 型偶极矩仪 1 台；超级恒温槽 1 台；阿贝折射仪 1 台；容量瓶（100mL，5 只）；移液管（1mL，1 支）；电吹风 1 只。

正丁醇（A.R.）；环己烷（A.R.）；苯（A.R.）；四氯化碳（A.R.）。

【实验步骤】

1. 溶液的配制

用移液管分别在 5 个 100mL 容量瓶中移入正丁醇 0.2mL、0.4mL、0.6mL、0.8mL、1.0mL 并准确称出正丁醇的质量。然后加入溶剂环己烷至刻度，并准确称出溶液质量。算出所配溶液的质量分数。

2. 仪器常数的测定

按要求装配好仪器。打开仪器开关预热。调整恒温槽温度为（25.0±0.1）℃。用电吹风冷风将样品池吹干，并用环己烷洗涤样品池三次，然后将环己烷加入样品池中，打开下方的阀门，使液面降至磨砂玻璃与透明玻璃交界处，关闭阀门。盖上塞口的玻璃活塞即可测量。当显示数值波动小于 2Hz 时，读取数据。

同法测定苯和四氯化碳的频率数。

3. 溶液频率数的测定

依浓度由低到高的次序逐一测量正丁醇溶液的频率数。实验做完之后，将样品池洗涤干净，并注入溶剂使电极浸泡其中。

4. 溶液折射率的测定

用阿贝折射仪测环己烷及所配溶液 25℃时的折射率。

【注意事项】

● 仪器预热 30min 后方可测量。

- 样品池中液体不可含有空气泡，否则数据不可靠。
- 阿贝折射仪使用前需标定。

【数据处理】

1. 将所测数据列表。

2. 计算各正丁醇-环己烷溶液中溶质的质量分数。

3. 据式(2-33-23)，以不同溶剂对应的 $\Delta\varepsilon$ 与其相应的 $\Delta\tau$ 作图，求出仪器常数 B 值。

4. 据式(2-33-24)计算出各正丁醇-环己烷溶液的 ε_{12} 值。

5. 分别作$(\varepsilon_{12}-\varepsilon_1)$-$w_2$ 和$(n_{12}^2-n_1^2)$-w_2 图，由各自的斜率分别求出 a_s 和 a_n 值，或根据式(2-33-18) 和式(2-33-19) 分别求出 a_s 和 a_n 值。

6. 由式(2-33-17) 计算出正丁醇的 $\boldsymbol{\mu}$。

7. 本实验的数据处理也可采用微机处理，调出计算程序 OJ.BAS，输入测量数据即可得到所需数据。

思　考　题

1. 偶极矩是如何定义的？

2. 测量偶极矩有哪些方法？

3. 偶极矩测定仪面板上的"本底调节"有何作用？

4. 物质的折射率与哪些量有关？

5. 如何排除样品池的气泡？

实验三十四　磁化率的测定

【目的要求】

1. 掌握古埃（Gouy）法测定磁化率的原理和方法。

2. 测定三种配合物的磁化率，求算未成对电子数，判断其配键类型。

【实验原理】

1. 磁化率

在外磁场作用下，物质会被磁化并产生附加磁感应强度，则物质的磁感应强度为

$$\boldsymbol{B}=\boldsymbol{B}_0+\boldsymbol{B}'=\mu_0\boldsymbol{H}+\boldsymbol{B}' \tag{2-34-1}$$

式中，$\boldsymbol{B}_0$ 为外磁场的磁感应强度；$\boldsymbol{B}'$ 为物质磁化产生的附加磁感应强度；$\boldsymbol{H}$ 为外磁场强度；μ_0 为真空磁导率，其数值等于 $4\pi\times10^{-7}\mathrm{N\cdot A^{-2}}$。

物质的磁化可用磁化强度 $\boldsymbol{M}$ 来描述，$\boldsymbol{M}$ 也是矢量，它与磁场强度成正比

$$\boldsymbol{M}=\chi\boldsymbol{H} \tag{2-34-2}$$

式中，χ 为物质的体积磁化率，是物质的一种宏观性质。

在化学上常用质量磁化率 χ_m 或摩尔磁化率 χ_M 表示物质的磁性质，它们的定义为

$$\chi_m=\chi/\rho \tag{2-34-3}$$

$$\chi_M=M\chi/\rho \tag{2-34-4}$$

式中，ρ、M 分别为物质的密度和摩尔质量。χ_m 和 χ_M 的单位分别是 $\mathrm{m^3\cdot kg^{-1}}$ 和 $\mathrm{m^3\cdot mol^{-1}}$。

2. 分子磁矩与磁化率

物质的磁性与组成它的原子、离子或分子的微观结构有关。在反磁性物质中，由于电子自旋已配对，故无永久磁矩。但由于内部电子的轨道运动，在外磁场作用下会产生拉摩进动，感生出一个与外磁场方向相反的诱导磁矩，所以表示出反磁性。其 χ_M 就等于反磁化率 $\chi_{反}$，且 $\chi_M < 0$。在顺磁性物质中，存在自旋未配对电子，所以具有永久磁矩。在外磁场中，永久磁矩顺着外磁场方向排列，产生顺磁性。顺磁性物质的摩尔磁化率 χ_M 是摩尔顺磁化率与摩尔反磁化率之和，即

$$\chi_M = \chi_{顺} + \chi_{反} \tag{2-34-5}$$

通常 $\chi_{顺} \gg |\chi_{反}|$，所以这类物质总表现出顺磁性，其 $\chi_M > 0$。另一种情况是物质被磁化的强度与外磁场强度之间不存在正比关系，而是随着外磁场强度的增加而剧烈增加。当外磁场消失后，它们的附加磁场并不立即随之消失，这种物质称为铁磁性物质。

摩尔顺磁化率与分子永久磁矩的关系服从居里定律

$$\chi_{顺} = \frac{L\mu_m^2 \mu_0}{3kT} = \frac{C}{T} \tag{2-34-6}$$

式中，L 为阿伏伽德罗常数；k 为玻耳兹曼常数；T 为热力学温度；μ_m 为分子永久磁矩；C 称为居里常数。由此可得

$$\chi_M = \frac{L\mu_m^2 \mu_0}{3kT} + \chi_{反} \tag{2-34-7}$$

由于 $\chi_{反}$ 不随温度变化（或变化极小），所以只要测定不同温度下的 χ_M 对 $1/T$ 作图，截距即为 $\chi_{反}$，由斜率可求 μ_m。由于 $\chi_{反}$ 比 $\chi_{顺}$ 小得多，所以在不很精确的测量中可忽略 $\chi_{反}$，做以下近似处理：

$$\chi_M = \chi_{顺} = \frac{L\mu_m^2 \mu_0}{3kT} \tag{2-34-8}$$

顺磁性物质的 $\boldsymbol{\mu}_m$ 与未成对电子数 n 的关系为：

$$\boldsymbol{\mu}_m = \boldsymbol{\mu}_B \sqrt{n(n+2)} \tag{2-34-9}$$

式中，$\boldsymbol{\mu}_B$ 为玻尔磁子，其物理意义是单个自由电子自旋所产生的磁矩：

$$\boldsymbol{\mu}_B = \frac{eh}{4\pi m_e} = 9.274 \times 10^{-24} \text{J} \cdot \text{T}^{-1}$$

式中，h 为普朗克常数；m_e 为电子质量。

3. 分子结构与磁化率

式(2-34-7)将物质的宏观性质 χ_M 与微观性质 $\boldsymbol{\mu}_m$ 联系起来。由实验测定物质的 χ_M，根据式(2-34-8)可求得 $\boldsymbol{\mu}_m$，进而计算未配对电子数 n。这些结果可用于研究原子或离子的电子结构，判断配合物分子的配键类型。

配合物分为电价配合物和共价配合物。电价配合物中心离子的电子结构不受配位体的影响，基本上保持自由离子的电子结构，靠静电库仑力与配位体结合，形成电价配键。在这类配合物中，含有较多的自旋平行电子，所以是高自旋配位化合物。共价配合物则以中心离子空的价电子轨道接受配位体的孤对电子，形成共价配键，这类配合物形成时，往往发生电子重排，自旋平行的电子相对减少，所以是低自旋配位化合物。例如 Co^{3+} 其外层电子结构为 $3d^6$，在配离子 $[CoF_6]^{3-}$ 中，形成电价配键，电子排布为：

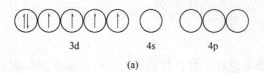

(a)

此时，未配对电子数 $n=4$，$\boldsymbol{\mu}_m=4.9\mu_B$。$Co^{3+}$ 以上面的结构与 6 个 F^- 以静电力相吸引形成电价配合物。而在 $[Co(CN)_6]^{3-}$ 中则形成共价配键，其电子排布为：

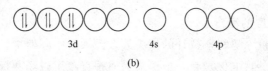

(b)

此时，$n=0$，$\boldsymbol{\mu}_m=0$。Co^{3+} 将 6 个电子集中在 3 个 3d 轨道上，6 个 CN^- 的孤对电子进入 Co^{3+} 的 6 个空轨道，形成共价配合物。

4. 古埃法测定磁化率

古埃磁天平如图 2-34-1 所示。将样品管悬挂在天平上，样品管底部处于磁场强度最大的区域（H），管顶端则位于场强最弱（甚至为零）的区域（H_0）。整个样品管处于不均匀磁场中。设圆柱形样品的截面积为 A，沿样品管长度方向上 dz 长度的体积 Adz 在非均匀磁场中受到的作用力 dF 为

$$dF=\chi\mu_0 A\boldsymbol{H}\frac{d\boldsymbol{H}}{dz}dz \qquad (2\text{-}34\text{-}10)$$

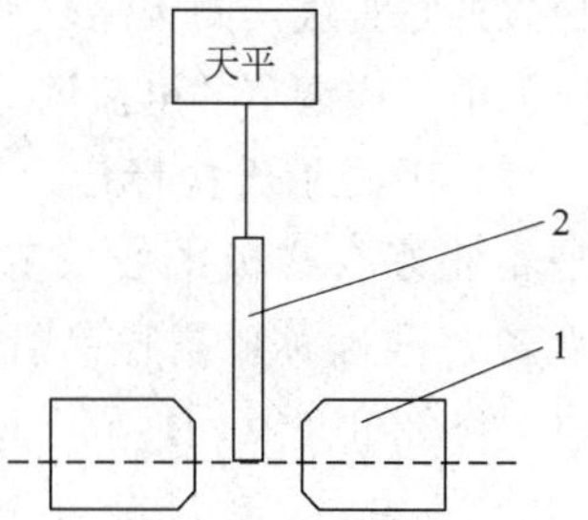

图 2-34-1　古埃磁天平示意图
1—磁铁；2—样品管

式中，χ 为体积磁化率；$\boldsymbol{H}$ 为磁场强度；$d\boldsymbol{H}/dz$ 为磁场强度梯度，积分式(2-34-10) 得：

$$F=\frac{1}{2}(\chi-\chi_0)\mu_0(\boldsymbol{H}^2-\boldsymbol{H}_0^2)A \qquad (2\text{-}34\text{-}11)$$

式中，χ_0 为样品周围介质的体积磁化率（通常是空气，χ_0 值很小）。如果 χ_0 可以忽略，且 $\boldsymbol{H}_0=0$，整个样品受到的力为：

$$F=\frac{1}{2}\chi\mu_0\boldsymbol{H}^2 A \qquad (2\text{-}34\text{-}12)$$

在非均匀磁场中，顺磁性物质受力向下所以增重；而反磁性物质受力向上所以减重。设 Δm 为施加磁场前后的质量差，则

$$F=\frac{1}{2}\chi\mu_0\boldsymbol{H}^2 A=g\Delta m \qquad (2\text{-}34\text{-}13)$$

由于 $\chi=\dfrac{\chi_M\rho}{M}$，$\rho=\dfrac{m}{hA}$ 代入式(2-34-13) 得：

$$\chi_M=\frac{2(\Delta m_{空管+样品}-\Delta m_{空管})ghM}{\mu_0 m\boldsymbol{H}^2} \qquad (2\text{-}34\text{-}14)$$

式中，$\Delta m_{空管+样品}$ 为样品管加样品后在施加磁场前后的质量差；$\Delta m_{空管}$ 为空样品管在施加磁场前后的质量差；g 为重力加速度；h 为样品高度；M 为样品的摩尔质量；m 为样品的质量。

磁场强度 $\boldsymbol{H}$ 可用"特斯拉计"测量，或用已知磁化率的标准物质进行间接测量。例如用莫尔氏盐来标定磁场强度，它的质量磁化率 χ_m 与热力学温度 T 的关系为：

$$\chi_m = \frac{9500}{T+1} \times 4\pi \times 10^{-9} (\mathrm{m^3 \cdot kg^{-1}}) \tag{2-34-15}$$

【仪器试剂】

古埃磁天平 1 套；特斯拉计 1 台；样品管 4 支；样品管架 1 个；直尺 1 把。

$(NH_4)_2SO_4 \cdot FeSO_4 \cdot 6H_2O$(A. R.)；$K_4Fe(CN)_6 \cdot 3H_2O$(A. R.)；$FeSO_4 \cdot 7H_2O$(A. R.)；$K_3Fe(CN)_6$(A. R.)。

【实验步骤】

1. 磁极中心磁场强度的测定

（1）用特斯拉计测量　将特斯拉计的探头放入磁铁的中心架中，套上保护套，调节特斯拉计的数字显示为"0"。除下保护套，把探头平面垂直置于磁场两极中心，打开电源，调节"电流调节"旋钮，使电流增大至特斯拉计上显示约"0.3T"，调节探头上下、左右位置，观察数字显示值，把探头位置调节至显示值为最大的位置，此乃探头的最佳位置。用探头沿此位置的垂直线，测定离磁铁中心多高处 $H_0 = 0$，这也就是样品管内应装样品的高度。关闭电源前，应调节"电流调节"旋钮使特斯拉计数字显示为零。

（2）用莫尔氏盐标定　取一支清洁干燥的空样品管悬挂在磁天平的挂钩上，使样品管底部正好与磁极中心线齐平，注意样品管不要与磁极接触，并与探头之间保持合适的距离。准确称取空样品管质量（$H = 0$ 时），得 $m_1(H_0)$；调节旋钮，使特斯拉计数显为"0.300T"（H_1），迅速称量，得 $m_1(H_1)$，逐渐增大电流，使特斯拉计数显为"0.350T"（H_2），称量得 $m_1(H_2)$，然后略微增大电流，接着退至"0.350T"（H_2），称量得 $m_2(H_2)$，将电流降至数显为"0.300T"（H_1）时，再称量得 $m_2(H_1)$，再缓慢降至数显为"0.000T"（H_0），称取空管质量得 $m_2(H_0)$。这样调节电流由小到大，再由大到小的测定方法是为了抵消实验时磁场剩磁现象的影响。计算空管在不同磁场强度下的质量变化：

$$\Delta m_{空管}(H_1) = \frac{1}{2}[\Delta m_1(H_1) + \Delta m_2(H_1)] \tag{2-34-16}$$

$$\Delta m_{空管}(H_2) = \frac{1}{2}[\Delta m_1(H_2) + \Delta m_2(H_2)] \tag{2-34-17}$$

式中，　$\Delta m_1(H_1) = m_1(H_1) - m_1(H_0)$；　$\Delta m_2(H_1) = m_2(H_1) - m_2(H_0)$

$\Delta m_1(H_2) = m_1(H_2) - m_1(H_0)$；　$\Delta m_2(H_2) = m_2(H_2) - m_2(H_0)$

取下样品管通过小漏斗装入事先研细并干燥过的莫尔氏盐，边装边在橡皮垫上碰击，使样品均匀填实，直至所要求的高度，继续碰击至高度不变为止，用尺子准确测量样品高度 h。按前述方法将装有莫尔氏盐的样品管置于磁天平上称量，重复称空管时的步骤，得到如下质量：

$m_{1,空管+样品}(H_0)$,　$m_{1,空管+样品}(H_1)$,　$m_{1,空管+样品}(H_2)$

$m_{2,空管+样品}(H_2)$,　$m_{2,空管+样品}(H_1)$,　$m_{2,空管+样品}(H_0)$

求出 $\Delta m_{空管+样品}(H_1)$ 和 $\Delta m_{空管+样品}(H_2)$。测量完毕将莫尔氏盐倒回试剂瓶中。

2. 测定未知样品的摩尔磁化率 χ_M

同法分别测定 $FeSO_4 \cdot 7H_2O$、$K_3Fe(CN)_6$ 和 $K_4Fe(CN)_6 \cdot 3H_2O$ 的 $\Delta m_{空管+样品}(H_1)$ 和 $\Delta m_{空管+样品}(H_2)$。

测定后的样品倒回试剂瓶中，可重复使用。

【注意事项】

- 所测样品应研细并保存在干燥器中。
- 样品管一定要干燥洁净。如果空管在磁场中增重，表明样品管不干净，应更换。
- 装样时尽量把样品紧密均匀地填实。
- 挂样品管的悬线及样品管不要与任何物体接触。
- 样品倒回试剂瓶时，注意瓶上所贴标签，切忌倒错。

【数据处理】

1. 根据实验数据计算外加磁场强度 H，并计算三个样品的摩尔磁化率 χ_M、永久磁矩 μ_m 和未配对电子数 n。

2. 根据 μ_m 和 n 讨论络合物中心离子最外层电子结构和配键类型。

3. 根据式(2-34-14) 计算测量 $FeSO_4 \cdot 7H_2O$ 的摩尔磁化率的最大相对误差，并指出哪一种直接测量对结果的影响最大。

思 考 题

1. 本实验在测定 χ_M 时做了哪些近似处理？

2. 为什么可用莫尔氏盐来标定磁场强度？

3. 样品的填充高度和密度以及在磁场中的位置有何要求？如果样品填充高度不够，对测量结果有何影响？

4. 不同励磁电流下测得的摩尔磁化率是否相同？为什么？

【讨论】

1. 有机化合物绝大多数分子都是由反平行自旋电子对而形成的价键，因此其总自旋磁矩等于零，是反磁性的。巴斯卡（Pascol）分析了大量有机化合物的摩尔磁化率的数据，总结得到分子的摩尔反磁化率具有加和性。此结论可以用于研究有机物分子的结构。

2. 对物质磁性的测量还可以得到一系列的其他信息。例如测定物质磁化率对温度和磁场强度的依赖性可以定性判断是顺磁性、反磁性还是铁磁性的；对合金磁化率的测定可以得到合金的组成；还可以根据磁性质研究生物体系中血液的成分等。

3. 本书中磁化率采用的是国际单位制（SI），但许多书中仍使用 CGS 电磁单位制，必须注意换算关系。

质量磁化率、摩尔磁化率单位制的换算关系分别为：

$$1m^3 \cdot kg^{-1}(\text{SI 单位}) = (1/4\pi) \times 10^3 \, cm^3 \cdot g^{-1}(\text{CGS 电磁制})$$

$$1m^3 \cdot mol^{-1}(\text{SI 单位}) = (1/4\pi) \times 10^6 \, cm^3 \cdot mol^{-1}(\text{CGS 电磁制})$$

另外，磁场强度 $H(A \cdot m^{-1})$ 与磁感应强度 $B(T)$ 之间存在如下关系：

$$\frac{1000}{4\pi}H \times \mu_0 = 10^{-4}B$$

实验三十五　HCl 气体红外光谱的测定

【目的要求】

1. 了解红外分光光度计的基本结构、原理及其使用方法。

2. 通过 HCl 气体分子的测定，掌握双原子分子振动、转动光谱的基本原理，并计算其转动惯量、键距和力常数等结构参数。

【实验原理】

当用一束光照射某一物质时，该物质的分子就会吸收一部分光能。如果以波长或波数为横坐标，以百分吸收率或透光率为纵坐标，将该物质分子对红外线的吸收情况以图像形式记录下来，即可得到该物质的红外吸收光谱。

分子除了平动（t）外，还有转动（r）、振动（v）和电子跃迁（e）共四种运动方式，每种运动状态都具有一定的能级，因此分子的总能量可表示为：

$$E = E_t + E_r + E_v + E_e \qquad (2\text{-}35\text{-}1)$$

平动能级间隔极小，可以看做连续的、非量子化的，故分子的平动不产生光谱。而分子的转动、振动和分子中电子的跃迁都是量子化的，能够产生光谱。其中，分子的转动能级间隔较小，其能量差在 0.0035～0.05eV 之间，其能级跃迁仅需要远红外或微波照射即可；分子振动的能级间隔较大，其能量差在 0.05～1eV 之间，因此若需产生振动能级的跃迁需要吸收较短波长的光，即振动光谱出现在中红外区；而电子跃迁的能级间隔更大，其能量差在 1～20eV 之间，其光谱只能出现在可见、紫外或波长更短的光谱区。

在本实验中，所使用的 HCl 气体为异核双原子分子，是振动-转动光谱的典型例子。在讨论双原子分子的红外光谱时，可以近似地将双原子分子作为简谐振子和刚性转子来处理。

简谐振子的振动能为：

$$E_v = \left(v + \frac{1}{2} \right) h\nu_e, \quad (v = 0, 1, 2, 3, \cdots) \qquad (2\text{-}35\text{-}2)$$

$$\nu_e = \frac{1}{2\pi} \left(\frac{k}{\mu} \right)^{\frac{1}{2}} \qquad (2\text{-}35\text{-}3)$$

式中，v 为振动量子数；ν_e 为振动频率；k 为力常数；μ 为折合质量。

对于一个由质量 m_1 和 m_2 组成的平均键距为 r_e 的双原子分子，其折合质量为 $\mu = \dfrac{m_1 m_2}{m_1 + m_2}$；选律为 $\Delta v = \pm 1$。

刚性转子的转动能为

$$E_r = J(J+1) \frac{h^2}{8\pi^2 I} (J = 0, 1, 2, 3, \cdots) \qquad (2\text{-}35\text{-}4)$$

$$I = \mu r_e^2 \qquad (2\text{-}35\text{-}5)$$

式中，I 为转动惯量；J 为转动量子数；r_e 为平衡键距；选律为 $\Delta J = \pm 1$。

光谱学上常以波数（cm^{-1}）为单位表示能量，故式（2-35-4）变为

$$\tilde{\nu}_r = \frac{E_J}{hc} = J(J+1) \frac{h}{8\pi^2 cI} = J(J+1)B \qquad (2\text{-}35\text{-}6)$$

$$B = \frac{h}{8\pi^2 cI} \qquad (2\text{-}35\text{-}7)$$

式中，B 为转动常数；c 为光速。

对于简谐振子只能发生 $v=0$（基态）到 $v=1$（激发态）振动能级的跃迁，图 2-35-1 表示了 $v=0$ 和 $v=1$ 振动能级中可观察到的转动能级的跃迁。

如图 2-35-1 所示，左边箭头表示 $\Delta J = +1$ 允许的跃迁，右边箭头表示 $\Delta J = -1$ 允许的跃迁。故可以观察到的振动-转动能级跃迁为

$$\tilde{\nu} = \frac{\Delta E}{hc} = (v' - v'')\tilde{\nu}_e + [J'(J'+1)B' - J''(J''+1)B''] \qquad (2\text{-}35\text{-}8)$$

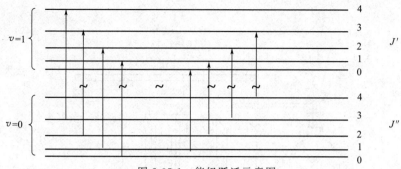

图 2-35-1 能级跃迁示意图

式中，"'" 表示终态，而 """ 表示始态。

若 $v''=0$ 和 $v'=1$，则对于 $J'=J''+1$ 可得

$$\tilde{\nu}_R = \tilde{\nu}_e + (J''+1)(J''+2)B' - J''(J''+1)B''\quad(J''=0,1,2,\cdots) \tag{2-35-9}$$

上式称为 R 支谱线。

对于 $J'=J''-1$ 可得

$$\tilde{\nu}_P = \tilde{\nu}_e + (J''-1)J''B' - J''(J''+1)B''\quad(J''=1,2,3,\cdots) \tag{2-35-10}$$

上式称为 P 支谱线。

如果只考虑具有相同的起始态（J'' 值）的 R 支和 P 支的组分，则可得

$$\tilde{\nu}_R(J'') - \tilde{\nu}_P(J'') = 4\left(J''+\frac{1}{2}\right)B'\quad(J''=1,2,3,\cdots) \tag{2-35-11}$$

如果只考虑具有相同的终了态（J' 值）的 R 支和 P 支的组分，则可得

$$\tilde{\nu}_R(J'') - \tilde{\nu}_P(J''+2) = 4\left(J''+\frac{3}{2}\right)B''\quad(J''=1,2,3,\cdots) \tag{2-35-12}$$

由式(2-35-11) 和式(2-35-12) 可得到 B' 和 B'' 的值。

【仪器试剂】

ThermoFisher Nicolet iS5 红外分光光度计 1 台；微机 1 台；气体池 1 只；真空泵 1 台；HCl 气体发生装置 1 套。

NaCl（C. P. ）；浓 H_2SO_4（C. P. ）。

【实验步骤】

1. HCl 气体的制备

HCl 气体发生装置如图 2-35-2 所示。

通过三通活塞 3，使真空泵与气体池连通，抽真空至 133Pa（1mmHg）左右，旋动活塞 3，使气体池与 HCl 发生器连通并同时打开盛有浓硫酸的分液漏斗的活塞，使浓硫酸与 NaCl 反应产生 HCl 气体（提前将系统内的空气赶尽）。气体池充气至 80kPa 为止，关闭 1 和 5 的活塞，取下气体池。

2. 拍摄红外光谱

（1）按照红外分光光度计操作步骤开启仪器，选择扫描范围为 4000～600cm^{-1}；

（2）将装有样品的气体池放入样品光路气体池托架上；

（3）在 4000～600cm^{-1} 波数范围内进行扫描。观察并绘制缩小 1/2 的谱图；

（4）在选取 3200～2500cm^{-1} 波数范围内横坐标扩展 2 倍，按照谱图尺寸进行纵坐标扩展，绘制谱图。

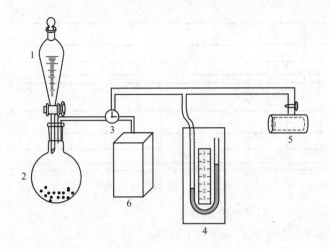

图 2-35-2　HCl 气体发生装置图

1—装有浓硫酸的分液漏斗；2—装有固体 NaCl 的圆底烧瓶；3—三通活塞；4—压力计；

5—气体池；6—真空泵

【注意事项】

• 实验时，必须在教师指导下，严格按照说明书的操作规程使用仪器；

• 气体吸收池的氯化钠窗口切勿沾水，通入气体样品必须预先干燥，实验结束后必须将气体样品排空，并用氮气冲洗干净；

• 排除的样品气体必须引向室外。

【数据处理】

1. 从所记录的图谱测定出各谱线的波数。

2. 由式(2-35-11)和式(2-35-12)分别求得 B'' 及 B' 的值。

3. 由式(2-35-6)计算转动惯量 I''、I' 和平衡键距 r''、r'。

4. 用所测 $\Delta J = 0$ 谱线峰的波数值近似为 $\tilde{\nu}_e$ 的值，通过式(2-35-4)求算力常数 k。

思　考　题

1. 为什么可以在红外区看到转动谱线的结构？它和在微波区的纯转动谱线是否一致？为什么？

2. 哪些双原子分子具有红外吸收光谱，哪些没有？

3. 谱图中除了 HCl 峰以外，还有什么分子作何种振动？为什么看不见 N_2 和 O_2 的吸收峰？

4. HCl 的光谱中为什么每个主要吸收区会出现两个吸收峰？

5. 解释 HCl 谱线强度分布。

6. 试比较分子光谱与原子光谱的异同。

7. 为什么 HCl 的相邻谱线间隔随着 m 的增加而减小？

【讨论】

利用化合物在反应过程中一些键的生成，另一些键的消失，反应在红外光谱上某些特征谱带强度随时间而变化，定量地测定这些变化，可测得反应速率，研究反应机理等。

实验三十六　晶体结构分析

【目的要求】

1. 掌握单晶衍射仪最基本的原理，熟悉布拉格方程。
2. 初步了解单晶衍射仪的主要构造和使用方法。
3. 掌握单晶挑选、安装、测试数据的搜集以及解析晶体结构所用软件。

【实验原理】

1. 单晶的结构特点

晶体最基本的特征在于其内部结构排列有严格的规律性，即结构中分子、原子的排列存在一定的周期性和对称性。周期性排列的最小单位称为晶胞，晶胞有两个要素：一是晶胞的大小和形状，由晶胞参数 a、b、c、α、β、γ 规定；二是晶胞内部各个原子的坐标位置，由原子坐标参数 x，y，z 规定。微观结构除了一定的周期性外，还有一定的对称性。各种可能的微观对称元素和 Bravais 点阵类型组合产生微观对称类型共有 230 种，称为 230 种空间群。这种类型在宏观外形和性质上表现的宏观对称性称为点群，一共 32 种。从对称划分，晶体分属七大类：三斜、单斜、正交、四方、三方、六方、立方等。

晶体的空间点阵可以划分为一簇簇平行等间距的平面点阵。在晶体点阵中任取一点阵点为原点 O，取晶胞的平行六面体单位的三个边为坐标轴$(x，y，z)$，以晶胞相应的三个边长 a，b，c 分别为 x，y，z 上的单位长度，则有一平面点阵与坐标轴相交，截距为 r，s，t，现用$(1/r)：(1/s)：(1/t)＝h^*：k^*：l^*$ 来表示这一平面点阵，即晶面指标 $(h^*k^*l^*)$。由于$(1/nr)：(1/ns)：(1/nt)＝s：t：l$。所以一个晶面指标 $(h^*k^*l^*)$ 代表一族互相平行的平面点阵。

2. X 射线衍射基本原理

X 射线是一种波长在 $0.001\sim10$nm 之间的电磁波。当一束平行单色 X 射线通过晶体时，在偏离入射光的某些方向，会观察到一定的强度，即为衍射现象（见图 2-36-1）。用于晶体结构分析的 X 射线波长范围在 $0.5\sim2.5$Å$(1$Å$＝0.1$nm$)$ 之间，与晶面间距的数量级相当，因此，晶体可以作为 X 射线

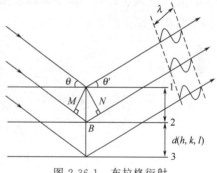

图 2-36-1　布拉格衍射

的天然衍射光栅。相干散射是晶体衍射的基础。测定晶体结构主要是确定晶胞参数及晶胞中粒子的位置（即晶胞两要素），X 射线在晶体中的衍射（相干散射）方向可以测定点阵结构的周期性，从衍射强度可以得出粒子在晶胞中的分布。

设波长为 λ 的 X 射线入射到两个互相平行的点阵面 $(h^*k^*l^*)$ 上，则由衍射条件可以得到：

$$\theta'_{散射角}＝\theta_{入射角} \tag{2-36-1}$$

$$2d_{h^*k^*l^*}\sin\theta_{nh^*nk^*nl^*}＝n\lambda \quad (n＝1,2,3,\cdots) \tag{2-36-2}$$

式(2-36-2) 称为 Bragg 方程，是理解晶体对 X 射线衍射的最基本方程。式中 $d_{h^*k^*l^*}$ 是晶面指标为 $(h^*k^*l^*)$ 的两相邻平面之间的距离，整数 n 是衍射级数。$nh^*nk^*nl^*$ 常用 hkl 表

示，hkl 称为衍射指标。衍射指标和晶面指标间的关系为：$hkl = nh^* nk^* nl^*$，$\theta_{nh^* nk^* nl^*}$ 为第 n 级衍射的衍射角。用衍射指标来表示 Bragg 方程为：$\lambda = 2d_{hkl} \sin\theta_{hkl}$。

原子在某一方向上散射波的振幅用原子散射因子 f 表示。f 随 $\sin\theta/\lambda$ 增加而减少（θ 为散射角，λ 为波长）。设晶胞中有 q 个原子，第 j 个原子在晶胞中分数坐标为（x_j，y_j，z_j），则：

$$F(hkl) = \sum_{j=1}^{q} f_j e^{2\pi i(hx_j + ky_j + lz_j)} \tag{2-36-3}$$

$F(hkl)$ 称为结构因子。由于晶胞的散射强度为 I_C 且 $I_C = I_e \cdot |F(hkl)|$，所以得 $F(hkl)$ 后，可得到不同衍射方向的 X 射线的相对强度，进而根据系统消光规律得到晶胞中原子的分布信息。

3. 单晶衍射数据的收集

单晶衍射数据的收集是为了求得衍射线的方向及强度，确定晶体的对称性、空间点阵的类型和晶胞参数，进而确定晶体中原子的排列。

根据 Bragg 方程 $\lambda = 2d_{hkl} \sin\theta_{hkl}$，式中 d_{hkl} 取决于定值晶胞参数，而 X 射线波长 λ 及衍射角度 θ_{hkl} 可控制。为了使更多的面网满足衍射方程，目前有多种方法——劳埃法、回摆法、魏森堡法、旋进法和单晶衍射仪法。下面简单介绍单晶衍射仪法。

单晶衍射仪是一种由计算机控制的大型分析仪器。该仪器的特点是，特征 X 射线作用于安装在测角仪上的单晶后产生衍射点，通过检测器记录衍射点的强度数据。通过计算机控制完成衍射的自动寻峰、测定晶胞参数、收集衍射强度数据、统计系统消光规律、确定空间群等。进而计算晶体结构。单晶衍射仪法是单晶衍射收集的主要方法。

单晶衍射仪的测角仪是仪器的核心部分，由四个旋转轴相交于一点圆组成，它们是 φ 圆、ω 圆、2θ 圆、χ 圆。四个圆都不固定的为四圆单晶衍射仪见图 2-36-2，其中 χ 圆固定的三圆单晶衍射仪见图 2-36-3。

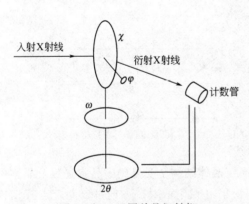

图 2-36-2　四圆单晶衍射仪

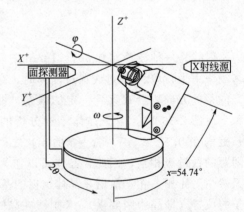

图 2-36-3　χ 圆固定的三圆单晶衍射仪

φ 圆是测角仪头绕晶轴自转的圆。

χ 圆是安放测角仪头（φ 圆）的垂直大圆。φ 圆可在这个圆上运动。χ 圆的轴是水平方位。观察目镜固定在 χ 圆上。

ω 圆是带动垂直的 χ 圆转动的圆，也就是晶体绕垂直轴转动的圆。

2θ 圆是与 ω 圆同轴，带动计数器转动的圆。

四圆或三圆单晶衍射仪配有优良的计算机系统，其作用是控制仪器的运转、进行晶体学数据计算以及晶体结构解析。

【仪器试剂】

单晶衍射仪；体视显微镜等。

标准晶体一块。

【实验步骤】

1. 晶体选择　在体视显微镜下，选择光亮、透明、没有缺陷、形状好及大小合适的单晶。直径大小在 $0.1\sim0.7mm$，如大小形状不合适，可进行切割。

2. 晶体安装　把选好的晶体用胶端正粘到玻璃丝的顶端，把粘好单晶的玻璃丝底部插到带橡皮泥的测角台轴心中，玻璃丝用橡皮泥固定好，要保证它在衍射扫描时不会晃动或移动。调节晶体的高度，使晶体的重心尽可能在 4 个转轴的交点上。再作精细调节，使晶体的重心精确地落在测角仪转轴的交点上，在晶体作任何转动时其中心基本保持不变。

3. 晶体测试　启动单晶 X 射线发生器及测角器，调整高压和管流，一般设定为 $50kV$、$30mA$。寻峰及指标化，据此可以获得晶胞参数及对称性。依据测定的晶系、晶胞参数可以推测其可能的最高对称性，并通过测量相应等效反射的衍射强度来证实。估计应收集的角度范围和应收集多少数据，搜集衍射数据并收集经验吸收校正系数。

4. 结构解析　根据数据利用晶体结构软件解析结构。

【注意事项】

• 严格按照操作步骤正常操作。

• 在参数设定过程中暗电流和曝光时间要一致，否则会出现问题。

【数据处理】

把衍射点还原成衍射数据，依此推算分子结构的初始模型，即可推断晶体结构。

思　考　题

1. 对于一定波长的 X 射线，是否晶面间距 d 为任何值的晶面都可产生衍射？

2. 标准晶体为什么要做成球形？

【讨论】

用 CCD 单晶衍射仪还可进行粉晶衍射分析，它具有测量时间短，衍射强度高，衍射强度是对整个德拜环的积分，信息全面而且用量极少等优点，对于微量微区粉晶衍射和多晶物质的衍射分析有极其重要的意义。

CCD 粉晶衍射还可用于金属与合金微晶集合体、高分子聚合体研究，磁性流体研究等研究领域。对于分析物质的结晶度、质构分析、应力研究等分析应用方面也是一种新的研究手段。

参 考 文 献

[1] 顾月姝等编. 基础化学实验(Ⅲ)-物理化学实验. 第 2 版. 北京：化学工业出版社，2007.

[2] 孙尔康等编. 物理化学实验. 第 2 版. 南京：南京大学出版社，2010.

[3] 复旦大学等编. 物理化学实验. 第 3 版. 北京：高等教育出版社，2004.

[4] 北京大学化学院物理化学实验教学组. 物理化学实验. 第 4 版. 北京：北京大学出版社，2002.

[5] 清华大学编. 物理化学实验. 北京：清华大学出版社，1991.

[6] 浙江大学等校合编. 新编大学化学实验. 北京：高等教育出版社，2002.

[7] 广西师范大学等合编. 基础物理化学实验. 广西：广西师范大学出版社，1991.

[8] 何玉尊等编. 物理化学实验. 四川：四川大学出版社，1993.

[9] John M. White Physical Chemistry Laboratory Experiments. Prentice-Hall，Inc.，Englewood Cliffs，New Jersey，1975.

[10] Farrington Daninls et. al. Experimentl Physical Chemistry. New York. McGR AW-HILL Book Compant，1970.

[11] Hugh W. Salzberg et. al. Physical Chemistry Laboratory：Principles And Experiments. New York：Macmillan Publicshing Co.，Inc.，1978.

[12] J. M. 怀特著. 物理化学实验. 钱三鸿等译. 北京：人民教育出版社，1982.

[13] F. Daniels. Experimentl Physical Chemistry. 7th ed. New York：McGraw-Hill，1970.

[14] 罗澄源等编. 物理化学实验. 第 2 版. 北京：高等教育出版社，1984.

[15] 傅献彩等编. 物理化学. 第 5 版. 北京：高等教育出版社，2006.

[16] 印永嘉等编. 物理化学简明教程. 第 4 版. 北京：高等教育出版社，2007.

[17] 山东大学编. 物理化学与胶体化学实验. 第 2 版. 北京：高等教育出版社，1990.

[18] R. Stephen Berry et. al. Physical Chemistry. New York：John Wiley & Sons，1980.

[19] 吉林大学编. 基础化学实验-物理化学实验分册. 第 2 版. 北京：高等教育出版社，2017.

[20] 岳可芬编. 基础化学实验Ⅲ-物理化学实验. 北京：科学出版社，2018.

[21] 侯万国等编. 应用胶体化学. 北京：科学出版社，1998.

[22] 北京大学化学系胶体化学教研室. 胶体与界面化学实验. 北京：北京大学出版社，1993.

[23] 郑传明等编. 物理化学实验. 第 2 版. 北京：北京理工大学出版社，2015.

[24] 刘建兰等编. 物理化学实验. 北京：化学工业出版社，2015.

[25] 天津大学物理化学教研室. 物理化学实验. 北京：高等教育出版社，2015.

[26] 金丽萍等编. 物理化学实验. 上海：华东理工大学出版社，2016.

[27] 同济大学等编. 物理化学实验. 北京：化学工业出版社，2017.

[28] 高绍康等编. 大学基础化学实验. 福州：福建科学技术出版社，2007

[29] 王国平等编. 中级化学实验. 第 2 版. 北京：科学出版社，2017.

Part Three
Design Experiment
（第三篇 设计型实验）

Experiment 1
Determination of the Activity of a Solvent

Design Requirements

Understand activity and activity coefficient. Determine the vapor pressure of a series of solutions for a nonvolatile solute and calculate the activity of the solvent.

Design Hint

The addition of a solute lowers the vapor pressure of a solvent. For ideal solutions of nonvolatile solutes，Raoult's law is obeyed in the form

$$p_i = p_0 x_i$$

where p_0 is vapor pressure of pure solvent，x_i is mole fraction of solvent，p_i is vapor pressure of solvent in a solution of mole fraction x_i. For a nonideal solution

$$p_i = p_0 a_i = p_0 x_i y_i$$

where a_i is the activity of the solvent of mole fraction x_i，y_i is the activity coefficient of the solvent of mole fraction x_i.

If a family of vapor pressure-temperature curves is obtained for a solvent and a series of solutions of known mole fraction，then the activity and activity coefficient of the solvent at each mole fraction can be calculated. Plot the graph of activity and activity coefficient versus mole fraction of solvent respectively and explain any observed deviations from Raoult's law in terms of molecular phenomena.

For each solution，estimate the heat of vaporization of the solvent from the solution using the graph of $\ln p$ *vs* $1/T$. If there is any systematic change in the heat of vaporization as the composition of the solution changes，suggest an explanation.

Several systems can be chosen，such as water-sodium chloride，water-sucrose，methanol-glycerol，methanol-ethylene glycol etc.

References[1]

[1] Hugh W. Salzberg, et al. Physical Chemistry Laboratory: Principles and Experiments. New York: Macmillan Publishing Co., Inc., 1978.

[2] James H B. Journal of Chemical Education, 1996, 10: 967.

[3] Joseph H N. Physical Chemistry. Boston: Scott, Foresman and Company, 1989.

[4] Fu X C. Physical Chemistry. Beijing: Higher Education Press, 1994.

---

❶ 第三篇中引用的中文文献，全部译为英文表示。下同。

Experiment 2
Construct a Phase Diagram of a Binary Liquid-Solid System by DTA

Design Requirements

Understand the principle and method of thermal analysis (TA) and differential thermal analysis (DTA). Design an experiment to construct a phase diagram of a binary liquid-solid system by DTA.

Design Hint

Thermal analysis (TA), the application of cooling or heating curves to phase studies, is especially valuable for work with mixtures that solidify at high temperatures, such as alloys. However, accurate thermal analysis data are often difficult to measure. Unless the system is in complete thermal equilibrium, the temperatures will scatter randomly about the curve, obscuring the break points. This problem is especially acute at higher temperatures and with large samples.

In DTA the break points are located very precisely. Changes in the time-temperature curve are observed instead of the time-temperature curve itself, hence the nameis differential thermal analysis. The changes are greatest at the break points, and so transition temperatures are located with great accuracy. It is apparent that the phase transition temperature will depend upon the composition of the mixture. Then, from the temperature of phase changes, the temperature-composition graph for a binary liquid-solid system can be constructed.

From the slopes of the phase diagram at each experimental mole fraction, calculate the differential heat of solution of the solids using the equation

$$\frac{\mathrm{dln}x_A}{\mathrm{d}T} = -\frac{\overline{\Delta H}_{soln}}{RT^2}$$

where x_A is mole fraction of component A, $\overline{\Delta H}_{soln}$ is the differential molar heat of solution for a saturated solution.

Many systems can be determined by this method such as Cu-Sn, Sn-Pb, $CuCl_2$-$CuCl$, $SnCl_2$-$ZnCl_2$, o-nitrochlorobenzene, p-nitrochlorobenzene etc.

References

[1] Salzverg H W, et al. Physical Chemistry Laboratory: Principles and Experiments. New York: Macmillan, 1978.

[2] Chen W, et al. Chem. Mater., 200. 3, 15: 3208.

[3] Liu S T, et al. Journal of Catalysis, 1999, 181: 175.

Experiment 3
Investigation on Thermodynamic Stability of Solid Salt by Gas Chromatography

Design Requirements

Understand the principles and application of gas chromatography. Determine the composition of products and calculate the order and activation energy of the thermal decomposition reaction by gas chromatography.

Design Hint

For the thermal decomposition of solid compounds, we can obtain the following expression according to the kinetic rate equation and the Arrhenius formula

$$\frac{d\alpha}{dt} = k(1-\alpha)^n = A e^{-E/RT}(1-\alpha)^n \tag{3-3-1}$$

where α is percent conversion of products, n is reaction order, E is activation energy. Through further treatments, equation(3-3-1) becomes as follows

$$\frac{\Delta\ln(d\alpha/dt)}{\Delta\ln(1-\alpha)} = -\frac{E}{R} \times \frac{\Delta(1/T)}{\Delta\ln(1-\alpha)} + n \tag{3-3-2}$$

By plotting $\Delta\ln(d\alpha/dt)/\Delta\ln(1-\alpha)$ versus $\Delta(1/T)/\Delta\ln(1-\alpha)$, the activation energy and reaction order can be obtained.

In order to estimate the α and $d\alpha/dt$ in Eq. (3-3-2) the composition of products at various temperatures is first determined by gas chromatography, from which the relative intensity I_i for each component can be calculated. Then, by plotting I_i versus T, the thermal analysis curve can be obtained. Thus, α and $d\alpha/dt$ can be evaluated.

Many solid compounds can be studied by this method such as $Fe_2(C_2O_4)_3 \cdot 5H_2O$, $CoC_2O_4 \cdot 2H_2O$ and $CaC_2O_4 \cdot 2H_2O$.

References

[1] Nobuyuki Tanaka, et al. Bull of Chem Soc. Japan, 1967, 40: 330.

[2] Dalian Institute of Chemical Physics Chinese Academy of Science. Chromatography. Beijing: Science Press, 1973.

[3] Gansu Institute of Chemical Physics Chinese Academy of Science. Filled Gas Chromatography. Beijing: Fuel Chemistry Industry Press, 1973.

[4] Xin X Q, et al. Chemical Transaction, 1982, 40: 1111.

Experiment 4
The Formation of Corrosion Cell and the Effect of Galvanic Corrosion

Design Requirements

Design three experiments to understand the corrosion cell and the effect on the rate of galvanic corrosion:

(1) Observe, note and explain the phenomena of different metals in HCl solution.

(2) Discuss the effect of different cathode materials on galvanic corrosion.

(3) Study the effect of different cathode area on the rate of galvanic corrosion.

Design Hint

When two kinds of metal contact in a medium, such as humid air, other humid gas, water or electrolyte solution, a cell forms. The electrochemistry reactions happen on cathode and anode separately, and the anode is corroded.

The important factors that affect metal corrosion rate: (1)polarization of the metal. (2)the equilibrium potential of metal. (3) hydrogen evolution reaction overpotential on metal. (4) the area ratio of cathode and anode.

There are two methods to study the galvanic corrosion: the first one is determination of the potential of the metal in the medium, including open-circuit potential and polarization potential. The second is determination of the current density between two metals in the medium. Several metals can be used for the research such as Zn, Al, Fe, Cu and Pt wire; Mg alloy sheets, carbon steel, stainless steel etc.

References

[1] Wang C T, et al. Journal of Applied Electrochemistry, 2003, 33: 179.

[2] Wu Y S. Corrosion Experiment and Anticorrosion Examination Technique. Beijing: Chemistry Industry Press, 1995.

[3] Huang G Q, et al. J. Chinese Society for Corrosion and Protection, 2001, 2: 46.

[4] Cao C A. Corrosion Electrochemistry. Beijing: Chemistry Industry Press, 1994.

[5] Wang Q Z, et al. Marine Corrosion and Protection Technology. Qingdao: Qingdao Ocean University Press, 2000.

[6] Wu A P, et al. Nanoscale, 2016, 8: 11052.

[7] Liu J H, et al. Electrochimica Acta, 2016, 189: 190.

[8] Robineau M, et al. Electrochimica Acta, 2017, 255: 274.

[9] Palani S, et al. Corrosion Science, 2014, 78: 89.

Experiment 5
Measurement and Application of Metal Polarization Curves

Design Requirements

Design an experiment to study corrosion current density of a metal in different solutions, such as NaCl solution with and without thiourea or phenyl-thiourea. Investigate passivation phenomena of a metal in acid solution and its breakdown potential.

Design Hint

Anodic metal dissolution and cathodic reduction of depolarization agents simultaneously take place on the electrode surface when placing a metal in a corrosive electrolyte. The open-circuit potential measured in the case of no polarization current is the corrosion potential (E_{corr}). When current passes through the electrode, the electrode will be in a polarized state. That is to say, the electrode is in an anodic (or cathodic) polarized state once anodic (or cathodic) current passes through it. The curves describing the relationship between polarization current density and electrode potential E are polarization curves. There are two determination methods used to measure the polarization curve: the controlled potential and controlled current methods. Usually, the generating signals are linear scan, circular voltammetry and potentiodynamic (current-dynamic) etc.

If the polarization potential is far from the corrosion potential, there is a straight line in a plot of $\lg|I|$ versus E in the polarization curve, it is the so-called Tafel line. Polarization current density I_{corr} can be obtained by extrapolating the anodic and cathodic Tafel regions to the corrosion potential E_{corr}.

The passivation curve of the metal is explained in basic experiment 20 in the book. When the electrode potential increases further in the presence of Cl^- ions, the localized corrosion (pitting corrosion) will occur on the electrode surface. The electrode potential is the so called breakdown potential, which is an important measurement expressing the passivation properties of a metal.

References

[1] Zheng J S, et al. Materials Protection, 2000, 33, (5): 11.
[2] Wang C T, et al. Journal of Applied Electrochemistry. 2003, 33: 179.
[3] Cao C A. Corrosion Electrochemistry. Beijing: Chemistry Industry Press, 1994.
[4] Wang Q Z, et al. Marine Corrosion and Protection Technology. Qingdao: Qingdao Ocean University Press, 2000.
[5] McCafferty E. Corrosion Science, 2005, 47: 3202.
[6] Maksymovych P, et al. Science, 2009, 324: 1421.
[7] Kong D S, et al. Energy Environ. Sci., 2013, 6: 3553.

Experiment 6
Measurement of the Main Properties of a Battery

Design Requirements

Understand the terms for battery characteristics. Design methods to test the performance of the provided cells. Discuss the effects of polarization on the properties of batteries.

Design Hint

A cell can be characterized in terms of EMF (electromotive force), OCV (open circuit voltage), discharge voltage, capacity, energy and power. When there is no current in a reversible cell, the potential difference between the electrodes is called the electromotive force. It can not be determined simply by using a voltmeter. Note that usually the potentials in the cells without current crossing are just steady, not really in equilibrium, the OCVs are smaller than the EMFs. The discharge voltage means the potential difference between the cell terminals when current is flowing. Because of the polarization and the internal resistance of a cell, the voltage under load is always smaller than the OCV. Moreover, the higher the current, the lower the cell discharge voltage.

Generally there are two modes for discharging. One is galvanostatic discharging and the other is discharging through a certain resistance load. The practical capacity C means the actual number of coulombs delivered while the cell is discharging under certain conditions, $C = \int_0^t i \, \mathrm{d}t$. The actual amount of energy delivered or practical available energy is $W = \int_0^t (E_i) \, \mathrm{d}t \approx CE$. The power delivered P is given as $P = iE$, which specifies whether or not the cell is capable of sustaining a large current drain without undue polarization.

Several batteries may be used for the research as follows: Zn-MnO$_2$ battery, Ni-Cd battery and Ni-MH battery etc.

References

[1] Vincent C A, et al. Modern Batteries An Introduction to Electrochemical Power Sources. 2nd ed. New York: John Wiley & Sons Inc., 1997.

[2] Chen G H, et al. Electrochemical methods and applications. Beijing: Chemical Industry Press, 2003.

[3] Lv M X, et al. Batteries. Tianjin: Tianjin University Press, 1992.

[4] GB/T 18288—2000 General Specification of Nickel-metal Hydride Battery for Cellular Phone.

[5] Lin M C, et al. Nature, 2015, 520: 325.

[6] Kim H, et al. J. Mater. Chem. A, 2017, 5: 364.

[7] Krachkovskiy S A, et al. J. Am. Chem. Soc., 2016, 138: 7992.

[8] Kitajou A, et al. Electrochimica Acta, 2017, 245: 424.

Experiment 7
Study on the Kinetics of Oxidation of Formic Acid by Electrochemistry

Design Requirements

Design an available electrochemical method for monitoring the concentration of bromide in aqueous solutions. Determine the orders of reacting species involved in the oxidation of formic acid and the rate coefficient of the reaction.

Design Hint

Many reacting species such as HCOOH、Br_2 and H^+ are involved in the oxidation of formic acid with bromide. The rate law of the reaction can be described as below:

$$v = k[HCOOH]^m[H^+]^g[Br_2]^n \tag{3-7-1}$$

If HCOOH and H^+ are present in large excess, the rate law may be rearranged into

$$v = \frac{d[Br_2]}{dt} = k[HCOOH]^m[H^+]^g[Br_2]^n = k'[Br_2]^n \tag{3-7-2}$$

where k' is $k[HCOOH]^m[H^+]^g$. According to references, the order of reactant Br_2 is 1. Then, plotting $\ln[Br_2]$ *vs* t gives a straight line.

An electrochemical cell denoted as

$$Hg\text{-}Hg_2Cl_2(s)|Cl^- \parallel Br^- | Br_2, Pt$$

is designed for the determination of $[Br_2]$. When the concentration of Br^- is much more than that of Br_2, the cell potential is

$$E = \text{constant} + \frac{RT}{2F}\ln[Br_2] = \text{constant} - \frac{RT}{2F}k_p t \tag{3-7-3}$$

Then, k' is measured from the graph of E *vs* t.

Changing the concentration(in large excess) of HCOOH, k' in different value is measured and m is calculated. The reaction order of H^+ can also be determined with the above method. The above results give the rate coefficient of the reaction.

References

[1] Cox B G, et al. J. Chem. Soc., 1964, 3890.

[2] Smith R H, et al. Aust J. Chem., 1972, 25: 2502.

[3] Smith R H, et al. J. Chem. Educ., 1973, 50: 441.

Experiment 8
Kinetics of the Cross-linking Reaction of Polyacrylamide with Cr (Ⅲ)

Design Requirements

Understand the methods used to study the kinetics of cross-linking reactions and choose a suitable method to study them. Discuss the influences of temperature and pH on the kinetics.

Design Hint

Cross-linking reactions will take place when a multivalent metal ion (such as Cr^{3+}, Al^{3+}) is added to the solution of a soluble polymer, such as partly hydrolyzed polyacrylamide (HPAM).

Generally speaking, UV-visible spectroscopy can provide information about the interaction between a transition metal cation and coordinated ligands. In chromium(Ⅲ)-polyacrylamide (HPAM) systems, the cross-linking process is assumed to consist of a complexation between Cr(Ⅲ)ions and carboxylate groups of hydrolyzed amide groups of the polymer. The spectra of Cr(Ⅲ)complexes are well understood in their main features. There are three expected absorption transitions which have been observed in a considerable number of those complexes.

The kinetics of reaction can be estimated by measuring the time dependence of absorbance D_t at 570 nm. Experimental results show that the cross-linking reaction includes two steps, i.e fast reaction and slow reaction. The either can be considered as a pseudo-first-order reaction when the carboxylate groups are in excess. From the experimental data, the rate constants can be obtained.

References

[1] Klaveness T M, et al. J. Phys. Chem., 1994, 98: 10119.

[2] Rotzinger F P, et al. Inorg. Chem., 1986, 25: 489.

[3] Allah C, et al. Macromolecules, 1990, 23: 981.

[4] Hansen E W, et al. J. Phys. Chem., 1991, 95: 341.

[5] Hamm R E, et al. J. Am. Chem. Soc., 1958, 80: 4469.

Experiment 9
Determination of the Order of Reaction of an Oscillating System

Design Requirements

Know the definition of oscillating reactions and the methods used to study them. Design two methods to determine the order of reaction of oscillating systems.

Design Hint

At present the study of chemical oscillating phenomena is an active field in the research of non-equilibrium and non-linear chemical kinetics. So-called chemical oscillation is a special system in which some physical quantities such as concentration of constituents will change periodically with time. The most studied oscillating reactions, called B-Z oscillating reactions, are those driven by BrO_3^-, and the complete reaction mechanism, the FKN mechanism, has been presented.

Chemical oscillation is usually studied as follows (1) determine the oscillating curves to obtain the induction period (t_{in}) and oscillating periods (t_p), (2) draw graphs of $\ln(1/t_{in})$ or $\ln(1/t_p)$-$1/T$ using the Arrhenius formula to obtain the apparent activation energy, (3) draw graphs of $\ln t_{in}$ or $\ln t_p$-$\ln c$ according to the Smoes methods indicating the relation between the induction period and oscillating periods of B-Z oscillating reactions. Finally, the order of reaction of every reactant ion can be obtained.

Oscillating reactions can be studied through many methods such as conductivity method, pH method, electrical potential method, calorimetric method and so on. Many systems can be studied such as the serine-BrO_3^--Mn^{2+}-H_2SO_4 system, the AOT-kerosene-bean oil-water emulsion system, aqueous acid with primary amine in cholorororm and so on.

References

[1] Smoes M L, et al. J. Chem. Phys., 1979, 11: 71.

[2] Zhang H L, et al. Chinese Journal of Chemistry, 2003, 21(1): 36.

[3] Li X H, et al. Acta Chim. Sinica, 2002, 60(2): 246.

[4] He Z B, et al. Acta Phys. Chim., 2001, 17(3): 238.

[5] Yoshida R. Adv. Mater., 2010, 22: 3463.

[6] Qian H, et al. PNAS, 2002, 99 (16): 10376.

[7] Suzuki D, et al. J. Phys. Chem. B, 2008, 112 (40): 12618.

[8] Hu G, et al. Electrochimica Acta, 2007, 52: 7996.

Experiment 10
Study on the Hydrolysis of Ferric Perchlorate Solutions

Design Requirements

Understand application of magnetic susceptibility determination to study a chemical reaction. Investigate the hydrolysis of $Fe(ClO_4)_3$ by this method.

Design Hint

Magnetic susceptibility of a paramagnetic substance can be obtained by the change of its weight upon the addition of a magnetic field. The magnetic susceptibility of a solution can be determined by using water as a calibration sample according to the following equation

$$\kappa_{solution} = \frac{\Delta m_{solution}}{\Delta m_{water}} (\kappa_{water} - \kappa_0) + \kappa_0$$

$$\chi_{solution} = \frac{\kappa_{solution}}{\rho_{solution}}$$

where $\Delta m_{solution}$ and Δm_{water} are the change of weight in the magnetic field for solution and water, $\kappa_{solution}$ and $\chi_{solution}$ are the apparent and actual magnetic susceptibility of solution respectively, κ_0 is the magnetic susceptibility of air.

The magnetic susceptibility of a solution equals

$$\chi_{solution} = \chi_{solute} Y + \chi_{solvent} (1 - Y)$$

Then, the magnetic susceptibility or moment of the solute can be obtained from the experimental data. However, it is just an average effective value expressed as $\bar{\chi}_{solute}$ arising from the solute existing in various forms and is different from the value in the free state. Since the magnetic susceptibility is different in various states, theoretical analysis of $\bar{\chi}_{solute}$, can provide some information of the chemical change, such as the constants of chemical equilibrium and kinetics.

References

[1] Mulay L N, et al. J. Am. Chem. Soc., 1955, 77: 2693.

[2] Brown D. Inorg. Chem., 1980, 19: 3260.

[3] Yang W Z. Experimental Techniques of Physical Chemistry. Beijing: Beijing University Press, 1992.

[4] DeGayner J A, et al. J. Am. Chem. Soc., 2018, 140: 6550.

[5] Chetty N, et al. Polyhedron, 2019, 158: 241.

Experiment 11
Investigation of Kinetics of the Thermal Decomposition with DTA

Design Requirements

Understand the principles and application of differential thermal analysis(DTA). Design a method to determine the order of reaction and activation energy of the thermal decomposition of a solid salt with DTA.

Design Hint

There are two classes of methods used to study kinetics: isothermal methods and non-isothermal methods. Many reaction processes can be studied by non-isothermal methods such as DTA. When the samples are heated at a constant rate, some properties of the reaction system can be measured by the DTA method continuously, and the rate constant of the reaction can be calculated from the experimental data.

For most reactions like

$$solid(S_1) \rightleftharpoons solid(S_2) + gas$$

the reaction rate can be expressed in the following form

$$\frac{d\alpha}{dt} = A(1-\alpha)^n e^{-E/RT} \tag{3-11-1}$$

where α is percent conversion for products, n is order of reaction, A is frequency factor, E is activation energy.

Substitution of heating rate $\phi = dT/dt$ into formula (3-11-1) gives

$$\frac{d\alpha}{dT} = \frac{A}{\phi}(1-\alpha)^n e^{-E/RT} \tag{3-11-2}$$

According to experimental data, kinetic information can be obtained from formula(3-11-2). Many systems can be studied by this method, such as $CaC_2O_4 \cdot H_2O$, $Fe_2(C_2O_4)_3 \cdot 5H_2O$, $CoC_2O_4 \cdot 2H_2O$, $Mg(OH)_2$.

References

[1] Rogers R N, et al. Thermochim Acta, 1970, 1: 1.

[2] Liu Z H. Thermal Analysis Induction. Beijing: Chemical Industry Press, 1991.

[3] Chen J H, et al. Thermal Analysis and Application. Beijing: Science Press, 1985.

[4] Gabal M A. Thermochimica Acta, 2003, 402: 199.

[5] Pourmortazavi S M, et al. J. Therm. Anal. Cal., 2006, 84 (3): 557.

[6] Zhan D, et al. Thermochimica Acta, 2005, 430: 101.

[7] Mahmood A, et al. Acta Materialia, 2018, 146: 152.

[8] Khachani M, et al. Thermochimica Acta, 2015, 610: 29.

Experiment 12
Calculation of the Rate Constant of an Elementary Reaction

Design Requirements

Understand the knowledge of the transition state theory(TST). Obtain the TST rate constant by calculating the partition function of reactants and the transition state.

Design Hint

Each reaction can be divided into one or several elementary reactions. Therefore, it is important to study the properties of elementary reactions.

For an elementary reaction

$$A+B \longrightarrow TS \longrightarrow product$$

The reaction rate constant $k(T)$ can be expressed in the following form

$$k(T) = \kappa(T) \frac{k_B T}{h} \frac{Q^{\neq}(T)}{Q_A(T)Q_B(T)} e^{-\Delta\varepsilon_0^{\neq}/k_B T}$$

where $\kappa(T)$ is transmission coefficient, k_B is Boltzmann constant, h is Planck constant, $\Delta\varepsilon_0^{\neq}$ is activated potential energy, Q_A, Q_B and $Q^{\neq}$ are total partition functions for reactants and transition state respectively. The total partition functions can be expressed as follows

$$Q_{total} = Q_t Q_r Q_v Q_e$$

On the basis of known geometries, energies and their vibration frequencies, the TST rate constant can be calculated by compiling a program.

Many elementary reactions can be studied such as

$$H_2 + CH_2 \longrightarrow CH_4$$
$$H + SiH_3Cl \longrightarrow H_2 + SiH_2Cl$$
$$O + CH_4 \longrightarrow CH_3 + OH$$
$$H + GeH_4 \longrightarrow GeH_3 + H_2$$

References

[1] Moore J W, et al. Kinetics and Mechanism. 2nd ed. Sun C G, Wang Z P. Beijing: Science Press, 1987.
[2] Wang B S, et al, Chem. Phys., 1999, 247(2): 201.
[3] Arthur N L, et al. Chem. Phys. Lett., 1988, 282: 192.
[4] Zhang Q Z, et al. J. Phys. Chem. A, 2002, 106: 9071.
[5] Lakshmanan S, et al. J. Phys. A, 2018, 122: 4808.

Experiment 13
Preparation and Evaluation of Modified Montmorillonite Catalyst

Design Requirements

Prepare the modified montmorillonite catalyst from natural montmorillonite and evaluate its catalytic activity.

Design Hint

Montmorillonite is a typical layered silicic aluminate mineral which absorbs metallic ions of potassium, sodium, calcium and magnesium in its interlayer. Modified montmorillonite can be prepared by exchanging its original cations with certain transition metal ions such as Zn^{2+}, Cu^{2+}, Co^{2+} and Ni^{2+}.

The modified montmorillonite not only possesses a large interlayer surface area and good absorption but also exhibits some selectivity for special reactions taking place at the micro environment formed around transition metal ions. Hence it can be used to deal with industrial waste water containing pollutants such as cyanide, sulfide, hydrazine, phenol and aromatic hydrocarbons.

Modified montmorillonite can be added to simulated waste water with a known concentration of organic pollutants, then the system should be aerated to make a reaction. According to the different concentration of the organic pollutant in the waste water during the reaction, which can be measured by chemical methods as well as chromatography, an evaluation can be made.

References

[1] Pinnavaia T J. Intercalated Clay Catalysts. Science, 1983, 220: 4595.

[2] Zhang N X. Research Method of Clay Mine. Beijing: Science Press, 1990.

[3] Gong B A. Chinese Journal of Applied Chemistry, 1990, 7: 99.

[4] Shi Y Z. Spectrum and Chemistry Analysis of Organic Matter. Nanjing: Jiangsu Science Press, 1998.

Experiment 14
Measurement of the Iso-electric Point of Gelatin and
Expansion of Gelatin Gel by Absorbing Water

Design Requirements

Understand the concepts of iso-electric point, osmotic pressure, and Donnan equilibrium on amphoteric electrolytes. Measure the iso-electric point of gelatin and the absorption expansion of gelatin gel. Discuss the effect of pH on absorbing expansion.

Design Hint

Gelatin is a kind of protein, an amphoteric compound which is composed of several amino acids. When the concentration of H^+ in protein solution is equal to that of OH^-, ionization doesn't occur, that is, the solution is neutral and the corresponding pH value is called the iso-electric point of the protein. The value of the iso-electric point is determined by the ionization constants of the amino-groups and carboxyl groups of the amino acids in water. The iso-electric point of gelatin is about 4.7. Protein molecules exhibit a weak hydration tendency and poor stability due to neutrality at the iso-electric point, therefore, when a dehydrating substance is added, it will coagulate. The more the protein approaches the iso-electric point, the more easily the protein coagulates.

The net structure of gelatin gel can be regarded as a semi-permeable membrane, which only allows solvent and small ions to penetrate. When the pH of the medium is not at the iso-electric point, the amino-group and carboxyl group will ionize to produce larger ions and corresponding smaller ions. According to Donnan equilibrium, water molecules will permeate into the interior of the gel from the outside to fill the pores of the gel, which results in expansion.

Add gelatin solution with suitable concentration and volume into buffer solutions with different pH values, then add a certain alcohol and observe the cloudiness of the solution(i.e. the coagulating extent of gelatin). Prepare gelatin gels with the same concentration but with different pH values and observe their extent of expansion in water to estimate the effect of pH on the water absorbtion of gelatin gel.

References

[1] Fasman G D. Practical Handbook of Biochemistry and Molecular Biology. Florida: CRC Press, 1989.
[2] Cantor C R P R. Biophysical Chemistry. Freeman, 1980.
[3] Fu X C. Physical Chemistry, 4th ed. Beijing: Higher Education Press, 1993.
[4] Sangeetha N M, et al. Chem. Soc. Rev., 2005, 34: 821.
[5] Li X M, et al. J. Am. Chem. Soc., 2011, 133: 17513.
[6] Rehm T H, et al. Chem. Soc. Rev., 2010, 39: 3597.
[7] Steed J W. Chem. Commun., 2011, 47: 1379.

Experiment 15

Influence of Additives on the Electrodynamic Potential and Stability of Colloids

Design Requirements

Understand the concept of the electrodynamic potential and coagulation of colloids; Discuss the influence of additives on electrodynamic potential and stability of colloids.

Design Hint

Colloidal particles within a fixed layer move toward one pole under the action of an external electric field, whereas counter-ions in the diffusion layer move towards the opposite pole. This phenomenon is called electrophoresis. The potential difference between colloidal particles and the diffusion medium is termed the electrodynamic potential and is represented by ζ. The ζ value is related to the stability of the colloid system.

When counter-ions, especially higher valence ones, are added into the colloidal solution, the thickness of the diffusion layer will be compressed, which will result in the decrease of ζ value and stability of the colloid system. When ζ is decreased to ζ_0, it reaches the critical electrodynamic potential of coagulation, and the colloid will coagulate. The coagulation ability of an electrolyte solution can be expressed by the coagulation value.

Many variables affecting the stability of a colloid can be studied, such as (1) by adding electrolyte solutions with different valences into colloid solution, the coagulation ability of the colloid can be determined, (2) when two colloids with opposite electric properties are mixed in different ratios, inter-coagulation will occur, and the extent of inter-coagulation will change with the different mixing ratio, (3) if a polymer, such as gelatin or polyacrylamide, is added into some lyophobic colloid systems, the stability of the colloidal system increases greatly or coagulation occurs. According to this phenomenon, the protection effect vs the coagulation effect of the polymer on colloids can be judged.

Several colloid systems can be chosen, such as AgI colloid or $Fe(OH)_3$ colloid etc.

References

[1] Fendler J H. Membrane Mimetic Chemistry. New York: Wiley Interscience, 1982.

[2] Hiemenz P C. Principles of Colloid and Surface Chemistry. New York: Marcel Dekker Inc., 1977.

[3] Adamson A W. Surface Physical Chemistry. Gu Tiren. Beijing: Science Press, 1984.

[4] Fu X C. Physical Chemistry. 4th ed. Beijing: Higher Education Press, 1993.

[5] Jiang J J, et al. Colloids and Surfaces A: Physicochem. Eng. Aspects, 2013, 429: 82.

[6] Tong L M, et al. Nano Lett, 2011, 11: 4505.

[7] Izquierdo P, et al. Langmuir, 2002, 18: 26.

[8] Wang L J, et al. Phys. Chem. & Chem. Phys., 2009, 11: 9772.

Experiment 16
Determination of the Critical Micelle Concentration of Surfactants

Design Requirements

Understand the concept of critical micelle concentration(CMC). Design more than two methods to determine the CMC of surfactants and compare the advantages and disadvantages of these methods.

Design Hint

A surfactant is an amphiphile which can reduce the surface or interfacial tension of liquids containing the surfactant. When a surfactant is added into a liquid, the surfactant molecules are distributed over the surface until the latter is saturated with the former. At the point of saturation, surfactant molecules begin to self-assemble into colloidal aggregates in the bulk, called micelles. The concentration of surfactant at that time is called the critical micelle concentration. The formation of micelles can be indicated by a sharp change in many physical properties such as surface and interfacial tension, conductivity, index of refraction, solubilization etc.

There are many kinds of surfactants, such as sodium dodecyl sulfate (SDS), sodium dodecyl benzene sulfonate (SDBS), dodecyltrimethylammonium bromide (DTAB), polyethylene glycol (PEG) and so forth. We can determine the CMC using different methods for various surfactants.

References

[1] Saiyad A H, et al. Colloid & Polymer Science, 1998, 276: 913.
[2] Huibers P D T, et al. Langmuir, 1996, 12: 1462.
[3] Hou W G, et al. Colloid Chemistry in Application. Beijing: Science Press, 1998.
[4] Hiemenz P C. Principles of Colloid and Surface Chemistry. New York: Marcel Dekker, Inc., 1977.
[5] Wang X Q, et al. J. Phys. Chem. B, 2013, 117: 1886.
[6] Shi L J, et al. Langmuir, 2011, 27 (5): 1618.
[7] Anderson J L, et al. Chem Commun., 2003: 2444.
[8] Anouti M, et al. Journal of Colloid and Interface Science, 2009, 340: 104.

Experiment 17
Viscosity Measurement of a Solution and Investigation of Its Rheology

Design Requirements

Understand the method to measure the viscosity of a solution with a rotational viscometer. Comprehend the rheology of fluids and the characteristics of Newtonian and non-Newtonian fluids through this method.

Design Hint

According to the rheology of fluids, there are two types of fluids: Newtonian and non-Newtonian, respectively. Newtonian fluids obey the following formula

$$D = \frac{1}{\eta}\tau$$

where D is shear rate, τ is shear stress and η is viscosity.

For Newtonian fluids, this representation gives a straight line of zero intercept and slope equaling η. Non-Newtonian fluids generally show nonlinear plots where the slope of the tangent to the curve at various points is a function of the rate of shear and is called the apparent viscosity. According to the shapes of the curves obtained, non-Newtonian fluids can be divided into three types: Plastic, Pseudoplastic and Dilatant fluids, respectively.

There are many kinds of fluids such as low-weight oil, partly hydrolyzed polyacrylamide (HPAM), starch solution, printing ink, paint and so forth that can be chosen. The rheology of the solution can be studied using various viscometers such as the concentric cylinder and the cone-and-plate viscometers.

References

[1] Richtering W. Current Opinion in Colloids and Interface Science, 2001, 6: 446.
[2] Gallegos C J, Franco M. Current Opinion in Colloids and Interface Science, 1999, 4: 288.
[3] Fudan University. Physical Chemistry Experiment. 2nd ed.. Beijing: Higher Education Press, 1991.
[4] Shen Z, et al. Colloidal and Surface Chemistry. Beijing: Chemical Industry Press, 1991.
[5] Aladag B, et al. Applied Energy, 2012, 97: 876.
[6] Tuladhar T R, et al. J. Newtonian Fluid Mech., 2008, 148: 97.

Experiment 18
Measurement of the Resonance Energies of Benzene

Design Requirements

Design one or two methods to measure the combustion heat of liquids using the oxygen-bomb calorimeter and calculate the resonance energy of the benzene molecule.

Design Hint

Benzene, cyclohexene and cyclohexane are all six-membered rings. The difference ΔE of the heats of combustion between cyclohexene and cyclohexane is related to the isolated double bonds of cyclohexene. This relationship can be expressed using the following equation

$$|\Delta E| = |\Delta H_{\text{cyclohexane}}| - |\Delta H_{\text{cyclohexene}}| \qquad (3\text{-}18\text{-}1)$$

If we compare the classical localized structure of cyclohexane with that of benzene, the difference of the combustion heat shoud be $3\Delta E$. However, the fact is

$$|\Delta H_{\text{cyclohexane}}| - |\Delta H_{\text{benzene}}| > 3|\Delta E|$$

Obviously, the conjugated structure of benzene decreases the energy of benzene, and the difference should be equal to the resonance energy E of benzene, i.e.

$$|\Delta H_{\text{cyclohexane}}| - |\Delta H_{\text{benzene}}| - 3|\Delta E| = E \qquad (3\text{-}18\text{-}2)$$

Bringing equation (3-18-1) into (3-18-2), and considering the equation $\Delta H = Q_p = Q_V + \Delta nRT$, we can obtain the formula of the resonance energy of benzene from the heats of combustion at constant volume

$$E = 3|Q_{V,\text{cyclohexene}}| - 2|Q_{V,\text{cyclohexane}}| - |Q_{V,\text{benzene}}| \qquad (3\text{-}18\text{-}3)$$

The resonance energy of benzene can also be calculated by measuring the heats of combustion of other substances, such as phthalic anhydride, tetrahydro-phthalic anhydride, hexahydrophthalic anhydride and so on, which are easier to measure because they are solids.

References

[1] Salzberg H W, et al. Physical Chemistry Laboratory. New York: Macmillan Publishing Co. Inc, 1978.

[2] Zhu J, et al. Chemistry Bull, 1984, 3: 50.

[3] Tsinghua University. Experiment of Physical Chemistry. Beijing: Tsinghua University Press, 1992.

[4] Fudan University. Experiment of Physical Chemistry. 2nd ed. Beijing: Higher Education Press, 1993.

Experiment 19
Investigation on Photocatalytic Properties of Noble Metal Nanoparticles Modified TiO$_2$

Design Requirements

Understand the principle and the applications of photocatalysis. Investigate the photoctalysis of noble metal (Au, Pt, Ag) nanoparticles modified TiO$_2$ (P25).

Design Hints

Photocatalysis is the acceleration of a reaction in the presence of a photocatalyst irradiated with light. Most common photocatalysts are wide band semiconductors such as transition metal oxides, and titanium dioxide (TiO$_2$) is the most widely studied semiconductor photocatalyst. When the nanosized photocatalyst is irradiated by light with energy equal to or greater than its band gap, electrons (e$^-$) are excited from the valence band to the conduction band, generating positive holes (h$^+$) in the valence band. Such photogenerated electrons and holes can induce oxidation reduction reactions at the surface of photocatalyst.

Ultimately, the hydroxyl radicals are generated in both the reactions. These hydroxyl radicals are very oxidative and non selective with redox potential of E_0 (+3.06 V).

However, the excited electrons and holes tend to recombine and result in low quantum efficiency. For this reason efforts to develop functional photocatalysts often emphasize extending exciton lifetime, improving electron-hole separation using diverse approaches such as the surface modification of noble-metal nanoparticles. The ultimate goal of photocatalyst design is to facilitate reactions between the excited electrons with oxidants to produce reduced products, and/or reactions between the generated holes with reductants to produce oxidized products.

Photocatalysis have been intensively studied for the photocatalytic water splitting to produce hydrogen, oxidation degradation of organic contaminants and the reduction of CO$_2$, etc.

References

[1] Fox M A, et al. Chem. Rev., 1993, 93, 341-357.
[2] Hoffmann M R, et al. Chem. Rev., 1995, 95, 1, 69-96.
[3] Nakata K, et al. J. Photochem. Photobiol. C, 2012, 13, 169-189.
[4] Schneider J, et al. Chem. Rev., 2014, 114, 9919-9986.
[5] Schultz D M, et al. Science, 2014, 343, 1239176.

Experiment 20
The Aggregation of Sodium Dodecyl Sulfate Studied
by Molecular Simulation

Design Requirements

Understand the basic process of performing a molecular dynamic simulation. Determine the aggregation structure of SDS in solvent.

Design Hint

The aggregation process of surface active material such as sodium dodecyl sulfate (SDS) in solvent happens in very short time. It's hard for macroscopic experiment to follow this process. While molecular dynamic (MD) simulation provides a resolution of details down to the Angstrom and femtosecond scale. It serves as a complement to conventional experiments.

The basis of molecular dynamic simulation simply based on Newton laws of motion. It consists of the numerical, step-by-step, solution of the classical equations of motion of atoms in system. In MD simulation the interaction between atoms were described by force field. Normally, the process of performing a MD simulation is first to build the model of the system studied, then decided the force field parameters, and finally run the simulation. After the MD run, bulk properties of the simulation system can be calculated.

Several properties of the SDS system can be investigated, such as the aggregation number, aggregation structure, the distribution of sodium, etc.

References

[1] Tang X M. J. Phys. Chem. B, 2014, 118 (14): 3864-3880.

[2] Shiling Yuan. Molecualar Simulation: Theory and Experiment. Beijing: Chemical Industry Press, 2016.

附　录

附录一　国际单位制（SI）

SI 的基本单位

量		单 位	
名　称	符　号	名　称	符　号
长度	l	米	m
质量	m	千克	kg
时间	t	秒	s
电流	I	安[培]	A
热力学温度	T	开[尔文]	K
物质的量	n	摩[尔]	mol
发光强度	IV	坎[德拉]	cd

SI 的一些导出单位

量		单 位		
名　称	符　号	名　称	符　号	定义式
频率	ν	赫[兹]	Hz	s^{-1}
能量,功,热量	E	焦[耳]	J	$kg \cdot m^2 \cdot s^{-2} = N \cdot m$
力	F	牛[顿]	N	$kg \cdot m \cdot s^{-2} = J \cdot m^{-1}$
压力,压强,应力	p	帕[斯卡]	Pa	$kg \cdot m^{-1} \cdot s^{-2} = N \cdot m^{-2}$
功率,辐射通量	P	瓦[特]	W	$kg \cdot m^2 \cdot s^{-3} = J \cdot s^{-1}$
电量,电荷	Q	库[仑]	C	$A \cdot s$
电位,电压,电动势	U	伏[特]	V	$kg \cdot m^2 \cdot s^{-3} \cdot A^{-1} = J \cdot A^{-1} \cdot s^{-1}$
电阻	R	欧[姆]	Ω	$kg \cdot m^2 \cdot s^{-3} \cdot A^{-2} = V \cdot A^{-1}$
电导	G	西[门子]	S	$kg^{-1} \cdot m^{-2} \cdot s^3 \cdot A^2 = \Omega^{-1}$
电容	C	法[拉]	F	$A^2 \cdot s^4 \cdot kg^{-1} \cdot m^{-2} = A \cdot s \cdot V^{-1}$
磁通量密度(磁感应强度)	B	特[斯拉]	T	$kg \cdot s^{-2} \cdot A^{-1} = V \cdot s$
电场强度	E	伏特每米	$V \cdot m^{-1}$	$m \cdot kg \cdot s^{-3} \cdot A^{-1}$
黏度	η	帕斯卡秒	$Pa \cdot s$	$m^{-1} \cdot kg \cdot s^{-1}$
表面张力	σ	牛顿每米	$N \cdot m^{-1}$	$kg \cdot s^{-2}$
密度	ρ	千克每立方米	$kg \cdot m^{-3}$	$kg \cdot m^{-3}$
比热容	c	焦耳每千克每开	$J \cdot kg^{-1} \cdot K^{-1}$	$m^2 \cdot s^{-2} \cdot K^{-1}$
热容量,熵	S	焦耳每开	$J \cdot K^{-1}$	$m^2 \cdot kg \cdot s^{-2} \cdot K^{-1}$

SI 词头

因 数	词冠	名 称	词冠符号	因 数	词冠	名 称	词冠符号
10^{12}	tera	太[拉]	T	10^{-1}	deci	分	d
10^9	giga	吉[咖]	G	10^{-2}	centi	厘	c
10^6	mega	兆	M	10^{-3}	milli	毫	m
10^3	kilo	千	k	10^{-6}	micro	微	μ
10^2	hecto	百	h	10^{-9}	nano	纳[诺]	n
10^1	deca	十	da	10^{-12}	pico	皮[可]	p

附录二　一些物理和化学的基本常数（2014年国际推荐制）

量	符　号	数　值	单　位
真空中的光速	c,c_0	299792458	$m \cdot s^{-1}$
真空磁导率	μ_0	$4\pi \times 10^{-7}$	$N \cdot A^{-2}$
		$=12.566370614\cdots \times 10^{-7}$	$N \cdot A^{-2}$
真空电容率, $1/\mu_0 c^2$	ε_0	$8.854187817\cdots \times 10^{-12}$	$F \cdot m^{-1}$
牛顿引力常数	G	$6.67408(31) \times 10^{-11}$	$m^3 \cdot kg^{-1} \cdot s^{-2}$
普朗克常数	h	$6.626070040(81) \times 10^{-34}$	$J \cdot s$
$h/2\pi$	$\hbar$	$1.054571800(13) \times 10^{-34}$	$J \cdot s$
基本电荷	e	$1.6021766208(98) \times 10^{-19}$	C
电子质量	m_e	$9.10938356(11) \times 10^{-31}$	kg
质子质量	m_p	$1.672621898(21) \times 10^{-27}$	kg
质子-电子质量比	m_p/m_e	$1836.15267389(17)$	
精细结构常数, $e^2/4\pi\varepsilon_0 \hbar c$	α	$7.2973525664(17) \times 10^{-3}$	
精细结构常数的倒数	α^{-1}	$137.035999139(31)$	
里德伯常数, $\alpha^2 m_e c/2h$	R_∞	$10973731.568508(65)$	m^{-1}
阿伏伽德罗常数	N_A, L	$6.022140857(74) \times 10^{23}$	mol^{-1}
法拉第常数, $N_A e$	F	$96485.33289(59)$	$C \cdot mol^{-1}$
摩尔气体常数	R	$8.3144598(48)$	$J \cdot mol^{-1} \cdot K^{-1}$
玻耳兹曼常数, R/N_A	k	$1.38064852(79) \times 10^{-23}$	$J \cdot K^{-1}$
斯式藩-玻耳兹曼常数, $(\pi^2/60)k^4/\hbar^3 c^2$	σ	$5.670367(13) \times 10^{-8}$	$W \cdot m^{-2} \cdot K^{-4}$
电子伏, $(e/C) J$	eV	$1.6021766208(98) \times 10^{-19}$	J
原子质量常数, $1/12m(^{12}C)$	u	$1.660539040(20) \times 10^{-27}$	kg

摘自：W. M. Haynes. CRC Handbook of Chemistry and Physics. CRC Press，2016～2017. 97th. 1-1.

附录三　常用的单位换算

单位名称	符　号	折合 SI	单位名称	符　号	折合 SI
力的单位			功能单位		
1公斤力	kgf	$=9.80665N$	1公斤力·米	kgf·m	$=9.80665J$
1达因	dyn	$=10^{-5}N$	1尔格	erg	$=10^{-7}J$
黏度单位			1升·大压	L·atm	$=101.328J$
泊	P	$=0.1N \cdot s \cdot m^{-2}$	1瓦特·小时	W·h	$=3600J$
			1卡	cal	$=4.1868J$
厘泊	cP	$=10^{-3}N \cdot s \cdot m^{-2}$	功率单位		
压力单位			1公斤力·米·秒$^{-1}$	kgf·m·s^{-1}	$=9.80665W$
毫巴	mbar	$=100N \cdot m^{-2}(Pa)$	1尔格·秒$^{-1}$	erg·s^{-1}	$=10^{-7}W$
1达因·厘米$^{-2}$	dyn·cm^{-2}	$=0.1N \cdot m^{-2}(Pa)$	1大卡·小时$^{-1}$	kcal·h^{-1}	$=1.163W$
1公斤力·厘米$^{-2}$	kgf·cm^{-2}	$=98066.5N \cdot m^{-2}(Pa)$	1卡·秒$^{-1}$	cal·s^{-1}	$=4.1868W$
1工程大气压	at	$=98066.5N \cdot m^{-2}(Pa)$	电磁单位		
标准大气压	atm	$=101324.7N \cdot m^{-2}(Pa)$	1伏·秒	V·s	$=1Wb$
1毫米水高	mmH$_2$O	$=9.80665N \cdot m^{-2}(Pa)$	1安·小时	A·h	$=3600C$
1毫米汞高	mmHg	$=133.322N \cdot m^{-2}(Pa)$	1德拜	D	$=3.334 \times 10^{-30}C \cdot m$
比热容单位			1高斯	G	$=10^{-4}T$
1卡·克$^{-1}$·度$^{-1}$	cal·g^{-1}·℃$^{-1}$	$=4186.8J \cdot kg^{-1} \cdot ℃^{-1}$	1奥斯特	Oe	$=(1000/4\pi)A \cdot m^{-1}$
1尔格·克$^{-1}$·度$^{-1}$	erg·g^{-1}·℃$^{-1}$	$=10^{-4}J \cdot kg^{-1} \cdot ℃^{-1}$			

附录四 不同温度下水的蒸气压

t /℃	P /kPa	t /℃	P /kPa	t /℃	P /kPa	t /℃	P /kPa	t /℃	P /kPa	t /℃	P /kPa
0.01	0.61165	60	19.946	122	211.59	184	1098.5	246	3714.5	308	9598.6
2	0.70599	62	21.867	124	225.18	186	1148.9	248	3843.6	310	9865.1
4	0.81355	64	23.943	126	239.47	188	1201.1	250	3976.2	312	10137
6	0.93536	66	26.183	128	254.50	190	1255.2	252	4112.2	314	10415
8	1.0730	68	28.599	130	270.28	192	1311.2	254	4251.8	316	10699
10	1.2282	70	31.201	132	286.85	194	1369.1	256	4394.9	318	10989
12	1.4028	72	34.000	134	304.23	196	1429.0	258	4541.7	320	11284
14	1.5990	74	37.009	136	322.45	198	1490.9	260	4692.3	322	11586
16	1.8188	76	40.239	138	341.54	200	1554.9	262	4846.6	324	11895
18	2.0647	78	43.703	140	361.54	202	1621.0	264	5004.7	326	12209
20	2.3393	80	47.414	142	382.47	204	1689.3	266	5166.8	328	12530
22	2.6453	82	51.387	144	404.37	206	1759.8	268	5332.9	330	12858
24	2.9858	84	55.635	146	427.26	208	1832.6	270	5503.0	332	13193
25	3.1699	86	60.173	148	451.18	210	1907.7	272	5677.2	334	13534
26	3.3639	88	65.017	150	476.16	212	1985.1	274	5855.6	336	13882
28	3.7831	90	70.182	152	502.25	214	2065.0	276	6038.3	338	14238
30	4.2470	92	75.684	154	529.46	216	2147.3	278	6225.2	340	14601
32	4.7596	94	81.541	156	557.84	218	2232.2	280	6416.6	342	14971
34	5.3251	96	87.771	158	587.42	220	2319.6	282	6612.4	344	15349
36	5.9479	98	94.390	160	618.23	222	2409.6	284	6812.8	346	15734
38	6.6328	100	101.42	162	650.33	224	2502.3	286	7017.7	348	16128
40	7.3849	102	108.87	164	683.73	226	2597.8	288	7227.4	350	16529
42	8.2096	104	116.78	166	718.48	228	2696.0	290	7441.8	352	16939
44	9.1124	106	125.15	168	754.62	230	2797.1	292	7661.0	354	17358
46	10.099	108	134.01	170	792.19	232	2901.0	294	7885.2	356	17785
48	11.177	110	143.38	172	831.22	234	3008.0	296	8114.3	358	18221
50	12.352	112	153.28	174	871.76	236	3117.9	298	8348.5	360	18666
52	13.631	114	163.74	176	913.84	238	3230.8	300	8587.9	362	19121
54	15.022	116	174.77	178	957.51	240	3346.9	302	8832.5	364	19585
56	16.533	118	186.41	180	1002.8	242	3466.2	304	9082.4	366	20060
58	18.171	120	198.67	182	1049.8	244	3588.7	306	9337.8	368	20546

摘自：W. M. Haynes. CRC Handbook of Chemistry and Physics. CRC Press，2016～2017. 97th. 6-5～6.

附录五 有机化合物的蒸气压[①]

名　称	分子式	温度范围/℃	A	B	C
四氯化碳	CCl_4		6.87926	1212.021	226.41
氯仿	$CHCl_3$	$-35\sim61$	6.4934	929.44	196.03
甲醇	CH_4O	$-14\sim65$	7.89750	1474.08	229.13
1,2-二氯乙烷	$C_2H_4Cl_2$	$-31\sim99$	7.0253	1271.3	222.9
醋酸	$C_2H_4O_2$	liq	7.38782	1533.313	222.309
乙醇	C_2H_6O	$-2\sim100$	8.32109	1718.10	237.52
丙酮	C_3H_6O	liq	7.11714	1210.595	229.664
异丙醇	C_3H_8O	$0\sim101$	8.11778	1580.92	219.61
乙酸乙酯	$C_4H_8O_2$	$15\sim76$	7.10179	1244.95	217.88
正丁醇	$C_4H_{10}O$	$15\sim131$	7.47680	1362.39	178.77
苯	C_6H_6	$-12\sim3$	9.1064	1885.9	244.2
		$8\sim103$	6.90565	1211.033	220.790
环己烷	C_6H_{12}	$20\sim81$	6.84130	1201.53	222.65
甲苯	C_7H_8	$6\sim137$	6.95464	1344.800	219.48
乙苯	C_8H_{10}	$26\sim164$	6.95719	1424.255	213.21

① 表中各化合物蒸气压 p 的计算公式为：$\lg p = A - \dfrac{B}{t+C}$。式中 A、B、C 为三常数，t 为温度（℃），p 的单位为 mmHg。p 的单位为 Pa 时，计算公式为 $\lg p = A - \dfrac{B}{t+C} + 2.1249$。

摘自：John A. Dean. Lange's Handbook of Chemistry. McGraw-Hill Book Company Inc，1979. 10-37～52.

附录六 有机化合物的密度[①]

化 合 物	ρ_0	α	β	γ	温度范围/℃
四氯化碳	1.63255	-1.9110	-0.690		$0\sim40$
氯仿	1.52643	-1.8563	-0.5309	-8.81	$-53\sim55$
乙醚	0.73629	-1.1138	-1.237		$0\sim70$
乙醇	$0.78506(t_0=25℃)$	-0.8591	-0.56	-5	
醋酸	1.0724	-1.1229	0.0058	-2.0	$9\sim100$
丙酮	0.81248	-1.100	-0.858		$0\sim50$
异丙醇	0.8014	-0.809	-0.27		$0\sim25$
正丁醇	0.82390	-0.699	-0.32		$0\sim47$
乙酸甲酯	0.95932	-1.2710	-0.405	6.09	$0\sim100$
乙酸乙酯	0.92454	-1.168	-1.95	20	$0\sim40$
环己烷	0.79707	-0.8879	-0.972	1.55	$0\sim65$
苯	0.90005	-1.0636	-0.0376	-2.213	$11\sim72$

① 表中有机化合物的密度可用方程式 $\rho_t = \rho_0 + 10^{-3}\alpha(t-t_0) + 10^{-6}\beta(t-t_0)^2 + 10^{-9}\gamma(t-t_0)^3$ 计算。式中 ρ_0 为 $t=0℃$ 时的密度。

单位：$g\cdot mL^{-1}$；$1g\cdot mL^{-1} = 10^3 kg\cdot m^{-3}$。

摘自：International Critical Tables of Numerical Data，Physics，Chemistry and Technology. McGraw-Hill Book Company Inc，1928. Ⅲ：27～29.

附录七 水的密度

$t/℃$	$\rho/g \cdot mL^{-1}$	$t/℃$	$\rho/g \cdot mL^{-1}$	$t/℃$	$\rho/g \cdot mL^{-1}$
0.1	0.9998495	20.0	0.9982067	40.0	0.9922152
1.0	0.9999017	21.0	0.9979950	41.0	0.99183
2.0	0.9999429	22.0	0.9977730	42.0	0.99144
3.0	0.9999672	23.0	0.9975408	43.0	0.99104
4.0	0.9999749	24.0	0.9972988	44.0	0.99063
5.0	0.9999668	25.0	0.9970470	45.0	0.99021
6.0	0.9999431	26.0	0.9967857	46.0	0.98979
7.0	0.9999045	27.0	0.9965151	47.0	0.98936
8.0	0.9998513	28.0	0.9962353	48.0	0.98893
9.0	0.9997839	29.0	0.9959465	49.0	0.98848
10.0	0.9997027	30.0	0.9956488	50.0	0.98804
11.0	0.9996081	31.0	0.9953424	51.0	0.98758
12.0	0.9995005	32.0	0.9950275	52.0	0.98712
13.0	0.9993801	33.0	0.9947041	53.0	0.98665
14.0	0.9992474	34.0	0.9943724	54.0	0.98617
15.0	0.9991026	35.0	0.9940326	55.0	0.98569
16.0	0.9989459	36.0	0.9936847	60.0	0.9832
17.0	0.9987778	37.0	0.993329.0	65.0	0.98055
18.0	0.9985984	38.0	0.9929654	70.0	0.97776
19.0	0.9984079	39.0	0.9925941	75.0	0.97484

摘自：W. M. Haynes. CRC Handbook of Chemistry and Physics. CRC Press，2016~2017. 97th. 6-7~8.

附录八 298.15K 时乙醇与水混合液的体积与浓度的关系[①]

乙醇的质量分数	$V_{乙醇}/mL$	$V_{水}/mL$	混合前的体积（相加值）/mL	混合后溶液的体积（实验值）/mL	$\Delta V/mL$
0.10	12.67	90.36	103.03	101.84	1.19
0.20	25.34	80.32	105.66	103.24	2.42
0.30	38.01	70.28	108.29	104.84	3.45
0.40	50.68	60.24	110.92	106.93	3.99
0.50	63.35	50.20	113.55	109.43	4.12
0.60	76.02	40.16	116.18	112.22	3.96
0.70	88.69	36.12	118.81	115.25	3.56
0.80	101.36	20.08	121.44	118.56	2.88
0.90	114.03	10.04	124.07	122.25	1.82

① 混合溶液的总质量为100g。

摘自：傅献彩等编. 物理化学：上册. 第5版. 北京：高等教育出版社，2005. 208.

附录九　一定温度下某些液体的折射率

名称	分子式	英文名称	分子量	折射率(n_D)[①]
1,2-二氯乙烷	$C_2H_4Cl_2$	1,2-Dichloroethane	98.959	1.4422[25]
苯	C_6H_6	Benzene	78.112	1.5011[20]
苯胺	C_6H_7N	Aniline	93.127	1.5863[20]
苯乙烯	C_8H_8	Styrene	104.150	1.5440[25]
丙酮	C_3H_6O	Acetone	58.079	1.3588[20]
醋酸	$C_2H_4O_2$	Acetic acid	60.052	1.3720[20]
二氯甲烷	CH_2Cl_2	Dichloromethane	84.933	1.4242[20]
环己烷	C_6H_{12}	Cyclohexane	84.159	1.4235[25]
甲苯	C_7H_8	Toluene	92.139	1.4941[25]
甲醇	CH_4O	Methanol	32.042	1.3288[20]
氯仿	$CHCl_3$	Trichloromethane	119.378	1.4459[20]
四氯化碳	CCl_4	Tetrachloromethane	153.823	1.4601[20]
溴苯	C_6H_5Br	Bromobenzene	157.008	1.5597[20]
溴仿	$CHBr_3$	Tribromomethane	252.731	1.5948[25]
乙苯	C_8H_{10}	Ethylbenzene	106.165	1.4930[25]
乙醇	C_2H_6O	Ethanol	46.068	1.3611[20]
乙醚	$C_4H_{10}O$	Diethyl ether	74.121	1.3526[20]
乙酸甲酯	$C_3H_6O_2$	Methyl acetate	74.079	1.3614[20]
乙酸乙酯	$C_4H_8O_2$	Ethyl acetate	88.106	1.3723[20]
异丙醇	C_3H_8O	2-Propanol	60.095	1.3776[20]
正丁醇	$C_4H_{10}O$	1-Butanol	74.121	1.3988[20]
正己烷	C_6H_{14}	Hexane	86.175	1.3727[25]

① 上标表示温度。

摘自：W. M. Haynes. CRC Handbook of Chemistry and Physics. CRC Press，2016～2017. 97th. 3-4～520.

附录十　水在不同温度下的折射率、黏度和介电常数

$t/℃$	n_D	$10^3\eta/kg·m^{-1}·s^{-1}$[①]	ε
0	1.33395	1.7702	87.74
5	1.33388	1.5108	85.76
10	1.33369	1.3039	83.83
15	1.33339	1.1374	81.95
20	1.33300	1.0019	80.10
21	1.33290	0.9764	79.73
22	1.33280	0.9532	79.38
23	1.33271	0.9310	79.02
24	1.33261	0.9100	78.65
25	1.33250	0.8903	78.30
26	1.33240	0.8703	77.94
27	1.33229	0.8512	77.60
28	1.33217	0.8328	77.24
29	1.33206	0.8145	76.90
30	1.33194	0.7973	76.55
35	1.33131	0.7190	74.83
40	1.33061	0.6526	73.15
45	1.32985	0.5972	71.51
50	1.32904	0.5468	69.91

① 黏度单位：每平方米秒牛顿，即 $N·s·m^{-2}$ 或 $kg·m^{-1}·s^{-1}$ 或 $Pa·s$(帕·秒)。

摘自：John A Dean. Lange's Handbook of Chemistry. McGraw-Hill Book Company Inc，1985. 10-99.

附录十一　不同温度下水的表面张力

$t/℃$	$\sigma/mN\cdot m^{-1}$	$t/℃$	$\sigma/mN\cdot m^{-1}$	$t/℃$	$\sigma/mN\cdot m^{-1}$	$t/℃$	$\sigma/mN\cdot m^{-1}$	$t/℃$	$\sigma/mN\cdot m^{-1}$
0.01	75.65	14	73.63	26	71.82	40	69.60	70	64.48
2	75.37	16	73.34	28	71.51	42	69.27	80	62.67
4	75.08	18	73.04	30	71.19	44	68.94	90	60.82
6	74.80	20	72.74	32	70.88	46	68.61	100	58.91
8	74.51	22	72.43	34	70.56	48	68.28	110	56.96
10	74.22	24	72.13	36	70.24	50	67.94	120	54.97
12	73.93	25	71.97	38	69.92	60	66.24	130	52.93

摘自：W. M. Haynes. CRC Handbook of Chemistry and Physics. CRC Press，2016～2017. 97th. 6-5.

附录十二　几种溶剂的凝固点下降常数

溶　剂	纯溶剂的凝固点/℃	$K_f^{①}$
水	0.00	1.86
醋酸	17	3.63
苯	5.538	5.07
1,4-二氧六环	11.75	4.63
环己烷	6.7	20.8

① K_f 是指 1mol 溶质溶解在 1000g 溶剂中的凝固点下降常数。

摘自：W. M. Haynes. CRC Handbook of Chemistry and Physics. CRC Press，2016～2017. 97th. 15-26.

附录十三　金属混合物的熔点[①]

金　　属		金属（Ⅱ）百分含量/%									
Ⅰ	Ⅱ	0	10	20	30	40	50	60	70	80	90	100
Pb	Sn	326	295	276	262	240	220	190	185	200	216	232
	Sb	326	250	275	330	395	440	490	525	560	600	632
Sb	Bi	632	610	590	575	555	540	520	470	405	330	268
	Zn	632	555	510	540	570	565	540	525	510	470	419

① 温度单位为℃。

摘自：Robert C Weast. CRC Handbook of Chemistry and Physics. CRC Press，1985～1986. 66th：D-183～184.

附录十四　无机化合物的脱水温度

水　合　物	脱　　水	$t/℃$
$CuSO_4 \cdot 5H_2O$[1]	$-2H_2O$	85
	$-4H_2O$	115
	$-5H_2O$	230
$CaCl_2 \cdot 6H_2O$	$-4H_2O$	30
	$-6H_2O$	200
$CaSO_4 \cdot 2H_2O$	$-1.5H_2O$	128
	$-2H_2O$	163
$Na_2B_4O_7 \cdot 10H_2O$	$-8H_2O$	60
	$-10H_2O$	320

[1] 摘自：W. W. Wendlandt. Thermal Methods of Analysis. Interscrence. Publishers. 1964. 305-306.

摘自：印永嘉主编. 大学化学手册. 济南：山东科学技术出版社，1985. 99-128.

附录十五　常压下共沸物的沸点和组成

共　沸　物		各组分的沸点[1] / ℃		共　沸　物　的　性　质[2]	
甲组分	乙组分	甲组分	乙组分	沸点/ K	气相组成(组分甲的质量分数)
乙醇	苯	78.24(0.09)	80.08(0.07)	341.25	0.4600
乙醇	环己烷	78.24(0.09)	80.7(0.7)	337.95	0.4540
乙醇	正己烷	78.24(0.09)	68.72(0.06)	331.65	0.3410
乙醇	乙酸乙酯	78.24(0.09)	77.1(0.2)	344.85	0.4590
乙酸乙酯	环己烷	77.1(0.2)	80.7(0.7)	345.00	0.5390
异丙醇	环己烷	82.21(0.09)	80.7(0.7)	342.75	0.4050

[1] 括号内为不确定度。

摘自：W. M. Haynes. CRC Handbook of Chemistry and Physics. CRC Press，2016～2017. 97th. 3-34～466[1]，6-229～232[2]。

附录十六　无机化合物的标准摩尔溶解热

化合物	$\Delta_{sol}H_m^{\ominus}/kJ \cdot mol^{-1}$	化合物	$\Delta_{sol}H_m^{\ominus}/kJ \cdot mol^{-1}$
$AgNO_3$	22.6	KI[1]	20.33
$BaCl_2$	-13.4	KNO_3[1]	34.89
$Ba(NO_3)_2$	39.71	$MgCl_2$	-159.8
$Ca(NO_3)_2$	-19.16	$Mg(NO_3)_2$	-90.9
$CuSO_4$	-73.14	$MgSO_4$	-91.2
KBr[1]	19.87	$ZnCl_2$	-73.14
KCl[1]	17.22	$ZnSO_4$	-80.3

摘自：W. M. Haynes. CRC Handbook of Chemistry and Physics. CRC Press，2016～2017. 97th. 5～108.

摘自：孙艳辉等编. 物理化学实用手册. 北京：化学工业出版社，2016. 567～568.

附录十七　不同温度下 KCl 在水中的溶解热①

$t/℃$	$\Delta_{sol}H_m/kJ$	$t/℃$	$\Delta_{sol}H_m/kJ$
10	19.98	20	18.30
11	19.79	21	18.15
12	19.62	22	18.00
13	19.45	23	17.85
14	19.28	24	17.70
15	19.10	25	17.56
16	18.93	26	17.41
17	18.77	27	17.27
18	18.60	28	17.14
19	18.45	29	17.00

① 此溶解热是指 1mol KCl 溶于 200mol 的水所产生的热。

摘自：吴肇亮等编. 物理化学实验. 北京：石油大学出版社，1990.343.

附录十八　25℃下难溶化合物的溶度积

化合物	K_{sp}	化合物	K_{sp}
AgBr	5.35×10^{-13}	BaSO$_4$	1.08×10^{-10}
AgCl	1.77×10^{-10}	Fe(OH)$_3$	2.79×10^{-39}
AgI	8.52×10^{-17}	PbSO$_4$	2.53×10^{-8}
Ag$_2$S	6×10^{-30}①	CaF$_2$	3.45×10^{-11}
BaCO$_3$	2.58×10^{-9}		

① Ag$_2$S 的 K_{spa}。

摘自：W. M. Haynes. CRC Handbook of Chemistry and Physics. CRC Press，2016~2017. 97th. 5-177~178.

附录十九　25℃下有机化合物的标准摩尔燃烧焓

名　称	化 学 式	形态	$-\Delta_cH_m^{\ominus}/kJ\cdot mol^{-1}$
甲醇	CH$_3$OH	液体	726
乙醇	C$_2$H$_5$OH	液体	1367
甘油	(CH$_2$OH)$_2$CHOH	液体	1654
苯	C$_6$H$_6$	液体	3268
正己烷	C$_6$H$_{14}$	液体	4163
苯甲酸	C$_6$H$_5$COOH	晶体	3228.2
萘	C$_{10}$H$_8$	晶体	5157
尿素	NH$_2$CONH$_2$	晶体	632.7

摘自：W. M. Haynes. CRC Handbook of Chemistry and Physics. CRC Press，2016~2017. 97th. 5-67.

附录二十 18℃下水溶液中阴离子的迁移数

电解质	$c/\text{mol}\cdot\text{L}^{-1}$					
	0.01	0.02	0.05	0.1	0.2	0.5
NaOH			0.81	0.82	0.82	0.82
HCl	0.167	0.166	0.165	0.164	0.163	0.160
KCl	0.504	0.504	0.505	0.506	0.506	0.510
KNO$_3$(25℃)	0.4916	0.4913	0.4907	0.4897	0.4880	
H$_2$SO$_4$	0.175	0.175	0.175	0.175	0.175	0.175

摘自：B. A 拉宾诺维奇等著，简明化学手册. 尹承烈等译. 北京：化学工业出版社，1983.620.

附录二十一 不同温度下 HCl 水溶液中阳离子的迁移数

b[①]	$t/℃$						
	10	15	20	25	30	35	40
0.01	0.841	0.835	0.830	0.825	0.821	0.816	0.811
0.02	0.842	0.836	0.832	0.827	0.822	0.818	0.813
0.05	0.844	0.838	0.834	0.830	0.825	0.821	0.816
0.1	0.846	0.840	0.837	0.832	0.828	0.823	0.819
0.2	0.847	0.843	0.839	0.835	0.830	0.827	0.823
0.5	0.850	0.846	0.842	0.838	0.834	0.831	0.827
1.0	0.852	0.848	0.844	0.841	0.837	0.833	0.829

① b 为阳离子的质量摩尔浓度。

摘自：Conway B E. Electrochemical data. New York：Plenum Publishing Corporation，1952.172.

附录二十二 反应速率常数

（1）蔗糖水解的速率常数[①]

$c_{\text{HCl}}/\text{mol}\cdot\text{dm}^{-3}$	$10^3 k/\text{min}^{-1}$		
	298.2K	308.2K	318.2K
0.4137	4.043	17.00	60.62
0.9000	11.16	46.76	148.8
1.214	17.455	75.97	

（2）乙酸乙酯皂化反应的速率常数与温度的关系 $\lg k = -1780 T^{-1} + 0.00754 T + 4.53$（$k$ 的单位为 L·mol^{-1}·min^{-1}）。

（3）丙酮碘化反应的速率常数 k(25℃)$=1.71\times 10^{-3}$L·mol^{-1}·min^{-1}；

$$k(35℃)=5.284\times 10^{-3}\text{L}\cdot\text{mol}^{-1}\cdot\text{min}^{-1}$$

① Lamble A，Lewis W. C. J Chem Soc，1915，107：233.

摘自：International Critical Tables of Numerical Data. Physics，Chemistry and Technology. New York：McGraw-Hill Book Company Inc. Ⅶ：130，146.

附录二十三 乙酸在水溶液中的电离度和解离常数（25℃时）

$10^3c/mol \cdot L^{-1}$	α	$K \times 10^5/mol \cdot m^{-3}$	$10^3c/mol \cdot L^{-1}$	α	$K \times 10^5/mol \cdot m^{-3}$
0.2184	0.2477	1.751	12.83	0.03710	1.743
1.028	0.1238	1.751	20.00	0.02987	1.738
2.414	0.08290	1.750	50.00	0.01905	1.721
3.441	0.07002	1.750	100.0	0.01350	1.695
5.912	0.05401	1.749	200.0	0.00949	1.645
9.842	0.04223	1.747			

摘自：陶坤译. 苏联化学手册. 第 3 册. 北京：科学出版社，1963.548.

附录二十四 不同浓度不同温度下 KCl 溶液的电导率

$t/℃$ \ $10^4\kappa/S \cdot m^{-1}$	$c/mol \cdot L^{-1}$			
	0.01	0.1	1.0	水
0	772.92	7116.85	63488	0.58
5	890.96	8183.70	72030	0.68
10	1013.95	9291.72	80844	0.79
15	1141.45	10437.1	89900	0.89
18	1219.93	11140.6		0.95
20	1273.03	11615.9	99170	0.99
25	1408.23	12824.6	108620	1.10
30	1546.63	14059.2	118240	1.20
35	1687.79	15316.0	127970	1.30
40	1831.27	16591.0	137810	1.40
45	1976.62	17880.6	147720	1.51
50	2123.43	19180.9	157670	1.61

摘自：W. M. Haynes. CRC Handbook of Chemistry and Physics. CRC Press，2016～2017. 97th. 5-72.

附录二十五 高聚物特性黏度与分子量关系式中的参数表

高聚物	溶剂	$t/℃$	$10^3K/mL \cdot g^{-1}$	α	分子量范围 $M \times 10^{-4}$	方法
聚丙烯酰胺	水	30	6.31	0.80	2～50	超离心沉降
	1mol·L⁻¹ NaNO₃ [①]	30	37.3	0.66		光散射
聚丙烯腈	二甲基甲酰胺	25	16.6	0.81	5～27	超离心沉降
聚甲基丙烯酸甲酯	丙酮	25	7.5	0.70	3～98	光散射
聚乙烯醇	水	25	20	0.76	0.6～2.1	渗透压
	水	30	66.6	0.64	0.6～16	渗透压
聚己内酰胺	40% H₂SO₄	25	59.2	0.69	0.3～1.3	端基滴定
聚醋酸乙烯酯	丙酮	25	10.8	0.72	0.9～2.5	端基滴定

① H. F. Mark. ，Encyclopedia of Polymer Science and Technology. John Wiley & Sons Inc，1964，Vol. 1，187.

摘自：J. Brandrup，Polymer Handbook. New York：Wiley Interscience Publication. 1975. 2th：Ⅳ-2～27.

附录二十六　25℃时无限稀释离子的摩尔电导率和温度系数

离　子	$\lambda/\Omega^{-1}\cdot cm^2$	$\alpha\left[\alpha=\dfrac{1}{\lambda_i}\left(\dfrac{d\lambda_i}{dt}\right)\right]$	离　子	$\lambda/\Omega^{-1}\cdot cm^2$	$\alpha\left[\alpha=\dfrac{1}{\lambda_i}\left(\dfrac{d\lambda_i}{dt}\right)\right]$
H^+	349.8	0.0142	$1/2Pb^{2+}$	70	0.0194
K^+	73.5	0.0187	OH^-	198.6	0.0199
Na^+	50.1	0.0208	Cl^-	76.3	0.0194
NH_4^+	73.5	0.0188	NO_3^-	71.4	0.0183
Ag^+	61.9	0.0194	$C_2H_3O_2^-$	40.9	0.0206
$1/2Ba^{2+}$	63.6	0.0200	$1/2SO_4^{2-}$	80.0	0.0206
$1/2Ca^{2+}$	59.5	0.0211	F^-	55.4	0.0213

摘自：H. M 巴龙等著. 物理化学数据简明手册. 第 3 版. 周振华译. 上海：上海科学技术出版社，1964. 91.

附录二十七　几种胶体的 ζ 电位

水　溶　胶				有　机　溶　胶		
分散相	ζ/V	分散相	ζ/V	分散相	分散介质	ζ/V
As_2S_3	-0.032	Bi	+0.016	Cd	$CH_3COOC_2H_5$	-0.047
Au	-0.032	Pb	+0.018	Zn	CH_3COOCH_3	-0.064
Ag	-0.034	Fe	+0.028	Zn	$CH_3COOC_2H_5$	-0.087
SiO_2	-0.044	$Fe(OH)_3$	+0.044	Bi	$CH_3COOC_2H_5$	-0.091

摘自：天津大学物理化学教研室编. 物理化学：下册. 第 6 版. 北京：高等教育出版社，2017. 673.

附录二十八　25℃下标准电极电位

电极	电极反应	$\varphi^{\ominus}/V$
Ag^+,Ag	$Ag^++e^-\rightleftharpoons Ag$	0.7996
$AgCl,Ag,Cl^-$	$AgCl+e^-\rightleftharpoons Ag+Cl^-$	0.22233
AgI,Ag,I^-	$AgI+e^-\rightleftharpoons Ag+I^-$	-0.15224
Cd^{2+},Cd	$Cd^{2+}+2e^-\rightleftharpoons Cd$	-0.4030
Cl_2,Cl^-	$Cl_2(g)+2e^-\rightleftharpoons 2Cl^-$	1.35827
Cu^{2+},Cu	$Cu^{2+}+2e^-\rightleftharpoons Cu$	0.3419
Fe^{2+},Fe	$Fe^{2+}+2e^-\rightleftharpoons Fe$	-0.447
Mg^{2+},Mg	$Mg^{2+}+2e^-\rightleftharpoons Mg$	-2.372
Pb^{2+},Pb	$Pb^{2+}+2e^-\rightleftharpoons Pb$	-0.1262
$PbO_2,PbSO_4,SO_4^{2-},H^+$	$PbO_2+SO_4^{2-}+4H^++2e^-\rightleftharpoons PbSO_4+2H_2O$	1.6913
OH^-,O_2	$O_2+2H_2O+4e^-\rightleftharpoons 4OH^-$	0.401
Zn^{2+},Zn	$Zn^{2+}+2e^-\rightleftharpoons Zn$	-0.7618

摘自：W. M. Haynes. CRC Handbook of Chemistry and Physics. CRC Press，2016~2017. 97th. 5-78~81.

附录二十九　25℃下不同质量摩尔浓度下一些强电解质的活度系数

电解质	$m/mol \cdot kg^{-1}$					电解质	$m/mol \cdot kg^{-1}$				
	0.010[①]	0.1	0.2	0.5	1.0		0.010[①]	0.1	0.2	0.5	1.0
$AgNO_3$	0.896	0.734	0.657	0.536	0.429	KOH	0.902	0.798	0.760	0.732	0.756
$CaCl_2$	0.727	0.518	0.472	0.448	0.500	NH_4Cl	0.901	0.770	0.718	0.649	0.603
$CuCl_2$	0.722	0.508	0.455	0.411	0.417	NH_4NO_3	0.897	0.740	0.677	0.582	0.504
$CuSO_4$		0.150	0.104	0.0620	0.0423	NaCl	0.903	0.778	0.735	0.681	0.657
HCl	0.905	0.796	0.767	0.757	0.809	$NaNO_3$	0.900	0.762	0.703	0.617	0.548
HNO_3	0.905	0.791	0.754	0.720	0.724	NaOH	0.902	0.766	0.727	0.690	0.678
H_2SO_4	0.542	0.2655	0.2090	0.1557	0.1316	$ZnCl_2$	0.719	0.515	0.462	0.394	0.339
KCl	0.901	0.770	0.718	0.649	0.604	$Zn(NO_3)_2$		0.531	0.489	0.473	0.535
KNO_3	0.896	0.739	0.663	0.545	0.443	$ZnSO_4$		0.150	0.10	0.0630	0.0435

摘自：W. M. Haynes. CRC Handbook of Chemistry and Physics. CRC Press，2016～2017. 97th. 5-98～99，5-100～106[①].

附录三十　25℃下 HCl 水溶液的摩尔电导率与浓度的关系

$c/mol \cdot L^{-1}$	无限稀释	0.0001	0.001	0.005	0.01	0.05	0.1	0.5	1.0	2.0
$\Lambda_m/S \cdot cm^2 \cdot mol^{-1}$	426.1	424.5	421.2	415.7	411.9	398.9	391.1	360.7	332.2	281.4

摘自：W. M. Haynes. CRC Handbook of Chemistry and Physics. CRC Press，2016～2017. 97th. 5-73.

附录三十一　几种化合物的磁化率

化学式	T/K	质量磁化率[①]	摩尔磁化率[②]
		$10^6 \chi_m/cm^3 \cdot kg^{-1}$	$10^6 \chi_M/cm^3 \cdot mol^{-1}$
$CuBr_2$	292.7	3.07	685
$CuCl_2$	289	8.03	1080
CuF_2	293	10.3	1050
$Cu(NO_3)_2 \cdot 3H_2O$	293	6.50	1570
$CuSO_4 \cdot 5H_2O$	293	5.85	1460
$FeCl_2 \cdot 4H_2O$	293	64.9	12900
$FeSO_4 \cdot 7H_2O$	293.5	40.28	11200
H_2O	273	−0.716	−12.96(293K)
$K_3Fe(CN)_6$	297	6.96	2290
$K_4Fe(CN)_6$	室温	−0.3739	
$K_4Fe(CN)_6 \cdot 3H_2O$			−172.3
$NH_4Fe(SO_4)_2 \cdot 12H_2O$	293	30.1	
$(NH_4)_2Fe(SO_4)_2 \cdot 6H_2O$	293	31.6	

① 摘自：印永嘉主编. 物理化学简明手册. 北京：高等教育出版社，1988. 447～451.

② 摘自：W. M. Haynes. CRC Handbook of Chemistry and Physics. CRC Press，2016～2017. 97th. 4-126～130；适用温度范围为 285～300K。

附录三十二　铂铑-铂热电偶[①]毫伏值与温度换算表

℃	0	10	20	30	40	50	60	70	80	90
0	0.000	0.055	0.113	0.173	0.235	0.299	0.365	0.433	0.502	0.573
100	0.646	0.720	0.795	0.872	0.950	1.029	1.110	1.191	1.273	1.357
200	1.441	1.526	1.612	1.698	1.786	1.874	1.962	2.052	2.141	2.232
300	2.323	2.415	2.507	2.599	2.692	2.786	2.880	2.974	3.069	3.164
400	3.259	3.355	3.451	3.548	3.645	3.742	3.840	3.938	4.036	4.134
500	4.233	4.332	4.432	4.532	4.632	4.732	4.833	4.934	5.035	5.137
600	5.239	5.341	5.443	5.546	5.649	5.753	5.857	5.961	6.065	6.170
700	6.275	6.381	6.486	6.593	6.699	6.806	6.913	7.020	7.128	7.236
800	7.345	7.454	7.563	7.673	7.783	7.893	8.003	8.114	8.226	8.337
900	8.449	8.562	8.674	8.787	8.900	9.014	9.128	9.242	9.357	9.472
1000	9.587	9.703	9.819	9.935	10.051	10.168	10.285	10.403	10.520	10.638
1100	10.757	10.875	10.994	11.113	11.232	11.351	11.471	11.590	11.710	11.830
1200	11.951	12.071	12.191	12.312	12.433	12.554	12.675	12.796	12.917	13.038
1300	13.159	13.280	13.402	13.523	13.644	13.766	13.887	14.009	14.130	14.251
1400	14.373	14.494	14.615	14.736	14.857	14.978	15.099	15.220	15.341	15.461
1500	15.582	15.702	15.822	15.942	16.062	16.182	16.301	16.420	16.539	16.658
1600	16.777	16.895	17.013	17.131	17.249	17.366	17.483	17.600	17.717	17.832
1700	17.947	18.061	18.174	18.285	18.395	18.503	18.609			

① 参考端温度为0℃；热电偶的组成（质量分数）为：Type S（Pt ＋ 10％ Rh）vs. Pt。

摘自：W. M. Haynes. CRC Handbook of Chemistry and Physics. CRC Press，2016～2017. 97th. 15-5～6.

附录三十三　镍铬-镍硅热电偶[①]毫伏值与温度换算表

℃	0	10	20	30	40	50	60	70	80	90
0	0.000	0.397	0.798	1.203	1.612	2.023	2.436	2.851	3.267	3.682
100	4.096	4.509	4.920	5.328	5.735	6.138	6.540	6.941	7.340	7.739
200	8.138	8.539	8.940	9.343	9.747	10.153	10.561	10.971	11.382	11.795
300	12.209	12.624	13.040	13.457	13.874	14.293	14.713	15.133	15.554	15.975
400	16.397	16.820	17.243	17.667	18.091	18.516	18.941	19.366	19.792	20.218
500	20.644	21.071	21.497	21.924	22.350	22.776	23.203	23.629	24.055	24.480
600	24.905	25.330	25.755	26.179	26.602	27.025	27.447	27.869	28.289	28.710
700	29.129	29.548	29.965	30.382	30.798	31.213	31.628	32.041	32.453	32.865
800	33.275	33.685	34.093	34.501	34.908	35.313	35.718	36.121	36.524	36.925
900	37.326	37.725	38.124	38.522	38.918	39.314	39.708	40.101	40.494	40.885
1000	41.276	41.665	42.053	42.440	42.826	43.211	43.595	43.978	44.359	44.740
1100	45.119	45.497	45.873	46.249	46.623	46.995	47.367	47.737	48.105	48.473
1200	48.838	49.202	49.565	49.926	50.286	50.644	51.000	51.355	51.708	52.060
1300	52.410	52.759	53.106	53.451	53.795	54.138	54.479	54.819		

① 参考端温度为0℃；热电偶的组成（质量分数）为：Type K（Ni ＋ 10％ Cr）vs.（Ni ＋ 2％ Al ＋ 2％Mn ＋ 1％ Si）。

摘自：W. M. Haynes. CRC Handbook of Chemistry and Physics. CRC Press，2016～2017. 97th. 15-3.

附录三十四　液体的分子偶极矩 μ、介电常数 ε 与极化度 P_∞

物　　质	$\mu^{①}$/D	$\varepsilon, P_\infty^{③}$	0	10	20	25	30	40	50
水	1.85	ε	87.83	83.86	80.08	78.25	76.47	73.02	69.73
		P_∞							
氯仿	1.01	ε	5.19	5.00	4.81	4.72	4.64	4.47	4.31
		P_∞	51.1	50.0	49.7	47.5	48.8	48.3	47.5
四氯化碳	0	ε			2.24	2.23			2.18
		P_∞				28.2			
乙醇	1.69	ε	27.88	26.41	25.00	24.25	23.52	22.16	20.87
		P_∞	74.3	72.2	70.2	69.2	68.3	66.5	64.8
丙酮	2.88	ε	23.3	22.5	21.4	20.9	20.5	19.5	18.7
		P_∞	184	178	173	170	167	162	158
乙醚	1.15	ε	4.80	4.58	4.38	4.27	4.15		
		P_∞	57.4	56.2	55.0	54.5	54.0		
苯	0	ε		2.30	2.29	2.27	2.26	2.25	2.22
		P_∞				26.6			
环己烷	$0^{②}$	ε			$2.023^{①}$	$2.015^{①}$			
		P_∞							
氯苯	1.69	ε	6.09		5.65	5.63		5.37	5.23
		P_∞	85.5		81.5	82.0		77.8	76.8
硝基苯	4.22	ε		37.85	35.97		33.97	32.26	30.5
		P_∞		365	354	348	339	320	316
正丁醇	1.66	ε			$17.8^{①}$	$17.1^{①}$			
		P_∞							

①　1D＝3.33564×10^{-30}C·m。摘自：Robert C West. CRC Handbook of Chemistry and Physics. CRC Press，1985～1986.66th. E-49，E-51，E58～60.

②　单位为 D。摘自：James G. Speight，Lange's Handbook of Chemistry. New York：McGraw-Hill Book Company Inc，2005.2.473.

③　极化度 P_∞ 单位为 $cm^3 \cdot mol^{-1}$.

摘自：H. M 巴龙等著. 物理化学数据简明手册. 第 3 版. 周振华译. 上海：上海科学技术出版社，1964.102.